园林工程管理**必读书系**

园林工程概预算从入门到精通

YUANLIN GONGCHENG GAIYUSUAN
CONG RUMEN DAO JINGTONG

宁平　主编

化学工业出版社

·北京·

本书结合园林工程概预算编制典型实例，细致阐述了园林工程概预算编制的理论及方法。全书主要内容包括园林工程概预算概述、园林工程定额、工程量清单计价概述、园林工程工程量计算规则和方法、仿古建筑工程工程量计算规则和方法、园林工程施工图预算编制与审查、园林工程竣工结算与竣工决算等。

本书语言通俗易懂，体例清晰，具有很强的实用性和可操作性，可供园林工程概预算编制与管理人员、园林工程施工管理与监理人员参考使用，也可供高等学校园林工程等相关专业师生学习使用。

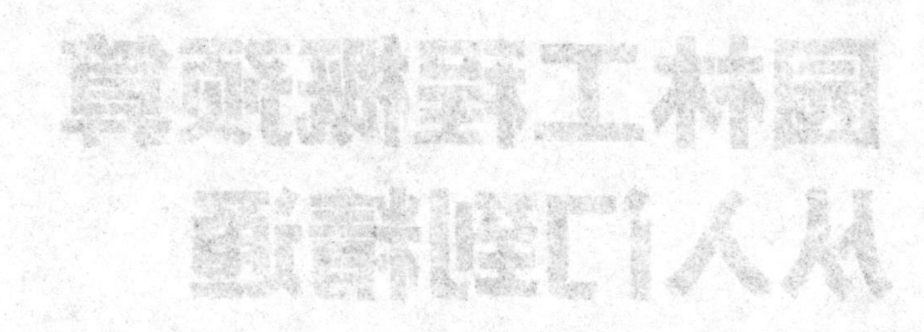

图书在版编目（CIP）数据

园林工程概预算从入门到精通/宁平主编. —北京：化学工业出版社，2017.9（2023.2 重印）
（园林工程管理必读书系）
ISBN 978-7-122-29735-8

Ⅰ.①园… Ⅱ.①宁… Ⅲ.①园林-工程施工-建筑概算定额②园林-工程施工-建筑预算定额 Ⅳ.①TU986.3

中国版本图书馆 CIP 数据核字（2017）第 111561 号

责任编辑：董　琳　　文字编辑：吴开亮
责任校对：边　涛　　装帧设计：韩　飞

出版发行：化学工业出版社（北京市东城区青年湖南街 13 号　邮政编码 100011）
印　　装：涿州市般润文化传播有限公司
787mm×1092mm　1/16　印张 13　字数 312 千字　2023 年 2 月北京第 1 版第 7 次印刷

购书咨询：010-64518888　　售后服务：010-64518899
网　　址：http://www.cip.com.cn
凡购买本书，如有缺损质量问题，本社销售中心负责调换。

定　　价：58.00 元

编写人员

主　　编　宁　平

副主编　陈远吉　李　娜　李伟琳

编写人员　宁　平　陈远吉　李　娜　李伟琳

张　野　张晓雯　吴燕茹　闫丽华

马巧娜　冯　斐　王　勇　陈桂香

宁荣荣　陈文娟　孙艳鹏　赵雅雯

高　微　王　鑫　廉红梅　李相兰

前言

随着国民经济的飞速发展和生活水平的逐步提高，人们的健康意识和环保意识也逐步增强，大大加快了改善城市环境、家居环境以及工作环境的步伐。园林作为城市发展的象征，最能反映当前社会的环境需求和精神文化的需求，也是城市发展的重要基础。高水平、高质量的园林工程是人们高质量生活和工作的基础。通过植树造林、栽花种草，再经过一定的艺术加工所产生的园林景观，完整地构建了城市的园林绿地系统。丰富多彩的树木花草，以及各式各样的园林小品，为我们创造出典雅舒适、清新优美的生活、工作和学习的环境，最大限度地满足了人们对现代生活的审美需求。

在国民经济协调、健康、快速发展的今天，园林建设也迎来了百花盛开的春天。园林科学是一门集建筑、生物、社会、历史、环境等于一体的学科，这就需要一大批懂技术、懂设计的专业人才，来提高园林景观建设队伍的技术和管理水平，更好地满足城市建设以及高质量地完成景观项目的需要。

基于此，我们特组织一批长期从事园林景观工作的专家学者，并走访了大量的园林施工现场以及相关的园林管理单位，经过了长期精心的准备，编写了这套丛书。

与市面上已出版的同类图书相比，本套丛书具有如下特点。

(1) 本套丛书在内容上将理论与实践结合起来，力争做到理论精练、实践突出，满足广大园林景观建设工作者的实际需求，帮助他们更快、更好地领会相关技术的要点，并在实际的工作过程中能更好地发挥建设者的主观能动性，不断提高技术水平，更好地完成园林景观建设任务。

(2) 本套丛书所涵盖的内容全面、清晰，真正做到了内容的广泛性与结构的系统性相结合，让复杂的内容变得条理清晰、主次明确，有助于广大读者更好地理解与应用。

(3) 本套丛书图文并茂，内容翔实易懂，注重对园林景观工作人员管理水平和专业技术知识的培训，文字表达通俗易懂，适合现场管理人员、技术人员随查随用，满足广大园林景观建设工作者对园林相关方面知识的需求。

本套丛书可供园林景观设计人员、施工技术人员、管理人员使用，也可供高等院校风景园林等相关专业的师生使用。本套丛书在编写时参考或引用了部分单位、专家学者的资料，并且得到了许多业内人士的大力支持，在此表示衷心的感谢。限于编者水平有限和时间紧迫，书中疏漏及不当之处在所难免，敬请广大读者批评指正。

丛书编委会

2017年1月

目录

第一章 园林工程概预算概述 …… 1

第一节 园林建设工程项目划分 …… 1
一、工程总项目 …… 1
二、单项工程 …… 1
三、单位工程 …… 1
四、分部工程 …… 2
五、分项工程 …… 2
第二节 园林工程概预算基础知识 …… 3
一、园林工程概预算概述 …… 3
二、园林工程概预算分类 …… 4
三、园林工程概预算费用组成 …… 5
四、园林工程造价计算程序 …… 12
五、园林工程类别划分标准 …… 13
六、园林绿化工程费率 …… 15
第三节 园林工程概预算编制 …… 15
一、园林工程概预算编制依据 …… 15
二、园林工程概预算编制内容 …… 16
三、园林工程概预算编制程序 …… 17

第二章 园林工程定额 …… 20

第一节 园林工程定额概述 …… 20
一、园林工程定额概念 …… 20
二、园林工程定额性质 …… 20
三、园林工程定额分类 …… 22
四、园林工程定额作用 …… 24
第二节 园林工程施工定额 …… 24
一、园林工程施工定额概述 …… 24
二、园林工程施工定额组成 …… 25
三、园林工程施工定额手册 …… 30
第三节 园林工程概预算定额 …… 30

一、园林工程预算定额 …… 31
二、园林工程概算定额和概算指标 …… 38
第四节 园林工程预算定额 …… 42
一、《全国统一仿古建筑及园林工程预算定额》简介 …… 42
二、《地区园林工程预算定额》简介 …… 51
三、《地区园林工程费用定额》简介 …… 51

第三章 工程量清单计价概述 …… 52

第一节 工程量清单计价的概念及规定 …… 52
一、工程量清单计价概念 …… 52
二、术语解释 …… 53
三、工程量清单编制 …… 54
四、工程量清单格式 …… 56
五、工程量清单计价 …… 79
六、园林分部分项工程费计算 …… 80
七、园林措施项目费计算 …… 85
八、其他项目费、规费和税金计算 …… 87
第二节 工程量清单计价的应用 …… 88
一、工程量清单计价在编制招标文件中的应用 …… 88
二、工程量清单计价在编制投标报价文件中的应用 …… 90
三、工程量清单计价在工程招标活动中的应用 …… 95

第四章 园林工程工程量计算规则和方法 …… 98

第一节 建筑面积 …… 98
一、建筑面积组成 …… 98
二、建筑面积作用 …… 98
三、建筑面积计算方法 …… 99
第二节 土石方工程 …… 104
一、总说明 …… 104
二、工程量计算规则 …… 105
三、有关项目说明 …… 106
四、大型土、石方工程计算方法 …… 106
五、示例应用 …… 108
第三节 园林绿化种植工程 …… 111
一、有关规定 …… 111
二、工程量计算规则 …… 113
三、有关项目说明 …… 117
第四节 园林绿化养护工程 …… 117

一、有关规定 …… 117
二、工程量计算规则 …… 117
三、有关项目说明 …… 118
第五节 假山工程 …… 120
一、有关规定 …… 120
二、工程量计算规则 …… 120
三、有关项目说明 …… 121
第六节 园路工程 …… 122
一、有关规定 …… 122
二、工程量计算规则 …… 123
三、有关项目说明 …… 123
第七节 园桥工程 …… 124
一、有关规定 …… 124
二、工程量计算规则 …… 125
三、有关项目说明 …… 125
第八节 园林小品工程 …… 126
一、总说明 …… 126
二、工程量计算规则 …… 126
三、有关项目说明 …… 127
第九节 园林给排水工程 …… 128
一、总说明 …… 128
二、工程量计算规则 …… 128
三、有关项目说明 …… 128
第十节 室外照明及音响工程 …… 129
一、总说明 …… 129
二、工程量计算规则 …… 129
三、有关项目说明 …… 129
第十一节 措施项目及其他工程 …… 131
一、总说明 …… 131
二、工程量计算规则 …… 132
三、有关项目说明 …… 132
四、工程量计算实例 …… 133

第五章 仿古建筑工程工程量计算规则和方法 134

第一节 脚手架工程 …… 134
一、脚手架工程说明 …… 134
二、脚手架相关知识 …… 135
第二节 砌筑工程 …… 137
一、砌筑工程说明 …… 137

二、砌筑工程相关知识 …… 138
第三节 石作工程 …… 146
一、石作工程说明 …… 146
二、工程量计算规则 …… 147
第四节 木构架及木基层 …… 148
一、木构架及木基层说明 …… 148
二、工程量计算规则 …… 149
三、木构架的制作和安装 …… 150
四、常见的几种建筑形式及其木构架 …… 151
第五节 斗拱 …… 153
一、斗拱说明 …… 153
二、工程量计算规则 …… 154
三、斗拱相关知识 …… 154
第六节 木装修 …… 158
一、木装修说明 …… 158
二、工程量计算规则 …… 160
三、木装修相关知识 …… 160
第七节 混凝土及钢筋混凝土工程 …… 162
一、混凝土及钢筋混凝土工程说明 …… 162
二、工程量计算规则 …… 163
第八节 屋面工程 …… 164
一、屋面工程说明 …… 164
二、工程量计算规则 …… 165
三、屋顶工程相关知识 …… 166
第九节 地面工程 …… 167
一、地面工程说明 …… 167
二、工程量计算规则 …… 168
三、地面工程相关知识 …… 168
第十节 抹灰工程 …… 169
一、抹灰工程说明 …… 169
二、工程量计算规则 …… 169
第十一节 油漆彩画工程 …… 170
一、油漆彩画工程说明 …… 170
二、工程量计算规则 …… 173
三、常用的工艺和术语 …… 174
第十二节 玻璃裱糊工程 …… 175
一、玻璃裱糊工程说明 …… 175

二、 工程量计算规则 …… 176
三、 裱糊工程相关知识 …… 176

第六章 园林工程施工图预算编制与审查 …… 177

第一节 园林工程施工图预算概述 …… 177
一、 施工图预算概念 …… 177
二、 施工图预算编制作用 …… 178
三、 施工图预算编制依据 …… 178
第二节 园林工程施工图预算的准备工作 …… 179
一、 基础资料收集 …… 179
二、 工程量计算填写表格 …… 179
第三节 园林工程施工图预算编制方法 …… 180
一、 工料单价法 …… 180
二、 综合单价法 …… 181
第四节 园林工程施工图预算审查 …… 182
一、 施工图预算审查意义和依据 …… 182
二、 施工图预算审查作用 …… 183
三、 施工图预算审查内容 …… 183
四、 施工图预算审查方法 …… 185
五、 施工图预算审查步骤 …… 186
第五节 “两算” 对比 …… 186
一、“两算” 对比作用 …… 186
二、“两算” 对比方法 …… 187
三、“两算” 对比内容 …… 187

第七章 园林工程竣工结算与竣工决算 …… 188

第一节 园林工程竣工结算 …… 188
一、 竣工结算作用 …… 188
二、 竣工结算计价形式 …… 188
三、 竣工结算资料 …… 189
四、 竣工结算的编制 …… 189
第二节 园林工程竣工决算 …… 191
一、 竣工决算作用 …… 191
二、 竣工决算内容 …… 191
三、 竣工结算与竣工决算的区别和联系 …… 192
四、 竣工决算的编制 …… 193

参考文献 …… 195

第一章 园林工程概预算概述

第一节 园林建设工程项目划分

在一定的地域运用工程技术和艺术手段，通过改造地形（或进一步筑山、叠石、理水）、种植树木花草、营造建筑和布置园路等途径创作而成的美的自然环境和游憩境域，就称为园林。园林包括庭园、宅园、小游园、花园、公园、植物园、动物园等，随着园林学科的发展，园林还包括森林公园、广场、街道、风景名胜区、自然保护区或国家公园的游览区以及休养胜地。

园林建设工程项目是以工程项目为管理对象的项目管理，是在一定的约束条件下，以最优地实现工程项目目标为目的，按照其内在的逻辑规律对工程项目进行有效的计划、组织、协调、指挥、控制的系统管理活动。

园林建设工程项目包括工程总项目、单项工程、单位工程、分部工程、分项工程。

一、 工程总项目

工程总项目指在一个场地上或数个场地上，按照一个总体设计进行施工的各个工程项目的总和，如一个公园、一个游乐场、一个动物园等就是一个工程总项目。

二、 单项工程

单项工程指在工程项目中具有独立的设计文件，建成后可以独立发挥生产能力或效益，具有独立存在意义的工程。

一个工程项目中可以有几个单项工程，也可以只有一个单项工程，如一个公园里的餐厅、喷泉景况、水榭等。

三、 单位工程

单位工程指具有单独设计文件，可以独立组织施工的工程，是单项工程的组成部分，它不能独立发挥生产能力。如餐厅工程中的给排水工程、照明工程等。

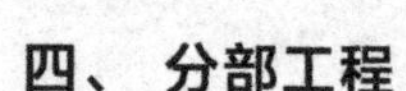

四、分部工程

分部工程是单位工程的组成部分，它是按工程部位、设备种类和型号、使用的材料和工种等的不同而分类的。如一般土建工程的房屋（单位工程）可划分为土石方分部工程、基础分部工程、楼地面分部工程、屋面分部工程、木结构及装修分部工程等。

在分部工程中影响工、料、机械消耗多少的因素仍然很多。例如同样都是砖石工程的砌基础和砌墙体，但它们所消耗的工、料、机械相差很大。所以，还必须把分部工程再分解为分项工程。

五、分项工程

分项工程指分部工程中按照不同的施工方法、不同的材料、不同的规格等因素进一步划分的最基本的工程项目。

园林绿化工程分为3个分部工程：绿化工程；园路、园桥、假山工程；园林景观工程。每个分部工程又分为若干个子分部工程。每个子分部工程中又分为若干个分项工程。每个分项工程有一个项目编码。

（一）绿化工程

绿化工程分为3个子分部工程：绿地管理、栽植花木、绿地喷灌。

1. 绿地管理

绿地管理的分项工程包括：伐树、挖树根；砍挖灌木丛；挖竹根；挖芦苇根；清除草皮；整理绿化用地；屋顶花园基底处理。

2. 栽植花木

栽植花木的分项工程包括：栽植乔木；栽植竹类；栽植棕榈类；栽植灌木；栽植绿篱；栽植攀援植物；栽植色带；栽植花卉；栽植水生植物；铺种草皮；喷播植草。

3. 绿地喷灌

绿地喷灌的分项工程包括喷灌设施。

（二）园路、园桥、假山工程

园路、园桥、假山工程分为3个子分部工程：园路、桥工程；堆塑假山；驳岸。

1. 园路、桥工程

园路、桥工程的分项工程包括：园路；路牙铺设；树池围牙、盖板；嵌草砖铺装；石桥基础；石桥墩、石桥台；拱旋石制作、安装；石旋脸制作、安装；金刚墙砌筑；石桥面铺筑；石桥面檐板；仰天石、地伏石；石望柱；栏杆、扶手；栏板、撑鼓；木制步桥。

2. 堆塑假山

堆塑假山的分项工程包括：堆筑土山丘；堆砌石假山；塑假山；石笋；点风景石；池石、盆景山；山石护角；山坡石台阶。

3. 驳岸

驳岸的分项工程包括：石砌驳岸；原木桩驳岸；散铺砂卵石护岸（自然护岸）。

（三）园林景观工程

园林景观工程分为6个子分部工程：原木、竹构件；亭廊屋面；花架；园林桌椅；喷泉安装；杂项。

1. 原木、竹构件

原木、竹构件的分项工程包括：原木（带树皮）柱、梁、檩、椽、原木（带树皮）墙；树枝吊挂楣子；竹柱、梁、檩、椽；竹编墙。

2. 亭廊屋面

亭廊屋面的分项工程包括：草屋面；竹屋面；树皮屋面；现浇混凝土斜屋面板；现浇混凝土攒尖亭屋面板；就位预制混凝土攒尖亭屋面板；就位预制混凝土穹顶；彩色压型钢板（夹芯板）攒尖亭屋面板；彩色压型钢板（夹芯板）穹顶。

3. 花架

花架的分项工程包括：现浇混凝土花架柱、梁；预制混凝土花架柱、梁；木花架柱、梁；金属花架柱、梁。

4. 园林桌椅

园林桌椅的分项工程包括：木制飞来椅；钢筋混凝土飞来椅；竹制飞来椅；现浇混凝土桌凳；预制混凝土桌凳；石桌石凳；塑树根桌凳；塑树节椅；塑料、铁艺、金属椅。

5. 喷泉安装

喷泉安装的分项工程包括：喷泉管道；喷泉电缆；水下艺术装饰灯具；电气控制柜。

6. 杂项

杂项的分项工程包括：石灯；塑仿石音箱；塑树皮梁、柱；塑竹梁、柱；花坛铁艺栏杆；标志牌；石浮雕、石镌字；砖石砌小摆设（砌筑果皮箱、放置盆景的须弥座等）。

第二节　园林工程概预算基础知识

一、园林工程概预算概述

（一）园林工程概预算的概念

广义的园林工程概预算应包括对园林建设工程所需的各种投入量或消耗量，进行预先计算，获得各种技术经济参数，并利用这些参数，从经济角度对各种投入的产出效益进行综合比较、评估等的全部技术经济权衡工作和由此确定的技术经济文件。因此，从广泛意义上来说，又称其为“园林经济”。

园林工程概预算指在园林建设进程中，根据不同的建设阶段设计文件的具体内容和有关定额、指标和规范标准，对可能的消耗进行研究、预算、评估，从而对研究结果进行编辑、确认进而形成相关的技术经济文件。

（二）园林工程概预算的用途

（1）确定园林建设工程造价的重要方法和依据。

（2）进行园林建设项目方案比较、评价、选择的重要基础工作内容。

（3）设计单位对设计方案进行技术经济分析比较的依据。

（4）建设单位与施工单位进行工程招投标的依据，也是双方签订施工合同、办理工程竣工结算的依据。

（5）施工企业组织生产、编制计划、统计工作量和实物量指标的依据。

（6）控制园林建设投资额、办理拨付园林建设工程款、办理贷款的依据。

(7) 园林施工企业考核工程成本、进行成本核算或投入产出效益计算的重要内容和依据。

（三）园林工程概预算的意义

园林工程不同于一般的建筑工程，由于每项工程各具特色，工艺要求不尽相同，且项目参差，地点分散，工程量小，工作面大，工程项目多，又受气候条件的影响较大。因此，不能用简单的、统一的价格对园林产品进行精确的核算，必须根据设计文件的要求和园林产品的特点，对园林工程事先从经济上加以计算，以便获得合理的工程造价，保证工程质量。

二、园林工程概预算分类

园林工程概预算按不同的设计阶段和所起的作用及编制依据的不同，一般可分为投资估算、设计概算、修正概算、施工图预算、施工预算、工程结算和竣工决算。

（一）投资估算

投资估算指建设单位向国家申请拟定建设项目或国家对拟定项目进行决策时，确定建设项目在规划、项目建议书、设计任务书等不同阶段的相应投资总额而编制的经济文件。其作用如下。

① 国家决定拟建项目是否继续进行研究的依据。

② 国家批准项目建议书的依据。

③ 国家批准设计任务书的重要依据。

④ 国家编制中长规划，保持合理比例和投资结构的重要依据。

（二）设计概算

设计概算是初步设计文件的重要组成部分，是在投资估算的控制下由设计单位根据初步设计或扩大设计的图纸及说明，利用国家或地区颁发的概算指标、概算定额或综合预算定额、设备材料预算价格等资料，按照设计要求，概略地计算建筑物或构筑物造价的文件。其作用如下。

① 编制建设项目投资计划、确定和控制建设项目投资的依据。

② 签订建设工程合同和贷款合同的依据。

③ 控制施工图设计和施工图预算的依据。

④ 衡量设计方案技术经济合理性和选择最佳设计方案的依据。

⑤ 考核建设项目投资效果的依据，通过设计概算与竣工决算对比，可以分析和考核投资效果的好坏，同时可以验证设计概算的准确性，有利于加强设计概算管理和建设工程的造价管理工作。

（三）修正概算

修正概算指采用三阶段设计，在技术设计阶段随着设计内容的深化，可能会发现建设规模、结构、性质、设备类型和数量等内容与初步设计内容相比有出入，为此设计单位根据技术设计图纸，概算指标或概算定额，各项费用取费标准，建设地区自然、技术经济条件和设备预算价格等资料，对初步设计总概算进行修正而形成的经济文件。其作用与初步设计概算作用基本相同。

（四）施工图预算

施工图预算指在施工图设计阶段，当工程设计完成后，在单位工程开工之前，施工单位根据施工图纸技术工程量、施工组织设计和国家规定的现行工程预算定额、单位估价表及各项费用的取费标准、建筑材料预算价格、建设地区的自然和技术经济条件等资料，预先计算和确定单位工程或单项工程建设费用的经济文件。其作用如下。

① 经过有关部门的审查和批准，就正式确定了该工程的预算造价，即工程造价。

② 签订工程施工承包合同、实行工程预算包干、进行工程竣工结算的依据。

③ 业主支付工程款的依据。

④ 施工企业加强经营管理、搞好经济核算的基础。

⑤ 施工企业编制经营计划或施工技术财务计划的依据。

⑥ 单项工程、单位工程进行施工准备的依据。

⑦ 施工企业进行“两算”对比的依据。

⑧ 施工企业进行投标报价的依据。

⑨ 反映施工企业经营管理效果的依据。

（五）施工预算

施工预算是施工单位在施工图预算的控制下，根据施工图纸、施工组织设计、企业定额、施工现场条件等资料，考虑工程的目标利润等因素，计算编制的单位工程（或分项、分部工程）所需的资源消耗量及其相应费用的文件。其作用如下。

① 企业对单位工程实行计划管理，编制施工作业计划的依据。

② 企业对内部实行工程项目经营目标承包，进行项目成本全面管理与核算的重要依据。

③ 企业向班组推行限额用工、用料，并实行班组经济核算的依据。

④ 企业开展经济活动分析，进行施工计划成本与施工图预算造价对比的依据，以便预测工程超支或节约的情况，从而进行科学的控制。

（六）工程结算

工程结算是在一个单项工程、单位工程、分部工程或分项工程完工，并经建设单位及有关部门验收后，由施工单位以施工图预算为依据，并根据设计变更通知书、现场签证、预算定额、材料预算价格和取费标准及有关结算凭证等资料，按规定编制向建设单位办理结算工程价款的文件。工程结算一般有定期结算、阶段结算、竣工结算。

（七）竣工决算

竣工决算是建设单位编制的反映建设项目实际造价和投资效果的文件，是竣工验收报告的重要组成部分，是基本建设经济效果的全面反映，是核定新增固定资产价值，办理其交付使用的依据。其作用如下。

① 用以核定新增固定资产价值，办理交付使用。

② 考核建设成本，分析投资效果。

③ 总结经验，积累资料，提高投资效果。

三、园林工程概预算费用组成

园林工程费用由直接费用、间接费用、利润和税金组成。

（一）直接费用

直接费由直接工程费和措施费组成。

1. 直接工程费

直接工程费指施工过程中耗费的构成工程实体的各项费用，包括人工费、材料费、施工机械使用费。

$$直接工程费=人工费+材料费+施工机械使用费$$

(1) 人工费。人工费指直接从事建筑安装工程施工的生产工人开支的各项费用。

$$人工费=\sum（工日消耗量\times日工资单价）$$

式中，日工资单价 $(G)=\sum_{1}^{5} G_0$。

人工费的内容包括以下几点。

① 基本工资。指发放给生产工人的基本工资。

$$基本工资(G_1)=\frac{生产工人平均月工资}{年平均每月法定工作日}$$

② 工资性补贴。指按规定标准发放的物价补贴，煤、燃气补贴，交通补贴，住房补贴，流动施工津贴等。

$$工资性补贴(G_2)=\frac{\sum年发放标准}{全年日历日-法定假日}+\frac{\sum月发放标准}{年平均每月法定工作日}+每日工作发放标准$$

③ 生产工人辅助工资。指生产工人年有效施工天数以外非作业天数的工资，包括职工学习、培训期间的工资，调动工作、探亲、休假期间的工资，因气候影响的停工工资，女工哺乳时间的工资，病假在6个月以内的工资及产、婚、丧假期的工资。

$$生产工人辅助工资(G_3)=\frac{全年无效工作日\times(G_1+G_2)}{全年日历日-法定假日}$$

④ 职工福利费。指按规定标准计提的职工福利费。

$$职工福利费(G_4)=(G_1+G_2+G_3)\times福利费计提比例(\%)$$

⑤ 生产工人劳动保护费。指按规定标准发放的劳动保护用品的购置费及修理费，徒工服装补贴，防暑降温费，在有碍身体健康环境中施工的保健费用等。

$$生产工人劳动保护费(G_5)=\frac{生产工人年平均支出劳动保护费}{全年日历日-法定假日}$$

(2) 材料费。材料费指施工过程中耗费的构成工程实体的原材料、辅助材料、构配件、零件、半成品的费用。其内容包括以下几点。

① 材料原价（或供应价格）。

② 材料运杂费。指材料自来源地运至工地仓库或指定堆放地点所发生的全部费用。

③ 运输损耗费。指材料在运输装卸过程中不可避免的损耗。

④ 采购及保管费。指为组织采购、供应和保管材料过程中所需要的各项费用。包括采购费、仓储费、工地保管费、仓储损耗。

⑤ 检验试验费。指对建筑材料、构件和建筑安装物进行一般鉴定、检查所发生的费用，包括自设试验室进行试验所耗用的材料和化学药品等费用。不包括新结构、新材料的试验费和建设单位对具有出厂合格证明的材料进行检验，对构件做破坏性试验及其他特殊要求检验试验的费用。

$$材料费=\sum（材料消耗量\times材料基价）+检验试验费$$

材料基价＝（供应价格＋运杂费）×[1＋运输损耗率（%）]×[1＋采购保管费率（%）]

检验试验费＝∑（单位材料量检验试验费×材料消耗量）

（3）施工机械使用费。施工机械使用费指施工机械作业期间所发生的机械使用费以及机械安拆费和场外运费。

施工机械台班单价应由下列7项费用组成。

① 折旧费。指施工机械在规定的使用年限内，陆续收回其原值及购置资金的时间价值。

② 大修理费。指施工机械按规定的大修理间隔台班进行必要的大修理，以恢复其正常功能所需的费用。

③ 经常修理费。指施工机械除大修理以外的各级保养和临时故障排除所需的费用。包括为保障机械正常运转所需替换设备与随机配备工具附具的摊销和维护费用，机械运转中日常保养所需润滑与擦拭的材料费用及机械停滞期间的维护和保养费用等。

④ 安拆费及场外运费。安拆费指施工机械在现场进行安装与拆卸所需的人工、材料、机械和试运转费用以及机械辅助设施的折旧、搭设、拆除等费用；场外运费指施工机械整体或分体自停放地点运至施工现场或由一施工地点运至另一施工地点的运输、装卸、辅助材料及架线等费用。

⑤ 人工费。指机上司机（司炉）和其他操作人员的工作日人工费及上述人员在施工机械规定的年工作台班以外的人工费。

⑥ 燃料动力费。指施工机械在运转作业中所消耗的固体燃料（煤、木柴）、液体燃料（汽油、柴油）及水、电等。

⑦ 车船使用税。指施工机械按照国家规定和有关部门规定应缴纳的车船使用税、保险费及年检费等。

施工机械使用费＝∑（施工机械台班消耗量×机械台班单价）

式中，台班单价＝台班折旧费＋台班大修费＋台班经常修理费＋台班安拆费及场外运费＋台班人工费＋台班燃料动力费＋车船使用税

2. 措施费

措施费指为完成工程项目施工，发生于该工程施工前和施工过程中非工程实体项目的费用。包括以下内容。

（1）环境保护费。指施工现场为达到环保部门要求所需要的各项费用。

环境保护费＝直接工程费×环境保护费（%）

$$\text{环境保护费费率（\%）}=\frac{\text{本项费用年度平均支出}}{\text{全年建安产值×直接工程费占总造价比例（\%）}}$$

（2）文明施工费。指施工现场文明施工所需要的各项费用。

文明施工费＝直接工程费×文明施工费费率（%）

$$\text{文明施工费费率（\%）}=\frac{\text{本项费用年度平均支出}}{\text{全年建安产值×直接工程费占总造价比例（\%）}}$$

（3）安全施工费。指施工现场安全施工所需要的各项费用。

$$安全施工费=直接工程费\times安全施工费费率（\%）$$

$$安全施工费费率（\%）=\frac{本项费用年度平均支出}{安全建安产值\times直接工程费占总造价比例（\%）}$$

(4) 临时设施费。指施工企业为进行建筑工程施工所必须搭设的生活和生产用的临时建筑物、构筑物和其他临时设施费用等。

临时设施包括临时宿舍、文化福利及公用事业房屋与构筑物，仓库、办公室、加工厂以及规定范围内道路、水、电、管线等临时设施和小型临时设施。

临时设施费用包括临时设施的搭设、维修、拆除费或摊销费。临时设施费由以下 3 部分组成。

① 周转使用临时建筑物，如活动房屋；

② 一次性使用临时建筑物，如简易建筑；

③ 其他临时设施，如临时管线。

$$临时设施费=（周转使用临建费+一次性使用临建费）\times［1+其他临时设施所占比例（\%）］$$

其中：

$$周转使用临建费=\sum\left[\frac{临建面积\times每平方米造价}{使用年限\times365\times利用率（\%）}\times工期（天）\right]+一次性拆除费$$

$$一次性使用临建费=\sum临建面积\times每平方米造价\times[1-残值率（\%）]+一次性拆除费$$

其他临时设施在临时设施费中所占比例，可由各地区造价管理部门依据典型施工企业的成本资料经分析后综合测定。

(5) 夜间施工费。指因夜间施工所发生的夜班补助费、夜间施工降效、夜间施工照明设备摊销及照明用电等费用。

$$夜间施工增加费=\left(1-\frac{合同工期}{定额工期}\right)\times\frac{直接工程费中的人工费合计}{平均日工资单价}\times每工日夜间施工开支$$

(6) 二次搬运费。指因施工场地狭小等特殊情况而发生的二次搬运费用。

$$二次搬运费=直接工程费\times二次搬运费费率（\%）$$

$$二次搬运分费率（\%）=\frac{年平均二次搬运费开支额}{全年建安产值\times直接工程费占总造价的比例（\%）}$$

(7) 大型机械设备进出场及安拆费。指机械整体或分体自停放场地运至施工现场或由一个施工地点运至另一个施工地点，所发生的机械进出场运输及转移费用及机械在施工现场进行安装、拆卸所需的人工费、材料费、机械费、试运转费和安装所需的辅助设施的费用。

$$大型机械进出场及安拆费=\frac{一次进出场及安拆费\times年平均安拆次数}{年工作台班}$$

(8) 混凝土、钢筋混凝土模板及支架费。指混凝土施工过程中需要的各种钢模板、木模板、支架等的支、拆、运输费用及模板、支架的摊销（或租赁）费用。

模板及支架费＝模板摊销量×模板价格＋支、拆、运输费

摊销量＝一次使用率×（1＋施工损耗）×［1＋（周转次数－1）×补损率/周转次数

－（1－补损率）50%/周转次数］

租赁费＝模板使用率×使用日期×租赁价格＋支、拆、运输费

(9) 脚手架费。指施工需要的各种脚手架搭、拆、运输费用及脚手架的摊销（或租赁）费用。

脚手架搭拆费＝脚手架摊销量×搭、拆、运输费

$$脚手架摊销量=\frac{单位一次使用量\times（1-残值率）}{耐用期/一次使用期}$$

租赁费＝脚手架每日租金×搭设周期＋搭、拆、运输费

(10) 已完工程及设备保护费。指竣工验收前，对已完工程及设备进行保护所需费用。

已完工程及设备保护费＝成品保护所需机械费＋材料费＋人工费

(11) 施工排水、降水费。指为确保工程在正常条件下施工，采取各种排水、降水措施所发生的各种费用。

施工排水、降水费＝∑排水降水机械台班费×排水降水周期＋排水降水使用材料费、人工费

(12) 冬雨季施工增加费。指在冬、雨季施工期间，为保证工程质量，采取保温、防护措施所增加费用，以及因工效和机械效率降低所增加的费用。对于措施费的计算，本书中只列通用措施费项目的计算方法，各专业工程的专用措施费项目的计算方法由各地区或国务院有关专业主管部门的工程造价管理机构自行制定。

（二）间接费用

1. 间接费用的组成

间接费由规费、企业管理费组成。

(1) 规费。指政府和有关权力部门规定必须缴纳的费用（简称规费）。

① 工程排污费。指施工现场按规定缴纳的工程排污费。

② 工程定额测定费。指按规定支付工程造价（定额）管理部门的定额测定费。

③ 社会保障费。包括以下内容。

a. 养老保险费。指企业按规定标准为职工缴纳的基本养老保险费。

b. 失业保险费。指企业按照国家规定标准为职工缴纳的失业保险费。

c. 医疗保险费。指企业按照规定标准为职工缴纳的基本医疗保险费。

④ 住房公积金。指企业按规定标准为职工缴纳的住房公积金。

⑤ 危险作业意外伤害保险。指按照建筑法规定，企业为从事危险作业的建筑安装施工人员支付的意外伤害保险费。

(2) 企业管理费。指建筑安装企业组织施工生产和经营管理所需费用。

① 管理人员工资。指管理人员的基本工资、工资性补贴、职工福利费、劳动保护费等。

② 办公费。指企业管理办公用的文具、纸张、账表、印刷、邮电、书报、会议、水电、

烧水和集体取暖（包括现场临时宿舍取暖）用煤等费用。

③ 差旅交通费。指职工因公出差、调动工作的差旅费、住勤补助费，市内交通费和误餐补助费，职工探亲路费，劳动力招募费，职工离退休、退职一次性路费，工伤人员就医路费，工地转移费以及管理部门使用的交通工具的油料、燃料、养路费及牌照费。

④ 固定资产使用费。指管理和试验部门及附属生产单位使用的属于固定资产的房屋、设备仪器等的折旧、大修、维修或租赁费。

⑤ 工具用具使用费。指管理使用的不属于固定资产的生产工具、器具、家具、交通工具和检验、试验、测绘、消防用具等的购置、维修和摊销费。

⑥ 劳动保险费。指由企业支付离退休职工的易地安家补助费、职工退职金、六个月以上的病假人员工资、职工死亡丧葬补助费、抚恤费、按规定支付给离休干部的各项经费。

⑦ 工会经费。指企业按职工工资总额计提的工会经费。

⑧ 职工教育经费。指企业为职工学习先进技术和提高文化水平，按职工工资总额计提的费用。

⑨ 财产保险费。指施工管理用财产、车辆保险。

⑩ 财务费。指企业为筹集资金而发生的各种费用。

⑪ 税金。指企业按规定缴纳的房产税、车船使用税、土地使用税、印花税等。

⑫ 其他。包括技术转让费、技术开发费、业务招待费、绿化费、广告费、公证费、法律顾问费、审计费、咨询费等。

2. 间接费用的计算

(1) 间接费的计算方法按取费基数的不同分为以下三种：

① 以直接费为计算基础。

$$间接费=直接费合计\times间接费费率（\%）$$

② 以人工费和机械费合计为计算基础。

$$间接费=人工费和机械费合计\times间接费费率（\%）$$

$$间接费费率（\%）=规费费率（\%）+企业管理费费率（\%）$$

③ 以人工费为计算基础。

$$间接费=人工费合计\times间接费费率（\%）$$

(2) 规费费率和企业管理费费率的确定按如下公式进行。

① 规费费率。根据本地区典型工程发承包价的分析资料综合取定规费计算中所需数据。

a. 每万元发承包价中人工费含量和机械费含量。

b. 人工费占直接费的比例。

c. 每万元发承包价中所含规费缴纳标准的各项基数。

规费费率的计算公式如下。

a. 以直接费为计算基础。

$$规费费率（\%）=\frac{\sum 规费缴纳标准\times每万元发承包价计算基数}{每万元发承包价中的人工费含量}\times人工费占直接费的比例（\%）$$

b. 以人工费和机械费合计为计算基础。

$$规费费率（\%）=\frac{\sum 规费缴纳标准\times 每万元发承包价计算基数}{每万元发承包价中的人工费含量和机械费含量}\times 100\%$$

c. 以人工费为计算基础。

$$规费费率（\%）=\frac{\sum 规费缴纳标准\times 每万元发承包价计算基数}{每万元发承包价中的人工费含量}\times 100\%$$

② 企业管理费费率。计算公式如下。

a. 以直接费为计算基础。

$$企业管理费费率（\%）=\frac{生产工人年平均管理费}{年有效施工天数\times 人工单价}\times 人工费占直接费比例（\%）$$

b. 以人工费和机械费合计为计算基础。

$$企业管理费费率（\%）=\frac{生产工人年平均管理费}{年有效施工天数\times（人工单价+每工日机械使用费）}\times 100\%$$

c. 以人工费为计算基础。

$$企业管理费费率（\%）=\frac{生产工人年平均管理费}{年有效施工天数\times 人工单价}\times 100\%$$

（三）利润

利润指施工企业完成所承包工程后获得的盈利。

（四）税金

税金指国家税法规定的应计入建筑安装工程造价内的营业税、城市维护建设税及教育费附加等。

营业税的税额为营业额的3%。根据2009年1月1日起施行的《中华人民共和国营业税暂行条例》规定，营业额指纳税人从事建筑、安装、修缮、装饰及其他工程作业收取的全部收入，还包括建筑、修缮、装饰工程所用原材料及其他物质和动力的价款在内，当安装的设备的价值作为安装工程产值时，也包括所安装设备的价款。但建筑工程分包给其他单位的，以其取得的全部价款和价外费用扣除其支付给其他单位的分包款后的余额作为营业额。

(1) 城市建设维护税。纳税人所在地为市区的，按营业税的7%征收；纳税人所在地为县城镇，按营业税的5%征收；纳税人所在地不为市区县城镇的，按营业税的1%征收，并与营业税同时交纳。

(2) 教育费附加。一律按营业税的3%征收，和营业税同时交纳。即使办有职工子弟学校的建筑安装企业，也应当先交纳教育费附加，教育部门可根据企业的办学情况，酌情返还给办学单位，作为对办学经费的补贴。

现行应缴纳的税金计算式如下：

$$税金=（税前造价+利润）\times 税率（\%）$$

税率的计算公式如下。

a. 纳税地点在市区的企业：

$$税率（\%）=\frac{1}{1-3\%-（3\%\times 7\%）-（3\%\times 3\%）}-1$$

b. 纳税地点在县城、镇的企业：

$$税率（\%）=\frac{1}{1-3\%-(3\%\times5\%)-(3\%\times3\%)}-1$$

c. 纳税地点不在市区、县城、镇的企业：

$$税率（\%）=\frac{1}{1-3\%-(3\%\times1\%)-(3\%\times3\%)}-1$$

四、园林工程造价计算程序

为了贯彻落实国家有关规定精神，各地对现行的园林工程费用构成进行了不同程度的改革。反映在工程造价的计算方法上存在差异。为此，在编制工程预算时，必须执行本地区的有关规定，准确、公正地反映出工程造价。

一般情况下，计算工程预算造价的程序如下。

① 计算直接费；

② 计算间接费；

③ 计算利润；

④ 计算税金；

⑤ 计算工程预算造价：工程预算造价＝直接费＋间接费＋利润＋税金。

（一）定额计价的计算程序

定额计价的计算程序见表 1-1。

表 1-1　定额计价的计算程序

序号	费用名称	计算方法
一	直接费	(一)+(二)
	(一)直接工程费	工程量×Σ[(定额工日消耗量×人工单价)+(定额材料消耗量×材料单价)+(定额机械台班消耗量×机械台班单价)]
	其中：人工费 R_1	定额工日消耗量×人工单价
	(二)措施费	Σ工程量×定额工日消耗量×人工单价
	1. 参照定额规定计取的措施费	按定额规定计算
	2. 参照费率计取的措施费	R_1×相应费率
	其中：人工费 R_2	R_2＝(1+2)中人工费
二	企业管理费	(R_1+R_2)×管理费率
三	利润	(R_1+R_2)×利润费率
四	规费	(一+二+三)×规范费率
五	税金	(一+二+三+四)×税率
六	合计	一+二+三+四+五

注：1. 按定额项目计取的措施费指园林绿化工程消耗量定额中列有相应子目或规定有计算方法的措施项目范围。例如：模板及支撑、脚手架、吊装机械等。

2. 按费率计取的措施指按省建设行政主管部门发布的费率或根据企业实际情况测算的费率计算的措施项目费用。例如：环境保护、文明施工、临时设施、夜间施工及冬雨季施工增加、二次搬运费等。

3. 措施费中的“其他”指园林绿化工程消耗量定额中没有相应项目，而根据设计或施工现场情况应计算的措施项目费用。例如：排水、降水费、大型机械设备进出场及安拆费等。

4. 省价人工费 R_2：“1”中人工费指按定额的工日数量和省价人工工日单价计算的人工费合计；“2”中人工费指按省发布费率计算的措施费中人工费合计，其中人工费含量为：夜间施工增加费、二次搬运费、冬雨季施工增加费 20%，其他措施费项目 10%。

（二）工程量清单计价的计算程序

工程量清单计价的计算程序见表1-2。

表1-2 工程量清单计价的计算程序

序号	费用项目名称	计算方法
一	分部分项工程费合价	$\sum_{i}^{n}1J_i \times L_i$
	分部分项工程费单价(J_i)	1+2+3+4+5
	1. 人工费	∑清单项目每计量单位工日消耗量×人工单价
	2. 材料费	∑清单项目每计量单位材料消耗量×材料单价
	3. 施工机械使用费	∑清单项目每计量单位施工机械台量消耗量×机械工台班单价
	4. 企业管理费	1×管理费率
	5. 利润	1×利润费率
	6. 分部分项工程量(L_i)	按工程量清单数量计算
二	措施项目费	∑单项措施费
三	基本项目费(Q_i)	1+2+3+4
	1. 暂列金额	
	2. 暂估价	
	材料暂估单价	
	专业工程暂估价	
	3. 计日工	
	4. 总承包服务费用	
四	规费	(一+二+三)×规范费率
五	税金	(一+二+三+四)×税率
六	合计	一+二+三+四+五

五、 园林工程类别划分标准

（一）一类工程

一类工程的划分标准如下。

(1) 单项建筑面积600m² 及以上的园林建筑工程。

(2) 高度21m及以上的仿古塔。

(3) 高度9m及以下的重檐牌楼、牌坊。

(4) 2500m² 及以上综合性园林建设。

(5) 缩景模仿工程。

(6) 堆砌英石山50t及以上或景石150t及以上或塑9m高及以上的假石山。

(7) 单条分车绿化带宽度5m、道路种植面积15000m² 及以上的绿化工程。

(8) 2条分车绿化带累计宽度4m，道路种植面积12000m² 及以上的绿化工程。

(9) 3条及以上分车绿化带（含路肩绿化带）累计宽度20m、道路种植面积60000m² 及以上的绿化工程。

(10) 公园绿化面积30000m² 及以上的绿化工程。

(11) 宾馆、酒店庭院绿化面积1000m² 及以上的绿化工程。

(12) 天台花园绿化面积500m² 及以上的绿化工程。

(13) 其他绿化累计面积2000m² 及以上的绿化工程。

（二）二类工程

二类工程的划分标准如下。

(1) 单项建筑面积300m² 及以上的园林建筑工程。

(2) 高度15m及以上的仿古塔。

(3) 高度9m及以下的重檐牌楼、牌坊。

(4) 20000m² 及以上综合性园林建设。

(5) 景区园桥和园林小品、园林艺术性围墙（带琉璃瓦顶、琉璃花窗或景门、景窗）。

(6) 堆砌英石山20t及以上或景石80t及以上或塑6m高及以上的假石山。

(7) 单条分车绿化带宽度5m、道路种植面积10000m² 及以上的绿化工程。

(8) 2条分车绿化带累计宽度4m、道路种植面积8000m² 及以上的绿化工程。

(9) 3条及以上分车绿化带（含路肩绿化带）累计宽度15m、道路种植面积40000m² 及以上的绿化工程。

(10) 公园绿化面积20000m² 及以上的绿化工程。

(11) 宾馆、酒店庭院绿化面积800m² 及以上的绿化工程。

(12) 天台花园绿化面积300m² 及以上的绿化工程。

(13) 其他绿化累计面积1500m² 及以上的绿化工程。

（三）三类工程

三类工程的划分标准如下。

(1) 单项建筑面积300m² 及以下的园林建筑工程。

(2) 高度15m及以下的仿古塔。

(3) 高度9m及以下的单檐牌楼、牌坊。

(4) 20000m² 及以上综合性园林建设。

(5) 庭院园桥和园林小品、园路工程。

(6) 堆砌英石山20t以下或景石20t以下或塑6m高以下的假石山。

(7) 单条分车绿化带宽度5m、道路种植面积10000m² 以下的绿化工程。

(8) 两条分车绿化带累计宽度4m、道路种植面积8000m² 以下的绿化工程。

(9) 三条及以上分车绿化带（含路肩绿化带）累计宽度15m、道路种植面积40000m² 及以下的绿化工程。

(10) 公园绿化面积20000m² 以下的绿化工程。

(11) 宾馆、酒店庭院绿化面积800m² 以下的绿化工程。

(12) 天台花园绿化面积300m² 以下的绿化工程。

(13) 其他绿化累计面积10000m² 以下的绿化工程。

(14) 园林一般围墙、围栏、砌筑花槽、花池、道路断面仅有人行道路树木的绿化工程。

六、 园林绿化工程费率

园林绿化工程费率表格式见表1-3。

表 1-3 园林绿化工程费率表 单位：%

(一)园林管理费、利润、税金

费用名称		类别 Ⅰ	类别 Ⅱ	类别 Ⅲ
企业管理费		72.00	58.00	42.00
利润		62.00	35.00	26.00
税金	市区	3.44		
税金	县城、城镇	3.38		
税金	市县镇以外	3.25		

(二)措施费、规费

	费用名称	园林绿化工程
措施费	环境保护费	0.80
措施费	文明施工费	1.80
措施费	临时设施费	6.50
措施费	夜间施工费	5.70
措施费	二次搬运费	4.90
措施费	冬雨季施工增加费	6.50
措施费	总承包服务费	2.45
规费	工程排污费	按环保部门有关规定计算
规费	工程定额测定费	按各市有关规定计算
规费	社会保障费	2.6
规费	住房公积金	按有关规定计算
规费	危险作业意外伤害保险	按实际工程投保金额计算
规费	安全施工费	由市工程造价管理机构核定

注：根据《建筑工程施工发包与承包计价管理办法》规定，建筑工程发包与承包价在政府主观调控下，由市场竞争形成，也就是说发包方与承包方签订的合同价，应由市场竞争形成，合同价的形成，也可以参照园林绿化工程费率表中的有关费率，但费率表中规费组成和费率、税率不得改变。

第三节 园林工程概预算编制

一、 园林工程概预算编制依据

影响园林工程概预算的因素很复杂，有些因素对园林工程概预算编制有直接的、决定性的影响，是园林工程概预算编制的主要依据；有些因素对园林工程概预算的影响是间接的，但是也很重要。

园林建设项目的目的不同，则编制园林工程概预算的主要依据也不相同，一般来说，编制园林工程概预算的依据主要有：园林建设项目的基本文件；工程建设政策、法规和规范资料；建设地区有关情况调查资料（有关市场等社会生产资源条件），类似施工项目的经验资料、施工企业（或可调动）施工力量等。编制时应根据具体需要，分清主次参考，以便权衡应用。

（一） 施工图纸

施工图纸指经过会审的施工图，包括所附的设计说明书、选用的通用图集和标准图集或施工手册、设计变更文件等。它是编制预算的基本资料。

（二）施工组织设计

施工组织设计又称施工方案，是确定单位工程进度计划、施工方法、主要技术措施、施工现场平面布局和其他有关准备工作的技术文件。在编制预算时，某些分部工程应该套用哪些工程细目的定额，以及相应的工程量是多少，都要以施工组织设计为依据。

（三）工程概预算定额

预算定额是确定工程造价的主要依据，是由国家或被授权单位统一组织编制和颁发的一种法令性指标，具有极大的权威性。由于我国各地材料价格差异很大，因此各地均将统一定额经过换算后颁发执行。

（四）材料概预算价格

人工工资标准、施工机械台班费用定额。

（五）园林建设工程管理费用及其他费用定额

工程管理费和其他费用，因地区和施工企业不同，其取费标准也不同，各省、市地区、企业都有各自的取费定额。

（六）建设单位和施工单位签订的合同或协议

合同或协议中双方约定的标准也可成为编制工程预算的依据。

（七）国家及地区颁布的有关文件

国家或地区各有关主管部门，制订颁发的有关编制工程概预算的各种文件和规定，如某些材料调价、新增某种取费项目的文件等，都是编制工程预算时必须遵照执行的依据。

（八）工具书及其他有关手册

各类园林工程概预算的主要依据。

二、园林工程概预算编制内容

（一）“定额计价”法预算编制内容

1. 编制说明书

① 工程概况；

② 编制依据；

③ 编制方法；

④ 技术经济指标分析。

2. 工程概（预）算书

① 单项（单位）工程概（预）算书（建设工程和安装工程）；

② 其他工程和费用概（预）算书；

③ 综合概（预）算书；

④ 总概（预）算书。

（二）“清单计价”法预算编制内容

采用“清单计价”法时，工程量清单由招标人或委托有工程造价咨询资质的单位编制。工程量清单的组成（由招标人编制）内容如下。

① 工程量清单总说明（项目工程概况、现场条件、编制工程量清单的依据及有关资料、对施工工艺材料的特殊要求、其他）；

② 分部分项工程量清单与计价表；

③ 工程量清单综合单价分析表；

④ 措施项目清单与计价表；

⑤ 其他项目清单与计价表；

⑥ 规费、税金项目清单与计价表。

三、园林工程概预算编制程序

园林工程概预算的编制，应在充分了解设计图纸、掌握施工组织设计或施工的技术组织措施并深入现场调查建设地区施工条件的基础上进行。

1. 园林工程概预算具体编制程序

(1) 收集编制依据资料。编制预算之前，要搜集下列资料：施工图设计图纸、施工组织设计、预算定额、施工管理和各项取费定额、材料预算价格表、地方预决算材料、预算调价文件和地方有关技术经济资料等。

(2) 熟悉施工图纸和施工说明，参加技术交底，解决疑难问题。设计图纸和施工说明书是编制工程预算的重要基础资料。它为选择套用定额子目，取定尺寸和计算各项工程量提供重要的依据，因此，在编制预算之前，必须对设计图纸和施工说明书进行全面认真的了解和审查，并参加技术交底，共同解决施工图中的疑难问题。

(3) 熟悉施工组织设计和了解现场情况。施工组织设计是由施工单位根据工程特点、施工现场的实际情况等各种有关条件编制的，是编制预算的依据。所以，必须完全熟悉施工组织设计的全部内容，并深入现场了解现场实际情况是否与设计一致，才能准确编制预算。

(4) 学习并掌握好工程概预算定额及其有关规定。必须熟悉现行预算定额的全部内容，了解和掌握定额子目的工程内容、施工方法、材料规格、质量要求、计量单位、工程量计算规则等，以便能熟练地查找和正确地应用。

(5) 确定工程项目，计算工程量。必须根据设计图纸和施工说明书提供的工程构造、设计尺寸和做法要求，进行工程项目的划分及工程量计算，计算时应结合施工现场的施工条件，按照预算定额的项目划分，工程量的计算规则和计量单位的规定，对每个分项工程的工程量进行具体计算。它是工程预算编制工作中最繁重、细致的重要环节，工程量计算的正确与否将直接影响预算的编制质量和速度。

① 确定工程项目。在熟悉施工图纸及施工组织设计的基础上要严格按定额的项目确定工程项目，为了防止丢项、漏项的现象发生，在编排项目时首先将工程分为若干分部工程。

② 计算工程量。工程量计算不仅仅是技术计算工作，它对工程建设效益分析具有重要作用。正确地计算工程量，对基本建设规划，统计施工作业计划工作，合理安排施工进度，组织劳动力和物资的供应都是不可或缺的，同时也是进行基本建设财务管理与会计核算的重要依据。

(6) 编制工程预算书。

① 确定单位预算价值。填写预算单价时要严格按照预算定额中的子目及有关规定进行，使用单价要正确，每一分项工程的定额编号，工程项目名称、规格、计量单位、单位均应与定额要求相符。

② 计量工程直接费。单位工程直接费是各个分部分项工程直接费的总和，分项工程直接费则是用分项工程量乘以预算定额工程预算单价而求得的。

③ 计算其他各项费用。单位工程直接费计算完毕，即可计算直接费、间接费、利润、税金等费用。

④ 计算工程预算总造价。汇总直接费、间接费、利润、税金等费用，最后即可求得工程预算总造价。

⑤ 校核。工程预算编制完毕后，应由有关人员对预算的各项内容进行逐项全面核对，保证工程预算的准确性。

⑥ 编写《工程预算书的编制说明》，填写工程预算书的封面，装订成册。编制说明一般包括以下内容。

a. 工程概况。工程编号、工程名称、建设规模等。

b. 编制依据。编制预算时所采用的图纸名称、标准图集、材料做法以及设计变更文件；采用的预算定额、材料预算价格及各种费用定额等资料。

c. 其他有关说明。指在预算表中无法表示且需要用文字做补充说明的内容。

工程预算封面通常需填写的内容有：工程编号、工程名称、建设单位名称、施工单位名称、建设规模、工程预算造价、编制单位及日期等。

(7) 工料分析。工料分析是在编写预算时，根据分部、分项工程项目的数量和相应定额中的项目所列的用工及用料的数量，算出各工程项目所需的人工及用料数量，然后进行统计汇总，计算出整个工程的工料所需数量。

(8) 复核、签章及审批。工程预算编制出来后，由本企业的有关人员对所编制预算的主要内容及计算情况进行一次全面检查核对，以便及时发现可能出现的差错并纠正，审核无误后并按规定上报，经上级机关批准后再送交建设单位和建设银行审批。

2. 工程量计算要点

在计算工程量时应注意以下几点。

(1) 在根据施工图纸和预算定额确定工程项目的基础上，必须严格按照定额规定和工程量计算规则，以施工图所注位置与尺寸为依据进行计算，不能人为地加大或缩小构件尺寸。

(2) 计算单位必须与定额中的计算单位相一致，才能准确地套用预算定额中的预算单价。

(3) 取定的建筑尺寸和苗木规格要准确，且便于核对。

(4) 计算底稿要整齐，数字清晰，数值准确。对数字精确度的要求，工程量算至小数点后两位，钢材、木材及使用贵重材料的项目可算至小数点后三位，余数四舍五入。

(5) 要按照一定的计算顺序计算。为了便于计算和审核工程量，防止遗漏或重复计算，计算工程量时除了按照定额项目的顺序进行计算外，也可以采用先外后内或先横后竖等不同的计算顺序。

(6) 利用基数，连续计算。有些“线”和“面”是计算许多分项工程的基数，在整个工程量计算中要反复多次地进行运算，在运算中找出共性因素，再根据预算定额分项工程量的有关规定，找出计算过程中各分项工程量的内在联系，从而迅速完成大量的计算工作。

3. 园林工程概预算编制程序示意图

“定额计价”的一般编制程序如图 1-1 所示。

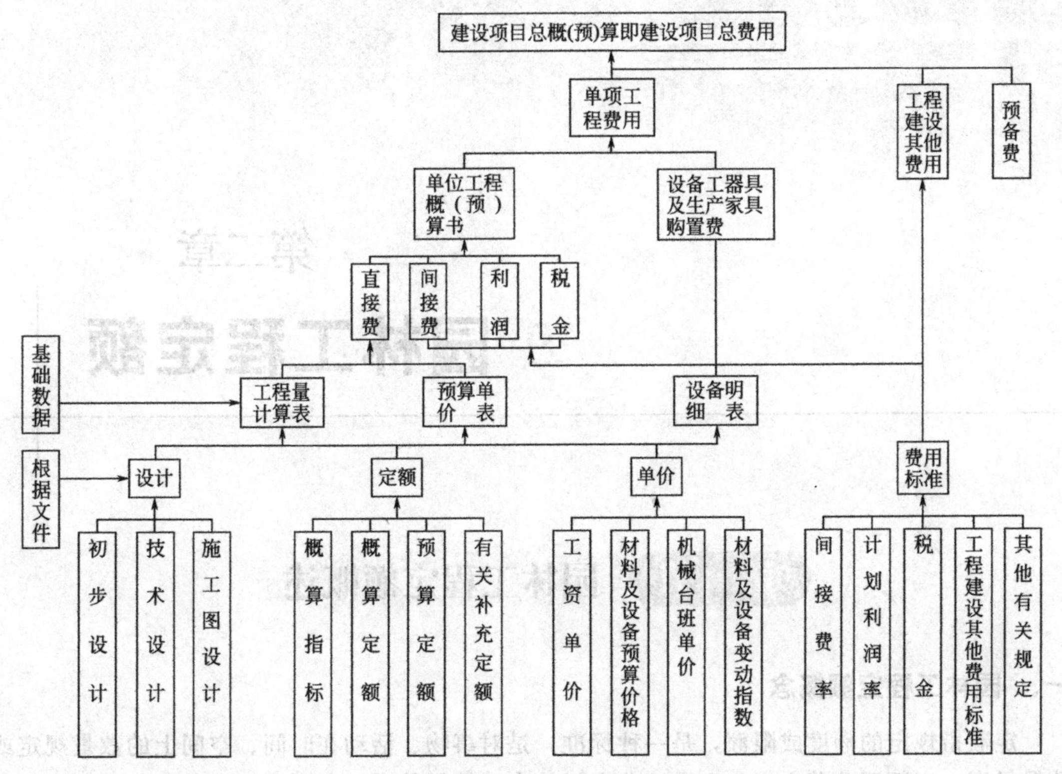

图 1-1 定额计价程序

工程量清单计价编制程序如图 1-2 所示。

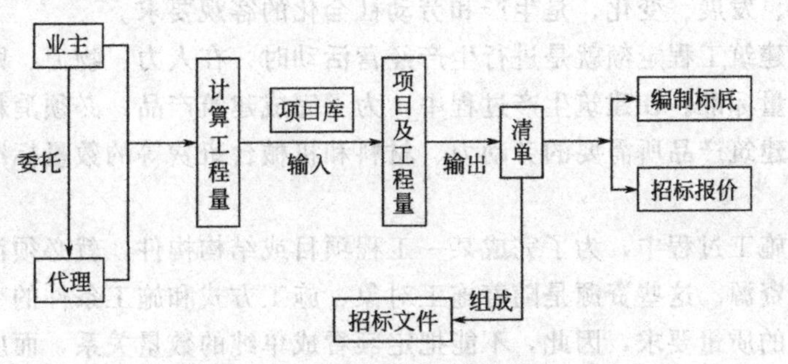

图 1-2 工程量清单计价程序

·第二章·

园林工程定额

第一节 园林工程定额概述

一、园林工程定额概念

定额指规定的额度或限额，是一种标准，是对事物、活动在时间、空间上的数量规定或数量尺度。定额反映着生产与生产消费之间的客观数量关系，它同是社会某种经济形态的产物，不受社会政治、经济、意识形态的影响，不为某种社会制度所专有，它随生产力水平的提高自然地发生、发展、变化，是生产和劳动社会化的客观要求。

通俗地说，建筑工程定额就是进行生产经营活动时，在人力、物力、财力消耗方面所应遵守或达到的数量标准。在建筑生产过程中，为了完成建筑产品，必须消耗一定数量的生产质量合格的单位建筑产品所需要的劳动力、材料和机械台班费等的数量标准，就称为建筑工程定额。

在园林工程施工过程中，为了完成某一工程项目或结构构件，就必须消耗一定数量的人力、物力和财力资源。这些资源是随着施工对象、施工方式和施工条件的变化而变化的。不同产品具有不同的质量要求，因此，不能把定额看成单纯的数量关系，而应看成是质量和安全的统一体。

园林绿化工程定额，按照传统意义上的定义，指在正常施工条件下，完成园林绿化工程中各分项工程单位合格产品或完成一定量的工作所必需的，而且是额定的人工、材料、机械设备的数量及其资金消耗（或额度）。

园林绿化工程概预算定额是园林绿化工程建设造价管理的技术标准和依据，也是园林绿化工程施工中的标准或尺度。

二、园林工程定额性质

（一）相对稳定性与时效性

定额中所规定的各项指标的多少，是由一定时期的社会生产力水平所决定的。随着科技水平的提高。社会生产力水平必然会有所增长。但社会生产力的发展有一个由量变到质变的过程，即应有一个周期，而且定额的执行也有个实践过程。只有当生产条件发生变化，技术水平有较大的提高，原有定额不能适应生产需要时，授权部门才会根据新的情况制定出新的定额或补充定额。所以每一次制定的定额必须具有相对稳定性，决不可朝定夕改，否则会伤害群众的积极性。但也不可一定而不改，长期使用，以防定额脱离实际而失去意义。

一定时期内的定额，反映一定时期的社会生产力水平，劳动价值消耗和工程技术发展水平。随着社会经济的发展，新工艺、新材料的采用，技术水平的不断提高，各种资源的消耗量逐渐降低，往往会突破原有的定额水平，从而导致定额水平的提高，原来相对稳定的统一定额不再对工程造价的统一和调控发挥作用，在这种情况下，授权部门必须根据新的形势要求，重新编制或修订原有定额，制定出符合新的生产条件的新定额或补充定额，以满足管理和指导生产的需要，这就是时效性。我国自从开始制定各种定额以来，已经进行多次修订、重编。

（二）科学性与群众性

各类定额的制定基础是所在地域的当时实际的生产力水平，是在认真分析研究并总结广大工人生产实践经验的基础上，实事求是地广泛收集资料，大量测定、综合实际生产中的成千上万个数据，经科学的方法制定出来的。另外，当定额一旦颁发执行，少不了群众的参与和使用，同时就成为广大群众共同奋斗的目标，定额水平既反映了国家和人民的整体利益，也符合群众的要求，并能为群众所接受。因此，定额不仅具有严密的科学性，也具有广泛的群众基础。

（三）针对性与地域性

生产领域中，由于所生产的产品形形色色，成千上万，并且每种产品的质量标准、安全要求、操作方法及完成该产品的工作内容各不相同，因此，针对每种不同产品（或工序）为对象的资源消耗量的标准，一般来说是不能互相使用的。在园林绿化工程中这一点尤为突出。

（四）权威性

工程建设定额具有很大权威，这种权威在一些情况下具有经济法规性质。权威性反映统一的意志和统一的要求，也反映信誉和信赖程度以及定额的严肃性。

工程建设定额的权威性的客观基础是定额的科学性。只有科学的定额才具有权威。但是在社会主义市场经济条件下，它必然涉及各有关方面的经济关系和利益关系。赋予工程建设定额以一定的权威性，就意味着在规定的范围内，对于定额的使用者和执行者来说，不论主观上愿意不愿意，都必须按定额的规定执行。在当前市场不规范的情况下，赋予工程建设定额以权威性是十分重要的。但是在竞争机制引入工程建设的情况下，定额的水平必然会受市场供求状况的影响，从而在执行中可能产生定额水平的浮动。

应该指出的是，在社会主义市场经济条件下，对定额的权威性不应该绝对化。定额毕竟是主观对客观的反映，定额的科学性会受到人们认识的局限。与此相关，定额的权威性也就会受到削弱核心的挑战。更为重要的是，随着投资体制的改革和投资主体多元化格局的形成，随着企业经营机制的转换，它们都可以根据市场的变化和自身的情况，自主地调整自己的决策行为。因此在这里，一些与经营决策有关的工程建设定额的权威性特征就弱化了。

（五）统一性

定额的统一性主要是由国家对经济发展的宏观调控职能决定的。工程建设定额的统一性按照其影响力和执行范围来看，有全国定额、地区定额和行业定额等；按照定额的制定和贯彻使用来看，有统一的程序、原则、要求和用途。

在生产资料私有制的条件下，定额的统一性是很难想象的，充其量也只是工程量计算规则的统一和信息提供。我国工程建设定额的统一性和工程建设本身的巨大投入和巨大产出有关。它对国民经济的影响不仅表现在投资的总规模和全部建设项目的投资效益等方面，而且往往还表现在具体建设项目的投资数额及其投资效益方面。因而需要借助统一的工程建设定额进行社会监督。这点和工业生产、农业生产中的工时定额、原材料定额也是不同的。

三、 园林工程定额分类

在园林工程建设过程中，由于使用对象和目的不同，园林工程定额的分类方法很多。

（一） 按定额反映的生产要素分类

1. 劳动消耗定额

简称劳动定额（也称为人工定额），指完成一定的合格产品（工程实体或劳务）规定活劳动消耗的数量标准。劳动定额主要表现形式是时间定额，但同时也表现为产量定额。时间定额与产量定额互为倒数。

2. 机械消耗定额

我国机械消耗定额是以一台机械一个工作班为计量单位，所以又称为机械台班定额。机械消耗定额指为完成一定合格产品（工程实体或劳务）所规定的施工机械消耗的数量标准。机械消耗定额的主要表现形式是机械时间定额，但同时也以产量定额表现。

3. 材料消耗定额

材料消耗定额简称材料定额，指完成一定合格产品所需消耗材料的数量标准。

材料是工程建设中使用的原材料、成品、半成品、构配件、燃料以及水、电等动力资源的统称。材料作为构成工程的实体，需用数量很大，种类很多。所以材料消耗量多少，消耗是否合理，不仅关系到资源的有效利用，影响市场供求状况，而且对建设工程的项目投资、建筑产品的成本控制都起着决定性的影响。

（二） 按定额的编制程序和用途分类

1. 施工定额

施工定额是以同一性质的施工过程——工序，作为研究对象，表示生产产品数量与时间消耗综合关系编制的定额。施工定额是施工企业组织生产和加强管理在企业内部使用的一种定额，属于企业定额的性质。为了适应组织生产和管理的需要，施工定额的项目划分很细，是工程建设定额中分项最细、定额子目最多的一种定额，也是工程建设定额中的基础性定额。

施工定额本身由劳动定额、机械定额和材料定额三个相对独立的部分组成，主要直接用于工程的施工管理，作为编制工程施工设计、施工预算、施工作业计划、签发施工任务单、限额领料卡及结算计件工资或计量奖励工资等用。它同时也是编制预算定额的基础。

2. 预算定额

预算定额是以建筑物或构筑物各个分部分项工程为对象编制的定额。其内容包括劳动定额、机械台班定额、材料消耗定额三个基本部分，并列有工程费用，是一种计价的定额。从编制程序上看，预算定额是以施工定额为基础综合扩大编制的，同时它也是编制概算定额的基础。

预算定额是在编制施工图预算阶段，计算工程造价和计算工程中的劳动、机械台班、材料需要量时使用的定额，它是调整工程预算和工程造价的重要基础，同时它也可以用为编制施工组织设计、施工技术财务计划的参考。随着经济发展，在一些地区出现了综合预算定额的形式，它实际上是预算定额的一种，只是在编制方法上更加扩大、综合、简化。

3. 概算定额

概算定额是以扩大的分部分项工程为对象编制的，计算和确定该工程项目的劳动、机械台班、材料消耗量所使用的定额，同时它也列有工程费用，也是一种计价性定额。概算定额是编制扩大初步设计概算、确定建设项目投资额的依据。概算定额的项目划分粗细，与扩大初步设计的深度相适应，一般是在预算定额的基础上综合扩大而成的，每一综合分项概算定额都包含了数项预算定额。

4. 概算指标

概算指标是概算定额的扩大与合并，它是以整个建筑物和构筑物为对象，以更为扩大的计量单位来编制的。概算指标的内容包括劳动、机械台班、材料定额三个基本部分，同时还列出了各结构分部的工程量及单位建筑工程（以体积计或面积计）的造价，是一种计价定额。例如每 $1000m^2$ 房屋或构筑物、每 1000m 管道或道路、每座小型独立构筑物所需要的劳动力、材料和机械台班的数量等。为了增加概算指标的适用性，也以房屋或构筑物的扩大的分部工程或结构构件为对象编制，称为扩大结构定额。

由于各种性质建设定额所需要的劳动力、材料和机械台班数量不一样，概算指标通常按工业建筑和民用建筑分别编制。工业建筑中又按各工业部门类别、企业大小、车间结构编制，民用建筑按照用途性质、建筑层高、结构类别编制。

概算指标的设定和初步设计的深度相适应。一般是在概算定额和预算定额的基础上编制的，比概算定额更加综合扩大。它是设计单位编制工程概算或建设单位编制年度任务计划、施工准备期间编制材料和机械设备供应计划的依据，也可供国家编制年度建设计划参考。

5. 投资估算指标

它是在项目建设书和可行性研究阶段编制投资估算、计算投资需要量时使用的一种定额。它非常概略，往往以独立的单项工程或完整的工程项目为计算对象，编制内容是所有项目费用之和。它的概略程度与可行性研究阶段相适应。投资估算指标往往根据历史的预、决算资料和价格变动等资料编制，但其编制基础仍然离不开预算定额、概算定额。

（三）按主编单位和管理权限分类

1. 全国统一定额

全国统一定额是由国家主管部门或授权单位，综合全国基本建设的施工技术、施工组织管理和生产劳动的一般情况编制并在全国范围内执行的定额。

2. 主管部定额

主管部定额是由于各专业生产部的生产技术措施而引起的施工生产和组织管理上的不同，并参照统一定额水平编制的，通常只在本部门和专业性质相同的范围内执行，如矿井建设工程定额，铁路建设工程定额等。

3. 地方定额

地方定额是在综合考虑全国统一定额水平的条件和地区特点的基础上编制的，并只在规定的地区范围内执行的定额，如各省、直辖市、自治区等编制的定额。

4. 企业定额

企业定额指由园林施工企业具体考虑本企业的具体情况和特点，参照统一定额或主管部定额、地方定额的水平而编制的，只在本企业内部使用的定额。它适用于某些园林工程施工水平较高的企业，由于外部定额不能满足其需要而编制。

四、 园林工程定额作用

园林工程定额是园林工程企业实现管理科学化的基础和必备的条件，在企业管理科学化中占有重要的地位。在园林工程建设中，园林工程定额的主要作用体现在以下方面。

① 编制地区估价表的依据。

② 编制园林工程施工图预算，合理确定工程造价的依据。

③ 施工企业编制人工、材料、机械台班需要量计划，统计完成工程量，考核工程成本，实行经济核算的依据。

④ 建设工程招投标中确定标底和标价的主要依据。

⑤ 建设单位和建设银行拨付工程价款、建设资金贷款和竣工结算的依据。

⑥ 编制概算定额和概算指标的基础资料。

⑦ 施工企业贯彻经济核算，进行经济活动分析的依据。

⑧ 设计部门对设计方案进行技术经济分析的工具。

第二节 园林工程施工定额

一、 园林工程施工定额概述

园林工程施工定额是以同一性质的施工过程或工序为测定对象，确定工人在正常施工条件下，为完成单位合格产品所需劳动、机械、材料消耗的数量标准。施工定额是施工企业直接用于园林工程施工管理的一种定额。其由劳动定额、材料消耗定额和机械台班定额组成，是最基本的定额。

由于施工定额包括了劳动定额、机械台班定额和材料消耗定额三个部分，施工定额的作用主要表现在合理地组织施工生产和按劳分配两个方面。因此，认真执行施工定额，正确地发挥施工定额在施工管理中的作用，对于促进施工企业的发展，具有十分重要的意义。总的来说，在施工过程中施工定额具有以下几个方面的作用。

① 是编制单位工程施工预算、进行“两算”对比、加强企业成本管理的依据；

② 是编制施工组织设计，制订施工作业计划和人工、材料、机械台班需用量计划的依据；

③ 是施工队向工人班组签发施工任务书和限额领料单的依据；

④ 是实行计件、定额包工包料、考核工效、计算劳动报酬与奖励的依据；

⑤ 是班组开展劳动竞赛、班组核算的依据；

⑥ 是编制预算定额和企业补充定额的基础资料。

总之，编制和执行好施工定额并充分发挥其作用，对于促进施工企业内部施工组织管理水平的提高，加强经济核算，提高劳动生产率，降低工程成本，提高经济效益，具有十分重要的意义。

二、园林工程施工定额组成

(一) 劳动定额

劳动定额，又称人工定额，指在正常的施工技术和组织条件下，劳动者完成合格产品所必需的劳动消耗量标准。这个标准是国家和企业对工人在单位时间内完成产品的数量和质量的综合要求。在各种定额中，劳动定额是重要的组成部分。

1. 劳动定额的作用

劳动定额的作用主要表现在组织生产和按劳分配两个方面。在一般情况下，两者是相辅相成的，即生产决定分配，分配促进生产。当前对企业基层推行的各种形式的经济责任制的分配形式，无一不是以劳动定额作为核算基础的。具体来说，劳动定额的作用主要表现在以下几个方面。

① 劳动定额是编制施工作业计划的依据。

② 劳动定额是贯彻按劳分配原则的重要依据。

③ 劳动定额是开展社会主义劳动竞赛的必要条件。

④ 劳动定额是企业经济核算的重要基础。

2. 劳动定额的表现形式

(1) 时间定额。时间定额就是某种专业（工种）、某种技术等级的工人小组或个人，在合理的劳动组合、合理的使用材料、合理的施工机械配合条件下，生产某一单位合格产品所必需的工作时间，包括准备与结束时间、基本生产时间、辅助生产时间、不可避免的中断时间以及工人必要的休息时间。

时间定额以一个工人 8h 工作日的工作时间作为一个“工日”单位。计算如下：

$$\text{单位产品的时间定额（工日）}=\frac{1}{\text{每个工人的产量}}$$

或

$$\text{单位产品时间定额（工日）}=\frac{\text{小组成员工日数总和}}{\text{台班产量}}$$

(2) 产量定额。产量定额就是在合理的劳动组合、合理的使用材料、合理的机械配合条件下，某种专业（工种）、某种技术等级的工人小组或个人，在单位工日中所完成的合格产品的数量。

产量定额根据时间定额计算，其计算公式如下：

$$\text{每个工人产量}=\frac{1}{\text{单位产品时间定额（工日）}}$$

或

$$\text{台班产量}=\frac{\text{小组成员工日数的总和}}{\text{单位产品时间定额（工日）}}$$

时间定额的计量单位，一般以工日和完成产品的单位（如 m^3、m^2、m、t、根等）来表

示，如工日/m^3（或m^2、m、t、根等）。

(3) 时间定额与产量定额的关系。其关系如下：

$$时间定额\times产量定额=1$$

$$时间定额=\frac{1}{产量定额}$$

$$产量定额=\frac{1}{时间定额}$$

时间定额与产量定额都表示同一个劳动定额，但各有其作用。时间定额便于综合，便于计算总工日数，便于核算工资，所以劳动定额一般均采用时间定额的形式。产量定额便于施工班组分配任务，便于编制施工作业计划。

3. 劳动定额的编制

劳动定额的编制昂奋有技术测定法、统计分析法、比较类推法和经营估工法。

(1) 技术测定法。即在先进合理的技术、组织及施工条件下，在充分发挥生产潜力的基础上，详细地记录施工过程各组成部分的工时、材料和机械台班消耗，完成产品数量及各种影响因素，并对记录进行整理，科学地分析各因素对消耗量的影响，从而获得编制定额的技术资料和基础数据。

这种方法的优点是，技术依据充分，定额水平先进合理，能反映客观实际。其缺点是，工作量大，操作复杂。

(2) 统计分析法。统计分析法是把过去一定时期内实际施工中的同类工程和生产同类产品的实际工时消耗和产品数量的统计资料（施工任务书、考勤报表和其他相关资料），通过整理，结合当前生产技术组织条件，进行分析对比研究来制定定额的一种方法。所考虑的统计对象应该具有一定的代表性，应以具有平均先进水平的地区、企业、施工队伍的情况作为统计计算定额的依据。统计中要特别注意资料的真实性、系统性和完整性，确保定额的编制质量。

这种方法的优点是，简单易行，工作量小。其缺点是，要使统计分析法制定的定额有较好的质量，就应在基层健全原始记录和统计报表制度，并剔除一些不合理的虚假因素，为了使定额保持平均先进水平，可从统计资料中求出平均先进值。

(3) 比较类推法。比较类推法也叫典型定额法。该方法是同类型的定额子目中，选择有代表性的典型子目，用技术测定法确定各种消耗量，然后根据测定的定额用比较类推的方法编制其他相关定额。

这种方法的优点是，简单易行，有一定的准确性。其缺点是，该方法运用了正比例的关系来编制定额，故有一定的局限性。采用这种方法，要特别注意掌握工序、产品的施工工艺和劳动组织的“类似”或“近似”的特征，细致地分析施工过程的各种影响因素，防止将因素变化很大的项目作为同类型项目比较类推。

（二）材料消耗定额

材料消耗定额指在正常的施工（生产）条件下，在节约和合理使用材料的情况下，生产单位合格产品所必须消耗的一定品种、规格的材料、半成品、配件等的数量标准。

材料消耗定额是编制材料需要量计划、运输计划、供应计划、计算仓库面积、签发限额领料单和经济核算的根据。制定合理的材料消耗定额，是组织材料的正常供应，保证生产顺利进行，以及合理利用资源，减少积压、浪费的必要前提。

1. 施工中材料消耗的组成

施工中材料的消耗，可分为必须的材料消耗和损失的材料两类性质。

必须消耗的材料，指在合理用料的条件下，生产合格产品所需消耗的材料。它包括直接用于工程的材料、不可避免的施工废料、不可避免的材料损耗。

必须消耗的材料属于施工正常消耗，是确定材料消耗定额的基本数据。其中：直接用于建设工程的材料，编制材料净用量定额；不可避免的施工废料和材料损耗，编制材料损耗定额。

材料各种类型的损耗量之和称为材料损耗量，除去损耗量之后净用于工程实体上的数量称为材料净用量，材料净用量与材料损耗量之和称为材料总消耗量，损耗量与总消耗量之比称为材料损耗率，它们的关系用公式表示为：

$$材料损耗率=\frac{材料损耗量}{材料总消耗量}\times100\%$$

$$材料损耗量=材料总消耗量-材料净用量$$

$$材料净用量=材料总消耗量-材料损耗量$$

$$材料总消耗量=\frac{材料净用量}{1-材料损耗率}$$

或

$$材料总消耗量=材料净用量+材料损耗量$$

为了简便，通常将损耗量与净用量之比作为损耗率。即：

$$材料损耗率=\frac{材料损耗量}{材料净用量}\times100\%$$

$$材料总消耗量=材料净用量\times(1+材料损耗率)$$

现场施工中，各建筑材料的消耗，主要取决于材料的消耗定额。

2. 材料消耗定额的制定方法

材料消耗定额的制定方法有观测法、试验法、统计法和理论计算法。

(1) 观测法。观测法亦称现场测定法，是在合理使用材料的条件下，在施工现场按一定程序对完成合格产品的材料耗用量进行测定，通过分析、整理，最后得出一定的施工过程单位产品的材料消耗定额。

利用现场测定法主要是编制材料损耗定额，也可以提供编制材料净用量定额的数据。其优点是能通过现场观察、测定，取得产品产量和材料消耗的情况，为编制材料定额提供技术根据。

观测法是在现场实际施工中进行的。观测法的优点是真实可靠，能发现一些问题，也能消除一部分消耗材料不合理的浪费因素。但是，用这种方法制定材料消耗定额，由于受到一定的生产技术条件和观测人员的水平等限制，仍然不能把所消耗材料不合理的因素都揭露出来。同时，也有可能把生产和管理工作中的某些与消耗材料有关的缺点保存下来。对观测取得的数据资料要进行分析研究，区分哪些是合理的，哪些是不合理的，哪些是不可避免的，

以制定出在一般情况下都可以达到的材料消耗定额。

(2) 试验法。试验法指在材料试验室中进行试验和测定数据。例如：以各种原材料为变量因素，求得不同强度等级混凝土的配合比，从而计算出每立方米混凝土的各种材料耗用量。

利用试验法，主要是编制材料净用量定额。通过试验，能够对材料的结构、化学成分和物理性能以及按强度等级控制的混凝土、砂浆配比作出科学的结论，为编制材料消耗定额提供有技术根据的、比较精确的计算数据。但是，试验法不能取得在施工现场实际条件下，由于各种客观因素对材料耗用量影响的实际数据，这是该法的不足之处。

试验室试验必须符合国家有关标准规范，计量要使用标准容器和称量设备，质量要符合施工与验收规范要求，以保证获得可靠的定额编制依据。

(3) 统计法。统计法指通过对现场进料、用料的大量统计资料进行分析计算，获得材料消耗的数据。这种方法由于不能分清材料消耗的性质，因而不能作为确定材料净用量定额和材料损耗定额的精确依据。

采用统计法，必须要保证统计和测算的耗用材料和相应产品一致。在施工现场中的某些材料，往往难以区分用在各个不同部位上的准确数量。因此，要有意识地加以区分，才能得到有效的统计数据。

用统计法制定材料消耗定额一般采取如下两种方法。

① 经验估算法。指以有关人员的经验或以往同类产品的材料实耗统计资料为依据，通过研究分析并考虑有关影响因素的基础上制定材料消耗定额的方法。

② 统计法。统计法是对某一确定的单位工程拨付一定的材料，待工程完工后，根据已完产品数量和领退材料的数量进行统计和计算的一种方法。这种方法的优点是不需要专门人员测定和实验。由统计得到的定额有一定的参考价值，但其准确程度较差，应对其分析研究后才能采用。

(4) 理论计算法。理论计算法是根据施工图，运用一定的数学公式，直接计算材料耗用量。计算法只能计算出单位产品的材料净用量，材料的损耗量仍要在现场通过实测取得。采用这种方法必须对工程结构、图纸要求、材料特性和规格、施工及验收规范、施工方法等进行了解和研究。计算法适宜于不易产生损耗，且容易确定废料的材料，如木材、钢材、砖瓦、预制构件等材料。因为这些材料根据施工图纸和技术资料从理论上都可以计算出来，不可避免的损耗也有一定的规律可找。

理论计算法是材料消耗定额制定方法中比较先进的方法。但是，用这种方法制定材料消定额，要求掌握一定的技术资料和各方面的知识，以及有较丰富的现场施工经验。

3. 周转性材料消耗量的计算

在编制材料消耗定额时，某些工序定额、单项定额和综合定额中涉及周转材料的确定和计算，如劳动定额中的架子工程、模板工程等。

周转性材料在施工过程中不属于通常的一次性消耗材料，而是可多次周转使用，经过修理、补充才逐渐消耗尽的材料，如模板、钢板桩、脚手架等。在编制材料消耗定额时，应按多次使用、分次摊销的办法确定。

周转性材料消耗的定额量指每使用一次摊销的数量，其计算必须考虑一次使用量、周转使用量、回收价值和摊销量之间的关系。

（三）机械台班定额

在建筑工程中，有些工程产品或工作是由工人来完成的，有些是由机械来完成的，有些则是由人工和机械配合共同完成的。由机械或人机配合共同完成的产品或工作中，就包含一个机械工作时间。

机械台班使用定额或称机械台班消耗定额，指在正常施工条件下，通过合理的劳动组织和使用机械，完成单位合格产品或某项工作所必需的机械工作时间，包括准备与结束时间、基本工作时间、辅助工作时间、不可避免的中断时间以及使用机械的工人生理需要与休息时间。

1. 机械台班定额的作用

施工机械台班使用定额的作用是施工企业对工人班组签发施工任务书、下达施工任务，实行计划奖励的依据；是编制机械需用量计划和作业计划，考核机械效率，核定企业机械调度和维修计划的依据；是编制预算定额的基础资料。

2. 机械台班定额的表现形式

机械台班使用定额的形式按其表现形式不同，可分为时间定额和产量定额。

（1）机械时间定额。机械时间定额指在合理劳动组织与合理使用机械条件下，完成单位合格产品所必需的工作时间，包括有效工作时间（正常负荷下的工作时间和降低负荷下的工作时间）、不可避免的中断时间、不可避免的无负荷工作时间。机械时间定额以“台班”表示，即一台机械工作一个作业班时间。一个作业班时间为8h。

$$单位产品机械时间定额（台班）=\frac{1}{台班产量}$$

由于机械必须由工人小组配合，所以完成单位合格产品的时间定额，同时列出人工时间定额。即：

$$单位产品人工时间定额（工日）=\frac{小组成员总人数}{台班产量}$$

（2）机械产量定额。机械产量定额指在合理劳动组织与合理使用机械条件下，机械在每个台班时间内完成合格产品的数量。

$$机械台班产量定额=\frac{1}{机械时间定额（台班）}$$

机械时间定额和机械产量定额互为倒数关系。

3. 机械台班定额的编制

（1）确定正常的施工条件。拟定机械工作的正常条件，主要是拟定工作地点的合理组织和合理的工人编制。

工作地点的合理组织，就是对施工地点机械和材料的放置位置、工人从事操作的场所，作出科学合理的平面布置和空间安排。拟定合理的工人编制，就是根据施工机械的性能和设计能力、工人的专业分工和劳动工效，合理确定操纵机械的工人和直接参加机械化施工过程的工人的编制人数。

（2）确定机械1h的纯工作正常生产率。确定机械正常生产率时，必须首先确定出机械纯工作1h的正常生产率。

机械纯工作时间指机械的必需消耗时间。机械纯工作 1h 的正常生产率，就是在正常施工组织条件下，具有必需的知识和技能的技术工人操作机械 1h 的生产率。其计算公式如下。

① 对于循环动作机械

机械一次循环的正常延续时间＝∑（循环各组成部分正常延续时间）－交叠时间

$$机械纯工作1h的循环次数=\frac{60\times60\ (s)}{一次循环的正常延续时间}$$

机械纯工作 1h 正常生产率＝机械纯工作 1h 的正常循环次数×一次循环生产的产品数量

② 对于连续动作机械

$$连续动作机械纯工作1h的正常生产率=\frac{工作时间内生产的产品数量}{工作时间\ (h)}$$

工作时间内的产品数量和工作时间的消耗要通过多次现场观察和机械说明书来取得数据。

对于同一机械进行作业属于不同的工作过程，如挖掘机所挖土壤的类别不同，碎石机所破碎的石块硬度和粒径不同，均需分别确定其纯工作 1h 的正常生产率。

(3) 确定施工机械的正常利用系数。确定施工机械的正常利用系数，指机械在工作班内对工作时间的利用率。机械的利用系数和机械在工作班内的工作状况有着密切的关系。其计算公式为：

$$机械正常利用系数=\frac{机械在一个工作班内纯工作时间}{一个工作班延续时间\ (8h)}$$

(4) 计算施工机械台班定额。在确定了机械工作的正常条件、机械纯工作 1h 的正常生产率和机械正常利用系数之后，采用下列公式计算施工机械的台班产量定额：

施工机械台班产量定额＝机械纯工作 1h 的正常生产率×工作班纯工作时间

或

施工机械台班产量定额＝机械纯工作 1h 的正常生产率×工作班延续时间×机械正常利用系数

$$施工机械时间定额=\frac{1}{机械台班产量定额指标}$$

三、园林工程施工定额手册

施工定额手册是根据全国统一劳动定额，结合质量标准、安全操作规程和技术组织条件，参考历史资料编制的，编排形式与全国劳动定额类似，按工种划分册，册下按分部工程分章，按材料、施工方法和构造部位分节，节下再分项。主要内容由目录、总说明、分部工程说明、分项工程定额项目表及附表组成。

第三节 园林工程概预算定额

园林工程概（预）算定额又称“园林工程施工图概（预）算定额”，指以正常的施工条件及目前多数园林施工企业的装备程序、施工技术、合理的施工工期、施工工艺、劳动组织为基础，完成一定计量单位的园林工程项目所消耗的人工材料、机械台班和发生费用等。园林工程概（预）算定额是确定工程成本的重要基础，也是制定施工进度的主要参考依据。

一、园林工程预算定额

（一）园林工程预算定额的概念

园林工程预算定额指规定消耗在合格质量的园林单位工程基本构造要素上的人工、材料和机械台班的数量标准，是计算园林工程产品价格的基础。

所谓基本构造要素，即通常所说的园林分项工程和结构构件。园林工程预算定额按园林工程基本构造要素规定劳动力、材料和机械的消耗数量，以满足编制施工图预算、规划和控制工程造价的要求。

园林工程预算定额是园林工程建设中的一项重要的技术经济文件，它的各项指标，反映了在完成规定计量单位符合设计标准和施工质量验收规范要求的园林分项工程消耗的劳动和物化劳动的数量限度。这种限度最终决定着园林单项工程和园林单位工程的成本和造价。

园林工程预算定额由国家主管部门或其授权机关组织编制、审批并颁发执行。在现阶段，园林工程基本预算定额是一种法令性指标，是对建设实行宏观调控和有效监督的重要工具。

确定工程中每一单位分项工程的预算基价（即价格），力求用量少的人力、物力和财力，完成符合质量标准的合格园林建设工程，取得最好的经济效应是编制预算定额的主要目的。预算定额中活劳动和物化劳动的消耗指标，是体现社会平均水平的指标。预算定额又是一种综合性定额，它不仅考虑了施工定额中本包含的多种因素（如材料在现场内的超运距，人工幅度差的用工等），而且还包括了为完成该分项工程或结构构件的全部工序的内容。

（二）园林工程预算定额的作用

(1) 预算定额是编制园林建筑安装工程施工图预算和确定工程造价的依据，起着控制劳动消耗、材料消耗和机械台班使用的作用。

(2) 预算定额是编制施工组织设计时，确定劳动力、建筑材料、成品、半成品和建筑机械需要量的依据。

(3) 预算定额是建设单位和施工单位按照工程进度对已完成工程进行工程结算的依据。

(4) 预算定额是施工单位对施工中的劳动、材料、机械的消耗情况进行具体分析的依据。

(5) 预算定额是编制园林工程概算定额的基础。

(6) 预算定额是招标投标活动中合理编制招标标底、投标报价的基础。

（三）园林工程预算定额的内容和编排形式

1. 园林工程预算定额的内容

(1) 基本说明。要正确地使用园林工程预算定额，首先必须了解园林工程预算定额手册的基本结构。

园林工程预算定额主要由文字说明、定额项目表和附录三部分内容所组成。文字说明包括总说明、分部工程说明、分项工程说明等。

(2) 文字说明。园林工程预算定额的文字说明包括总说明、分部工程说明、分项工程说明。

① 总说明。列在预算定额最前面，主要阐述预算定额编制原则，指导思想，编制依据，

适用范围，使用定额应遵循的规则及作用，定额中考虑的因素和未考虑的因素，使用方法和有关规定。

② 分部工程说明。分部工程说明附在各分部定额项目表前面，它是定额的重要组成部分，主要阐述该分部工程所包括的主要项目，编制中有关问题的说明，定额应用时的具体规定和处理方法等。

③ 分项工程说明。分项工程说明列在定额项目表的表头上方，说明该分项工程主要工序内容及使用说明。

上述文字说明是预算定额正确使用的重要依据和原则，应用前应仔细阅读体会，不然就会造成错套、漏套及重套定额的错误。

(3) 定额项目表。定额项目表包括了分项工程名称，计量单位，定额编号，预算单价，分项工程人工费、材料费、机械费及人工、材料、机械台班消耗量指标。定额项目表是园林工程预算定额的核心内容。有些定额项目表下面列有附注，说明设计与定额不符时，如何进行调整及对有关问题的说明。

附录编在定额的最后，其主要内容有建筑机械台班预算价格，混凝土、砂浆配合比表，材料名称规格表，门窗五金用量表及钢筋用量参考表等。这些资料供定额换算时使用，也可供编制施工计划时参考，是定额应用的重要补充资料。

2. 预算定额项目的编排形式

园林工程预算定额根据园林结构及施工程序等按分部分项顺序排列。

分部工程将单位工程中某些性质相近、材料大致相同的施工对象归在一起。如全国《仿古建筑及园林工程预算定额》第一册通用项目共分六章，即第一章土石方、打桩、围堰、基础垫层工程；第二章砌筑工程；第三章混凝土及钢筋混凝土工程；第四章木作工程；第五章楼地面工程；第六章抹灰工程。第四册园林绿化工程共分四章，即第一章园林工程；第二章堆砌假山及塑假石山工工程；第三章园路及园桥工程；第四章园林小品工程。

分部工程以下，又按工程性质、工程内容、施工方法及使用材料，分成许多分项工程。如全国《仿古建筑及园林工程预算定额》第四册园林绿化工程第一章园林工程中，又分整理绿化地及起挖乔木（带土球）、栽植乔木（带土球）、起挖乔木（裸根）、栽植乔木（裸根）、起挖灌木（带土球）、栽植灌木（带土球）、起挖灌木（裸根）、栽植灌木（裸根）、起挖竹类（散生竹）、栽植竹类（散生竹）、起挖竹类（丛生竹）栽植竹类（丛生竹）、栽植绿篱、露地花卉栽植、草皮铺种等21分项。

分项工程以下，再按工程性质、规格、不同材料类别等分成若干项目子目。如全国《仿古建筑及园林工程预算定额》第四册园林绿化工程第一章园林工程中整理绿化地及起挖乔木（带土球）分项工程分为整理绿化地10m^2、起挖乔木（带土球）土球直径在20cm以内、起挖乔木（带土球）土球直径30cm以内、起挖乔木（带土球）土球直径在40cm以内、起挖乔木（带土球）土球直径在120cm以内等11个子目。草皮铺种分项工程为分为散铺、满铺、直生带和播种4个子目。

在项目中还可以按其规格、不同材料等再细分许多子项目。

（四）园林工程预算定额的编制

1. 编制依据

预算定额的编制依据如下。

① 现行的《全国统一建筑工程基础定额》和《全国统一建筑装饰装修工程消耗量定

额》。

② 现行的设计规范、施工验收规范、质量评定标准和安全操作规程。

③ 通用的标准图集、定型设计图纸和有代表性的设计图纸。

④ 有关科学实验、技术测定和可靠的统计资料。

⑤ 已推广的新技术、新材料、新结构和新工艺等资料。

⑥ 现行的预算定额基础资料、人工工资标准、材料预算价格和机械台班预算价格等。

2. 编制原则

(1) 社会平均必要劳动量确定定额水平的原则。在社会主义市场经济条件下，确定预算定额的各种消耗量指标，应遵循价值规律的要求，按照产品生产中所消耗的社会平均必要劳动量确定其定额水平。即在正常的施工条件下，以平均的劳动强度、平均的劳动熟练程度、平均的技术装备水平，确定完成每一单位分项工程或结构构件所需要的劳动消耗量，并据此作为确定预算定额水平的主要原则。

(2) 简明扼要、适用方便的原则。预算定额的内容与形式，既要体现简明扼要、层次清楚、结构严谨、数据准确，还应满足各方面使用的需要，如编制施工图预算、办理工程结算、编制各种计划和进行成本核算等的需要，使其具有多方面的适用性，且使用方便。

3. 编制步骤

预算定额的编制，大致可分为 4 个阶段，具体内容如下。

(1) 准备工作阶段（第 1 阶段）。

① 拟定编制方案。提出编制定额的目的和任务、定额编制范围和内容，明确编制原则、要求、项目划分和编制依据，拟定编制单位和编制人员，作出工作计划、时间、地点安排和经费预算等。

② 成立编制小组。抽调人员，根据专业需要划分编制小组。如土建定额组、设备定额组、混凝土及木构件组、混凝土及砌筑砂浆配合比测算组和综合组等。

③ 收集资料。在已确定的编制范围内，采用表格化收集定额编制基础资料，以统计资料为主，注明所需要的资料内容、填表要求和时间范围。例如收集一些现行规定、规范和政策法规资料；收集定额管理部门积累的资料（如日常定额解释资料、补充定额资料、工程实践资料等）等。其优点是统一口径，便于资料整理，并具有广泛性。

④ 专题座谈。邀请建设单位、设计单位、施工单位及管理单位有经验的专业人员开座谈会，从不同的角度就以往定额存在的问题发表各自意见和建议，以便在编制新定额时改进。

(2) 定额编制阶段（第 2 阶段）。

① 确定编制细则。该项工作主要包括：统一编制表格和统一编制方法；统一计算口径、计量单位和小数点位数的要求；有关统一性的规定，即用字、专业用语、符号代码的统一以及简化字的规范化和文字的简练明确；人工、材料、机械单价的统一等。

② 确定定额的项目划分和工程量计算规则。

③ 定额人工、材料、机械台班消耗量的计算、复核和测算。

(3) 定额审核报批阶段（第 3 阶段）。

① 审核定稿。定额初稿的审核工作是定额编制工作的法定程序，是保证定额编制质量的措施之一。审稿工作应由经验丰富、责任心强、多年从事定额工作的专业技术人员来承担。审稿主要内容如下：文字表达确切通顺，简明易懂；定额的数字准确无误；章节、项目

之间无矛盾等。

② 预算定额水平测算。新定额编制成稿向主管机关报告之前，必须与原定额进行对比测算，分析水平升降原因。新编定额的水平一般应不低于历史上已经达到过的水平，并略有提高。

(4) 修改定稿阶段（第4阶段）。

① 征求意见。定额编制初稿完成以后，需要组织征求各有关方面意见，通过反馈意见分析研究。在统一意见基础上整理分类，制订修改方案。

② 修改整理报批。根据确定的修改方案，按定额的顺序对初稿进行修改，并经审核无误后形成报批稿，经批准后交付印刷。

③ 撰写编制说明。为贯彻定额，方便使用，需要撰写新定额编写说明，内容主要包括：项目、子目数量；人工、材料、机械消耗的内容范围；资料的依据和综合取定情况；定额中允许换算和不允许换算的规定；人工、材料、机械单价的计算和资料；施工方法、工艺的选择及材料运距的考虑；各种材料损耗率的取定资料；调整系数的使用；其他应说明的事项与计算数据、资料等。

④ 立档、成卷。定额编制资料是贯彻执行中需查对资料的唯一依据，也为修编定额提供历史资料数据，作为技术档案应予永久保存。立档成卷目录包括：编制文件资料档，编制依据资料档，编制计算资料档，编制方案资料档，编制一、二稿原始资料档，讨论意见资料档，修改方案资料档（包括定额印刷底稿全套），新定额水平测算资料档，工作总结和汇报材料档，简报、工作会议记录、记录资料档等。

4. 确定分项工程的定额指标

确定分项工程的定额消耗指标，应在选择计量单位、确定施工方法、计算工程量及含量测算的基础上进行。

(1) 选择计量单位。为了准确计算每个定额项目中的工日、材料、机械台班消耗指标，并有利于简化工程量的计算工作，必须根据结构构件或分项工程的形体特点及变化规律，合理确定定额项目的计量单位。通常，当物体的三个度量（长、宽、高）都会发生变化时，选用立方米为计量单位，如土方、砖石、混凝土等工程；当物体的三个度量（长、宽、高）中有两个度量经常发生变化时，选用平方米为计量单位，如地面、屋面、抹灰、门窗等工程；当物体的截面形状基本固定，长度变化不定时，选用延长米、千米为计量单位，如线路、管道工程等；当分项工程无一定规格，而构造又比较复杂时，可按个、块、套、座、吨等为计量单位。

(2) 确定施工方法。不同的施工方法，会直接影响预算定额中的工日、材料、机械台班的消耗指标，在编制预算定额时，必须以本地区的施工（生产）技术组织条件、施工验收规范、安全技术操作规程以及已经成熟和推广的新工艺、新结构、新材料和新的操作法等为依据，合理确定施工方法，使其正确反映当前社会生产力的水平。

(3) 计算工程量及含量测算。工程量计算应根据已选定的有代表性的图纸、资料和已确定的定额项目计量单位，按照工程量计算规则进行计算。计算中应特别注意预算定额项目的工程内容范围及其综合的劳动定额各个项目在其已确定的计量单位中所占的比例，即含量测算。它需要经过若干份施工图纸的测算和部分现场调查后综合确定。

(4) 确定人工、材料、机械台班消耗指标。

（五）园林工程预算定额项目消耗指标的确定

1. 人工消耗指标的确定

预算定额中的人工消耗指标包括一定计量单位的分项工程所必需的各种用工，由基本工和其他工两部分组成。

基本工指完成某个分项工程所需的主要用工。它在定额中通常以不同的工种分别列出。此外还应包括属于预算定额项目工程内容范围内的一些基本用工。

其他工是辅助基本用工消耗的工日。按其工作内容不同又分三类。

(1) 人工幅度差用工。指在劳动定额中未包括的，而在一般正常施工情况下不可避免的，但无法计量的用工。

① 在正常施工组织条件下，施工过程中各工种间的工序搭接及土建工程与水电工程之间的交叉配合所需的停歇时间；

② 场内施工机械，在单位工程之间变换位置以及临时水电线路移动所引起的人的停歇时间；

③ 工程检查及隐蔽工程验收而影响工作的操作时间；

④ 场内单位工程操作地点的转移而影响工作的操作时间；

⑤ 施工中不可避免的少数零星用工。

(2) 超运距用工。指超过劳动定额规定的材料、半成品运距的用工。

(3) 辅助用工。指材料需要在现场加工的用工，如筛沙子、淋石灰膏等。

人工消耗指标的计算包括计算定额子目中用工数量和工人平均技术等级两项内容。

(1) 定额子目用工数量的计算方法。预算定额子目的用工数量，是根据它的工程内容范围及综合取定的工程数值，在劳动定额相应子目的人工工日基础上，经过综合，加上人工幅度差计算出来的。基本公式如下：

$$基本工用工数量=\sum（工序或工作过程工程量\times时间定额）$$

$$超运距用工数量=\sum（超运距材料数量\times时间定额）$$

$$辅助工用工数量=\sum（加工材料数量\times时间定额）$$

$$人工幅度差=（基本工+超运距用工+辅助用工）\times人工幅度系数$$

(2) 工人平均等级的计算方法。计算步骤是首先计算出各种用工的工资等级系数和等级总系数，除以汇总后用工日数求得定额项目各种用工的平均等级系数，再查对工资等级系数表，求出预算定额用工的平均工资等级。

2. 材料消耗指标的确定

(1) 预算定额材料消耗指标的组成。预算定额内材料用量由材料的净用量和材料的损耗量组成。预算定额内的材料，按其使用性质、用途和用量大小划分为 4 类。

① 主要材料。主要材料指直接构成工程实体的材料。

② 辅助材料。辅助材料也是直接构成工程实体，但比重较小的材料。

③ 周转性材料。周转性材料又称工具性材料，指施工中多次使用但并不构成工程实体的材料，如模板、脚手架等。

④ 次要材料。次要材料指用量小、价值不大、不便计算的零星用材料，可用估算法计算，以“其他材料费”表示，单位为元。

(2) 材料消耗指标的确定方法。材料消耗指标是在编制预算定额方案中已经确定的有关因素，如在工程项目划分、工程内容范围、计算单位和工程量计算基础上，首先确定出材料的净用量，然后确定材料的损耗率，计算材料的消耗量，并结合测定材料，采用加权平均的方法，计算测定材料消耗指标。

(3) 周转性材料消耗量的确定。周转性材料指那些不是一次消耗完，可以多次使用反复周转的材料。在预算定额中周转性材料消耗指标分别用一次使用量和推销量指标表示。一次使用量是在不重复使用的条件下的使用量，一般供申请备料和编制计划用；抵销量是按照多次使用，分次推销的方法计算，定额表中是使用一次应推销的实物量。

3. 机械台班消耗指标的确定

(1) 预算定额机械台班消耗指标编制方法。

① 预算定额机械台班消耗指标，应根据全国统一劳动定额中的机械台班产量编制。

② 以手工操作为主的工人班组所配备的施工机械，如砂浆、混凝土搅拌机、垂直运输用塔式起重机，为小组配用，应以小组产量计算机械台班。

③ 机动施工过程，如机械化土石方工程、机械打桩工程、机械化运输及吊装工程所用的大型机械及其他专用机械，应在劳动定额中的台班定额基础上另加机械幅度差。

(2) 机械幅度差。指在劳动定额中未包括的，而机械在合理的施工组织条件下所必需的停歇时间。这些因素会影响机械效率，在编制预算定额时必须考虑。其内容如下。

① 施工机械转移工作面及配套机械互相影响损失的时间；

② 在正常施工情况下，机械施工中不可避免的工序间歇时间；

③ 工程结尾时，工作量不饱满所损失的时间；

④ 检查工程质量影响机械操作的时间；

⑤ 临时水电线路在施工过程中移动所发生的不可避免的工序间歇时间；

⑥ 配合机械的人工在人工幅度差范围内的工作间歇，从而影响机械操作的时间。

(3) 基本计算公式。

① 按工人小组产量计算。按工人小组配用的机械，应按工人小组日产量计算预算定额内机械台班量，不另增加机械幅度差。计算公式为：

$$小组总产量=小组总人数\times\sum分项计算取定的比重（劳动定额每工综合产量）$$

$$分项定额机械台班使用量=\frac{预算额项目计量单位值}{小组总产量}$$

② 按机械台班产量计算。计算公式为：

$$总产量=\frac{预算定额项目计量单位值\times机械幅度差系数}{机械台班产量}$$

在确定定额项目的用工、用料和机械台班三项指标的基础上，再分别根据人工日工资单价、材料预算价格和机械台班费，计算出定额项目的人工费、材料费、施工机械台班使用费再汇总成定额项目的基价，组成完整的定额项目表。

(六) 园林工程预算定额的应用

预算定额是编制施工图预算、招标标底，签订承包合同，考核工作中成本，进行工程结算和拨款的主要依据。正确地使用预算定额，减少或杜绝由于技术性原因造成错用定额的现象，对提高工作质量和做好建筑企业经济管理的基础工作有着十分重要的现实意义。

首先，必须理解好预算定额的总说明、分部工程说明以及附录、附表的规定和说明，掌握定额的编制原则、适用范围、编制依据，分部分项工程内容范围。其次，还应深入学习定额项目表中各栏所包括的内容、计量单位、各定额项目所代表的一种结构或构造的具体做法及允许调整换算的范围及方法。

1. 定额的套用

定额的套用分直接套用和套用相应定额子目两种情况。它们的共同特点是不需自己换算调整和补充，直接使用定额项目的人工、材料和机械台班及资金的各项指标，来编制预算进行工料分析。

(1) 直接套用。当设计要求与定额项目的内容相一致时，可直接套用定额的预算基价及工料消耗量计算该分项工程的直接费以及工料需用量。在选择套用定额项目时，应注意将工程项目的设计要求、材料做法、技术特征和材料规格等，与拟套的定额项目的工程内容及统一规定仔细核对，两者一致时即可直接套用。这是编制施工图预算中的大多数情况。

(2) 相应定额项目的套用。它仍属于直接套用的性质。但应注意按定额的说明规定套用相应子目。如北京市预算额第五分部（砖石）工程说明中规定：地下室墙套内墙子目等。

2. 定额的换算

当工程项目的设计要求与定额项目的内容和条件不完全一致时，则不能直接套用，应根据定额的规定进行换算、定额总说明和分部说明中所规定的换算范围和方法，是换算的根据，应严格执行。

换算的情况可分为砂浆换算、砂的换算、木材体积换算、吊装机械换算、塔机综合利用换算、系数换算和其他换算。

(1) 砂浆强度等级和单价的换算。砂浆品种、强度等级较多，单价不一，编制预算定额时只将其中一种砂浆和单价列入定额。设计要求采用其他砂浆强度等级时，价格可以换算，但用量不得调整。其公式为：

换算后预算价值＝定额中预算价值＋（换入的单价－换出的单价价格×换算材料的定额用量

(2) 系数换算。系数换算指通过对定额项目的人工、机械乘以规定的系数来调整定额的人工费和机械，进而调整定额单价适应设计要求和条件的变化，使定额项目满足不同需要。在使用时要严按定额规定的系数换算，要区分定额换算系数和工程量系数，要注意在什么基数上乘系数。

(3) 常用的定额换算。

① 运距换算。在预算定额中各种项目的运输定额，一般分为基本定额和增加定额，超过本运距时另行计算。

② 断面换算。预算定额中取定的构件断面，是根据不同设计标准，通过综合加权计算取定的，如果设计断面与定额中取定的不符时，应按预算定额规定进行换算。

③ 强度换算。砖石工程的砌筑砂浆强度，楼地板面的抹灰砂浆强度，混凝土及混凝土强度，当其与预算定额中的强度不同时，允许换算。

④ 厚度换算。如面层抹灰厚度，分基本厚度和增加厚度两子目。

⑤ 质量换算。如钢筋混凝土含钢量与设计不同时，应按施工规定的用量进行调整。

(4) 其他换算方法与前述方法一致，即以定额规定为准，与实际数据比较后做调整。

3. 定额项目不完全价格的补充及临时补充定额的编制

定额项目的综合单价是由人工费、材料费和机械费组成的。其中材料费中，由于某种确定料、成品半成品规格、型号较多，单价不一等原因，在定额项目表中只列其数量，不列其单价，致使材料费合价因缺某项材料、成品、半成品单价，而造成综合单价成为不完全价格。使用者应注意，在定额项目表中，对没有列入、留有缺口的材料、成品、半成品的单价，在项目表的单价栏内以空白括号表示，对由此形成的不完全的材料合价和总价也分别加上括号表示。

对于列有不完全价格的定额项目，应按定额总说明第七条的规定，补充缺项的材料、成品、半成品预算价格后使用。其计算公式为：

补充后的定额项目的完全预算价值＝定额相应子目的不完全预算价值＋缺项的材料（或成品、半成品）的预算价格×相应的材料（或成品、半成品）的定额用量

当设计图项目在定额中缺项时，又不属于换算范围无定额可套，应编制补充定额，一次使用。

二、园林工程概算定额和概算指标

（一）概算定额

概算定额指生产一定计量单位的经扩大的工程结构构件或分部分项工程所需要的人工、材料和机械台班的消耗数量及费用的标准。概算定额是在预算定额的基础上，根据有代表性的工程通用图和标准图等资料，进行综合、扩大、合并而成的。

1. 概算定额的作用

（1）编制建筑工程主要材料申请计划的基础。

（2）编制设计概算的主要依据。

（3）扩大初步设计阶段编制工程预算，技术设计阶段编制修正概算的主要依据。

（4）控制施工图预算的依据。

（5）对设计项目进行技术经济分析与比较的依据。

（6）工程结束后，进行竣工决算的依据。

（7）招标投标工程中编制标底和标价的依据。

2. 概算定额的编制依据

（1）现行的全国通用的设计标准、规范和施工验收规范。

（2）现行的预算定额。

（3）标准设计和有代表性的设计图纸。

（4）过去颁发的概算定额。

（5）现行的人工工资标准、材料预算价格和施工机械台班单价。

（6）有关施工图预算和结算资料。

3. 概算定额的编制原则

为了提高设计概算质量，加强基本建设经济管理，合理使用国家建设资金，降低建设成本，充分发挥投资效果，在编制概算定额时必须遵循以下原则。

（1）使概算定额适应设计、计划、统计和拨款的要求，更好地为基本建设服务。

（2）概算定额水平的确定，应与预算定额的水平基本一致。必须是反映正常条件下大多数企业的设计、生产施工管理水平。

（3）概算定额的编制深度，要适应设计深度的要求，项目划分应坚持简化、准确和适用的原则。以主体结构分项为主，合并其他相关部分，进行适当综合扩大；概算定额项目计量

单位的确定，与预算定额要尽量一致；应考虑统筹法及应用电子计算机编制的要求，以简化工程量和概算的计算编制。

(4) 为了稳定概算定额水平，统一考核尺度和简化计算工程量，编制概算定额时，原则上实事求是，对于设计和施工变化多而影响工程量多、价差大的，应根据有关资料进行测算，综合取定常用数值，对于其中还包括不了的个性数值，可适当提高估算。

4. 概算定额的编制方法

(1) 定额计量单位确定。概算定额计量单位基本上按预算定额的规定执行，但是单位的内容扩大，仍用米、平方米和立方米等。

(2) 确定概算定额与预算定额的幅度差。由于概算定额是在预算定额基础上进行适当的合并与扩大，因此，在工程量取值、工程的标准和施工方法确定上需综合考虑，且定额与实际应用必然会产生一些差异。这种差异国家允许预留一个合理的幅度差，以便依据概算定额编制的设计概算能控制住施工图预算。概算定额与预算定额之间的幅度差，国家规定一般控制在5%以内。

(3) 定额小数取位。概算定额小数取位与预算定额相同。

5. 概算定额的编制内容

现行的概算定额手册由文字说明和定额项目表两部分组成。

(1) 文字说明部分。文字说明部分有总说明和分章说明。在总说明中主要包括概算定额的编制依据，定额的内容和作用，适用范围和应遵守的规定，建筑面积计算规则，以及各章节有共同性的问题。分章说明主要阐述本章包括的综合工作内容及工程量计算规则等。

(2) 定额项目表。

① 定额项目的划分。概算定额项目一般按以下两种方法划分。

a. 按工程结构划分。一般是按土石方、基础、墙、梁柱、门窗、楼地面、屋面、装饰、构筑物等工程结构划分。

b. 按工程部分（分部）划分。一般是按基础、墙体、梁柱、楼地面、屋盖、其他工程部位等划分，如基础工程中包括了砖、石、混凝土基础等项目。

② 定额项目表的内容。定额项目表是概算定额手册的主要内容，由若干分节定额组成。各节定额由工程内容、定额表及附注说明组成。定额表中列有定额编号、计量单位、概算价格、人工、材料、机械台班消耗量指标，综合了预算定额的若干项目与数量。

(二) 概算指标

概算指标是以整个建筑物或构筑物为单位编制的。它是较概算定额综合性更大的指标。指标以每 $100m^2$ 建筑面积或各构筑物体积为单位而规定人工及主要材料数量和造价指标。

概算指标是初步设计阶段编制概算，进行设计技术经济分析，确定工程造价，考核建设成本的依据，同时也是建设单位申请投资拨款，编制基本建设计划的依据。

1. 概算定额与概算指标的区别

(1) 确定各种消耗量指标的对象不同。概算定额是以单位扩大分项工程或单位扩大结构构件为对象，而概算指标则是以整个建筑物（如 $100m^2$ 或 $1000m^3$ 建筑物）和构筑物（如座）为对象。因此，概算指标比概算定额更加综合与扩大。

(2) 确定各种消耗量指标的依据不同。概算定额是以现行预算定额为基础，通过计算以

后才综合确定出各种消耗量指标，而概算指标中各种消耗量指标的确定，则主要来自各种预算或结算资料。

(3) 适用于同阶段的深度要求不同。初步设计或扩大初步设计阶段，当设计具有一定深度，可根据概算定额编制设计概算；当设计深度不够，编制依据不齐全时，可用概算指标编制概算。

2. 概算指标的作用

(1) 在设计深度不够的情况下，往往用概算指标来编制初步设计概算。

(2) 概算指标是设计单位进行设计方案比较、分析投资经济效果的尺度。

(3) 概算指标是建设单位确定工程概算造价、申请投资拨款、编制基本建设计划和申请主要材料的依据。

3. 概算指标的表现形式

概算指标的表现形式分为综合概算指标和单项概算指标两种。

(1) 综合概算指标。综合概算指标指按工业或民用建筑及其结构类型而制定的概算指标。综合概算指标的概括性较大，其准确性、针对性不如单项指标。

(2) 单项概算指标。单项概算指标指为某种建筑物或构筑物而编制的概算指标。单项概算指标的针对性较强，故指标中对工程结构形式要作介绍。只要工程项目的结构形式及工程内容与单项指标中的工程概况相吻合，编制出的设计概算就比较准确。

4. 概算指标的编制依据

(1) 建筑标准、设计和施工规范及有关技术国家规范。

(2) 现行的概算定额、预算定额。

(3) 标准设计图纸和各类工程的典型设计。

(4) 不同结构类型的造价指标。

(5) 各类工程的结算资料。

(6) 材料预算价格手册、人工工资标准和其他价格资料。

5. 概算指标的编制原则

(1) 以平均水平确定概算指标的原则。在我国社会主义市场经济条件下，概算指标作为确定工程造价的依据，必须遵照价值规律的客观要求，在其编制时须按社会必要劳动时间，贯彻平均水平的编制原则。只有这样才能使概算指标合理确定和控制工程造价的作用得到充分发挥。

(2) 概算指标的内容与表现形式要贯彻简明适用的原则。为适应市场经济的客观要求，概算指标的项目划分应根据用途的不同，确定其项目的综合范围。遵循粗而不漏，适应面广的原则，体现综合扩大的性质。概算指标从形式到内容应该简明易懂，要便于在采用时根据拟建工程的具体情况进行必要的调整换算，能在较大范围内满足不同用途的需要。

(3) 概算指标的编制依据必须具有代表性。概算指标所依据的工程设计资料，应是有代表性的，技术上是先进的，经济上是合理的。

6. 概算指标的编制步骤

概算指标的内容包括四部分：总说明（包括概算指标的用途、编制依据、适用范围、工程量计算规则及其他）；经济指标（包括造价指标和人工、材料消耗指标）；结构特征说明。(概算指标的使用权条件，其工程量指标可以作为不同结构进行换算的依据)；建筑物结构示意图。

概算指标的编制步骤一般分为 3 个阶段进行。

(1) 准备阶段。主要是收集资料，确定指标项目，研究编制概算指标的有关方针、政策和技术性的问题。

(2) 编制阶段。主要是选定图纸，并根据图纸资料计算工程量和编制单位工程预算书，以及按照编制方案确定的指标项目和人工及主要材料消耗指标，填写概算指标表格。

(3) 审核定案及审批阶段。概算指标初步确定后要进行审查、比较，并作必要的调整后，送国家授权机关审批。

概算指标构成的数据，主要来自各种工程预算和决算资料，即用各种有关数据经过整理分析、归纳计算而得，例如每平方米的造价指标，就是根据该工程的全部预算（决算）价值被该工程的建筑面积去除而得的数值。

7. 概算指标的应用

概算指标的应用比概算定额具有更大的灵活性，由于它是一种综合性很强的指标，不可能与拟建工程的特征、自然条件、施工条件完全一致。因此，在选用概算指标时要十分慎重，选用的指标与设计对象在各个方面应尽量一致或接近，不一致的地方要进行换算，以提高准确性。概算指标的应用一般有如下两种情况。

① 如果设计对象的结构特征与概算指标一致时，可以直接套用；

② 如果设计对象的结构特征与概算指标的规定局部不同时，要对指标的局部内容进行调整后再套用。

(1) 直接套用概算指标。拟建工程的建设地点与概算指标中的工程地点在同一地区；拟建工程的外形特征和结构特征与概算指标中工程的外形特征、结构特征应基本相同；拟建工程的建筑面积、层数与概算指标中工程的建筑面积、层数相差不大。

(2) 需调整再套用概算指标。概算指标的调整方法如下。

① 每 $100m^2$ 造价调整。调整的思路如同定额换算，即从原每 $100m^2$ 概算造价中，减去每 $100m^2$ 建筑面积需换出结构构件的价值，加上每 $100m^2$ 建筑面积需换入结构构件的价值，即得 $100m^2$ 修正造价调整指标，再将每 $100m^2$ 造价调整指标乘以设计对象的建筑面积，即得出拟建工程的概算造价。计算公式为：

每 $100m^2$ 建筑面积造价调整指标＝所选指标造价－每 $100m^2$ 换出结构构件的价值＋每 $100m^2$ 换入结构构件的价值

换出结构构件的价值＝拟建工程中结构构件的工程量×地区概算定额基价。

② 每 $100m^2$ 中工料数量的调整。调整思路是从所选定指标的工料消耗量中，换出与拟建工程不同的结构构件的工料消耗量，换入所需结构构件的工料消耗量。

关于换出换入的工料数量，是根据换出换入结构构件的工程量乘以相应的概算定额中工料消耗指标而得出的。

根据调整后的工料消耗量和地区材料预算价格、人工工资标准、机械台班预算单价，计算每 $100m^2$ 建筑面积的概算基价，然后依据有关取费规定，计算每 $100m^2$ 建筑面积的概算造价。这种方法主要用于不同地区的同类工程编制概算。

用概算指标编制工程概算，工程量的计算工作很小，也节省了大量的定额套用和工料分析工作，因此，比用概算定额编制工程概算的速度快，但准确性会差一点。

第四节 园林工程预算定额

一、《全国统一仿古建筑及园林工程预算定额》简介

《全国统一仿古建筑及园林工程预算定额》共分四册：第一册《通用项目》，包括按现代通用耕作法的土方基础工程、砌筑工程、钢筋混凝土工程、木作工程、楼地面工程和抹灰工程的定额；第二册《营造法源作法项目》，介绍江南仿古建筑作法的砖细工程、石作工程、屋面工程、抹灰工程、木作工程、油漆工程、脚手架工程的定额；第三册《营造则例作法项目》介绍该作法的脚手架工程、砌筑工程、石作工作、木构架及木基层、斗拱、木装修、屋面工程、地面工程、抹灰工程、油漆彩画工程、玻璃裱糊工程的定额内容；第四册《园林绿化工程》，涉及园林绿化工程、堆砌假山工程、园路园桥工程、园林小品工程的定额事项。

其中第四册《园林绿化工程》是园林企业最常用的定额，适用于城市园林和市政绿化、小品设计，也适用于石矿、机关、学校、宾馆、居住小区的绿化及小品设施等工程。

各分项工程预算定额表包括：分项工程名称、工作内容、计量单位、各子目名称及编号、基价（人工费、材料费、机械费）、人工（园艺工、其他工、平均等级）、材料名称及数量、机械费等。

（一）土石方、基础垫层工程

土石方、基础垫层的内容见表 2-1。

表 2-1 土石方、基础垫层工程的内容

<table>
<tr><th>序号</th><th>项目</th><th>工作内容</th><th>分项内容</th><th>说明</th></tr>
<tr><td>1</td><td>人工挖地槽、地沟、地坑、土方</td><td>土方开挖、维护、支撑，场内运输、平整、夯实，挖土并抛土于槽边 1m 以外，修整槽坑壁底，排除槽坑内积水</td><td>按土壤类别、挖土深度分别列项</td><td>挖于土方、地槽、坑，一、二类土深在 1.25m 以内，三类土深在 1.5m 以内，四类土深在 2m 以内均不计算放坡，超过以上深度，如需放坡，又无设计规定者，可按下表计算：
不同类别土壤的放坡系数
<table><tr><th>土壤类别</th><th>人工挖土深度在 5m 内放坡系数</th></tr><tr><td>一、二类土</td><td>1∶0.67</td></tr><tr><td>三类土</td><td>1∶0.33</td></tr><tr><td>四类土</td><td>1∶0.25</td></tr></table></td></tr>
<tr><td>2</td><td>平整场地、回填土</td><td>（1）平整场地。厚度在±30cm 以内的挖、填、找平。
（2）回填土。取土、铺平、回填、夯实。
（3）原土打夯。包括碎土、平土、找平、泼水、夯实</td><td>（1）平整场地。以“10m²”计算；
（2）回填土。按地面、槽坑、松填和实填分别列项，以立方米计算；
（3）原土打夯。按地面、槽坑分别列项，以“10m²”计算</td><td>平整场地按建（构）筑物外形每边各加宽 2m 计算面积。围墙的平整场地，每边各加宽 2m 计算。
取弃土或松动土壤回填时，只计算运输的工程量；取堆积两个月以上的弃土，除计算运输工程量外，还应按一类土计算挖土工程量；取自然土回填时，除计算运输工程量外，还应按土壤类别计算挖土工程量。
室内回填土体积，按承重墙或墙厚在 18cm 以上的墙间净面积厚度计算，不扣除垛、柱、附墙烟囱和间壁墙所占的面积</td></tr>
</table>

续表

序号	项目		工作内容	分项内容
5	现浇钢筋混凝土	板		(1)有梁板。按板厚分别列项,以 m^3 计算; (2)平板。按板厚分别列项,以 m^3 计算; (3)椽望板、戗翼板。需分别列项,以 m^3 计算; (4)亭屋面板。按板厚分别列项,以 m^3 计算
6		钢丝网屋面、封沿板	(1)制作、安装、拆除临时性支撑及骨架; (2)钢筋、钢丝网制作及安装; (3)调、运砂浆; (4)抹灰; (5)养护	(1)钢丝网屋面。按二网一筋 30mm 厚度、每增减 $10m^2$ 1 层钢丝网、每增减 $10m^2$ 10mm 砂浆分别列项,以 $10m^2$ 为单位计算; (2)钢丝网封沿板。按每增减 10m 列项,以 10m 为单位计算
7		其他项目	(1)木模制作、安装、拆除; (2)钢筋制作、绑扎、安装; (3)混凝土搅拌、浇捣、养护	(1)按整体楼梯、雨篷、阳台分别列项,工程量按水平投影面积以 $10m^2$ 计算; (2)按古式栏板、栏杆分别列项,工程量以 10m 计算; (3)按吴王靠筒式、繁式分别列项,工程量以 10m 计算; (4)按压顶有筋、无筋分别列项,工程量以 m^3 计算; (5)按斗拱,梁垫、蒲鞋头、短机、云头等古式零件,其他零星构件分别列项,工程量以 m^3 计算
8	预制钢筋混凝土	柱		(1)矩形柱。按断面周长(厘米)分别列项,以 m^3 计算; (2)圆形柱。按直径(厘米)分别列项,以 m^3 计算; (3)多边形柱。按相应圆形柱定额计算,其规格按断面对角线长套用定额,以 m^3 计算
9		梁	(1)钢模板安装、拆除、清理、刷润滑剂、集中堆放;木模板制作、安装、拆除、堆放;模板场外运输; (2)钢筋制作,对点焊及绑扎安装; (3)混凝土搅拌、浇捣、养护; (4)砌筑清理地胎模; (5)成品堆放	(1)矩形梁。按断面高度分别列项,以 m^3 计算; (2)圆形梁。按直径分别列项。圆弧形梁按圆形梁定额计算,以 m^3 计算; (3)异形梁、基础梁、过梁、老戗、嫩戗分别列项,以 m^3 计算

续表

序号	项目		工作内容	分项内容
10		屋架		按人字、中式分别列项，以 m³ 计算
11		桁、枋、机		(1)桁条梓桁矩形。按高(cm)分别列项，以 m³ 计算； (2)桁条梓桁圆形。按直径(cm)分别列项，以 m³ 计算； (3)枋子、连机分别列项，以 m³ 计算
12	预制钢筋混凝土	板		(1)空心板。按板长(m)分别列项，以 m³ 计算； (2)按平板、槽形板单肋板、椽望板、戗翼板分别列项，以 m³ 计算
13		椽		(1)椽子方直径。按高(cm)列项，以 m³ 计算； (2)椽子圆直径。按高(cm)列项，以 m³ 计算； (3)按椽子弯形椽列项，以 m³ 计算
14		其他项目		(1)楼梯。按斜梁、踏步、斗拱、梁垫、蒲鞋头、短机、云头等古式零件分别列项，以 m³ 计算； (2)按挂落列项，以 10m 计算； (3)按花窗复杂、花窗简单、门框、窗框、预制栏杆件、预制美人靠件分别列项，以 10m² 计算； (4)按零星构件有筋、零星构件无筋、预制水磨石零件窗台板类、预制水磨石零件隔板及其他分别列项，以 m³ 计算

(四) 砌筑工程

砌筑工程的内容见表 2-4。

表 2-4 砌筑工程的内容

序号	项目	工作内容	分项内容
1	砖基础、砖墙	(1)调、运、铺砂浆，运砖、砌砖； (2)安放砌体内钢筋、预制过梁板，垫块； (3)砖过梁。砖平拱模板制作安装、拆除； (4)砌窗台虎头砖、腰线、门窗套	(1)砖基础； (2)砖砌内墙。按墙身厚度 1/4 砖、1/2 龙砖、3/4 砖、1 砖、1 砖以上分别列项； (3)砖砌外墙。按墙身厚度 1/2 砖、3/4 砖、1 砖、1.5 砖、2 砖及 2 砖以上分别列项； (4)砖柱。按矩形、圆形分别列项
2	砖砌空斗墙、空花墙、填充墙		(1)空半墙。按做法不同分别列项； (2)填充墙。按不同材料分别列项(包括填料)

续表

序号	项目	工作内容	分项内容
3	其他砖砌体	(1)调、运砂浆，运砖、砌砖； (2)砌砖拱包括木模制作安装、运输及拆除	(1)小型砌体。包括花台、花池及毛石墙的门窗口立边、窗台虎头砖等； (2)砖拱。包括圆拱、半圆拱； (3)砖地沟
4	毛石基础、毛石砌体	(1)选石、修石、运石； (2)调、运、铺砂浆，砌石； (3)墙角、门窗洞口的石料加工	(1)墙基(包括独立柱基)； (2)墙身。按窗台下石墙、石墙到顶、挡土墙分别列项； (3)独立柱； (4)护坡：按干砌、浆砌分别列项
5	砌景石墙、蘑菇石墙	(1)景石墙。调、运、铺砂浆，选石、运石、石料加工、砌石，立边，棱角修饰，修补缝口，清洗墙面； (2)蘑菇石墙。调、运、铺砂浆，选石、修石、运石，墙身、门窗口立边修正	景石墙、蘑菇石墙分别列项工程量按砌体体积以 m^3 计算，蘑菇石按成品考虑

(五) 抹灰工程

抹灰工程的内容见表 2-5。

表 2-5　抹灰工程的内容

序号	项目	工作内容	分项内容
1	水泥砂浆、石灰砂浆	(1)清理基层，堵墙眼，调运砂浆； (2)抹灰、找平、罩面及压光； (3)起线、格缝嵌条； (4)搭拆 3.6m 高以内脚手架	(1)顶棚面。按混凝土面层、板条面、钢丝网面分别列项，以 $10m^2$ 计算； (2)墙面。按砖内(外)墙面、板条墙面、毛石墙面分别列项，以 $10m^2$ 计算； (3)内墙裙，钢板网墙面，柱、梁面，小型砌体，挑台、天沟、腰线、栏杆、扶手压顶、门窗套、阳台、雨篷分别列项，以 $10m^2$ 计算
2	装饰抹灰	(1)清理基层，堵墙眼，调运砂浆； (2)嵌条、抹灰、找平、罩面、洗刷、剁斧、粘石、水磨、打蜡	(1)剁假石(水刷石)。分别按砖墙面墙裙、柱梁面、挑檐腰线栏杆扶手、窗台线和门窗线压顶及其他、阳台、雨篷(水平投影面积)分别列项，以 $10m^2$ 计算； (2)水泥石灰砂浆底石膏灰浆在砖墙面列项，以 $10m^2$ 计算； (3)干粘石。分别按砖墙面砖墙裙，毛石墙面毛石墙裙，柱梁面，挑檐、天沟、腰线、栏杆，窗台线、门窗套压顶及其他，阳台、雨篷(投影面积)分别列项，以 $10m^2$ 计算； (4)水磨石。分别按墙面、墙裙，柱、梁面，窗台板、门窗套水池等小型项目分别列项，以 $10m^2$ 计算； (5)拉毛。按墙面，柱、梁面分别列项，以 $10m^2$ 计算

续表

序号	项目	工作内容	分项内容
3	镶贴块料	(1)清理表面、堵墙眼； (2)调运砂浆、底面抹灰、清理表面； (3)镶贴面层(含阴阳角)，修嵌缝隙	(1)水泥砂浆贴瓷砖、马赛克、水磨石板各项分别按墙面墙裙、小型项目分别列项，以10m² 计算； (2)人造大理石、天然大理石各项分别按墙面墙裙、柱梁及其他分别列项，以10m² 计算； (3)面砖。按勾缝、不勾缝分别列项，以10m² 计算墙面勾缝
4	墙面勾缝	调运砂浆，清理表面，洗刷，抹灰，找平	(1)水泥砂浆砖墙面毛石墙面平(凸)缝、水泥膏凸(凹)缝分别列项，工程量以10m² 计算 (2)砖墙面列项，工程量以10m² 计算

(六) 堆砌假山及塑假石山工程

堆砌假山及塑假石山工程内容见表2-6。

表2-6 堆砌假山及塑假石山工程

序号	项目	工作内容	分项内容
1	堆砌假山	(1)放样、选石、运石、调运砂浆(混凝土)； (2)堆砌，搭、拆简单脚手架； (3)塞垫嵌缝，清理，养护	(1)湖石假山、黄石假山、整块湖石峰、人造湖石峰、人造黄石峰、石笋安装、土山点石均按高度档位分别列项； (2)布置景石。按1t以内、1～5t、5～10t分别列项，以t为单位计算； (3)自然式护岸列项，以t为单位计算
2	塑假山石	(1)放样画线，挖土方，浇混凝土垫层； (2)砌骨架或焊钢骨架，挂钢网，堆砌成形	(1)砖骨架塑假山。按高度分别列项，以10m² 计算。如设计要求做部分钢筋混凝土骨架时，应进行换算； (2)钢骨架塑假山。按网塑假山列项，以10m² 计算。基础、脚手架、主骨架的工料费没包括在定额内，应另行计算

(七) 园路及园桥工程

园路及园桥工程的内容见表2-7。

表2-7 园路及园桥工程的内容

序号	项目		工作内容	分项内容	说明
1	园路	土基整理	厚度在30cm以内挖填土，找平、夯实、修整，弃土于2m以外	整理路床列项，以10m² 计算	
		垫层	筛土、浇水、拌和、铺设、找平、灌浆、振实、养护	按砂、灰土(3∶7)、灰土(2∶8)、煤渣、碎石、混凝土分别列项，以m³ 计算	
		面层	放线、修整路槽、夯实、修平垫层、调浆、铺面层、嵌缝、清扫	(1)卵石面层。按拼花、彩边素色分别列项，以10m² 计算； (2)混凝土面层。按纹形、水刷纹形、预制方格、预制异型、预制混凝土大块面层、预制混凝土假冰片面层、水泥混凝土路面分别列项，以10m² 计算； (3)八五砖面层。按平铺、侧铺分别列项，以10m² 计算； (4)石板面层。按方整石板面层、乱铺冰片石面层、瓦片、碎缸片、弹石片、小方碎石、六角板分别列项，以10m² 计算	

续表

序号	项目	工作内容	分项内容	说明
2	园桥	选石、修石、运石，调、运、铺砂浆，砌石，安装桥面	(1)毛石基础、桥台(分毛石、条石)、条石桥墩、护坡(分毛石、条石)分别列项，以 m^3 计算； (2)石桥面列项，以 $10m^2$ 计算	园桥挖土、垫层、勾缝及有关配件制作、安装应套用相应项目另行计算

(八) 园林小品工程

园林小品工程的内容见表 2-8。

表 2-8 园林小品工程内容

序号	项目	工作内容	分项内容
1	堆塑装饰	(1)调运砂浆，找平、压光，塑面层，清理，养护； (2)钢筋制作、绑扎、调制砂浆、底层抹灰，现场安装	(1)按塑松(杉)树皮、塑竹节竹片、壁画面、预制塑松根(直径在厘米以内)、塑松皮柱(直径在厘米以内)分别列项，以 $10m^2$ 计算； (2)塑黄竹(直径在厘米以内)、塑金丝竹(直径在厘米以内)分别列项，以10m 计算
2	小型设施	(1)模板制作、安装及拆除，钢筋制作及绑扎，混凝土浇捣，砂浆抹平，构件养护，磨光打蜡，现场安装； (2)放样，挖、做基础，调运砂浆，抹灰，模板制作安装及拆除，钢筋制作绑扎，混凝土浇捣，养护及清理； (3)下料、焊接、刷防锈漆一遍，刷面漆两遍，放线、挖坑、安装、灌浆、覆土、养护	(1)白色水磨石。按景窗断面面积(cm^2)现场抹灰(预制、现浇)、按景窗断面面积(cm^2)现浇、平板凳预制、平板凳现浇、断面面积(cm^2)花檐预制(安装)、断面面积(cm^2)角花预制(安装)、断面面积(cm^2)博古架预制(安装)、飞来椅分别列项，以 10m 计算； (2)按水磨木纹板制作、不水磨原色木纹板制作分别列项，以 m^2 计算； (3)按水磨木纹板安装、不水磨原色木纹板安装、砖砌园林小摆设抹灰面分别列项，以 $10m^2$ 计算； (4)按预制混凝土花色栏杆制作，金属花色栏杆制作钢管、钢筋、扁铁混合结构，花色栏杆安装预制混凝土(金属)按简易、普通、复杂分别列项，以 10 延长米计算； (5)砖砌园林小摆设列项，以 m^3 计算

(九) 园林工程

园林工程的内容见表 2-9。

表 2-9 园林工程的内容

序号	项目	工作内容	分项内容
1	整理绿化地	(1)清理场地(不包括建筑垃圾及障碍物的清除)； (2)厚度 30cm 以内的挖、填、找平； (3)绿地整理	工程量以 $10m^2$ 计算
2	起挖乔木(带土球)	起挖、包扎出坑、搬运集中、回土填坑	按土球直径(在 cm 以内)分别列项，以株计算。特大或名贵树木另行计算
3	起挖乔木(裸根)	起挖、出坑、修剪、打浆、搬运集中、回土填坑	按胸径(在 cm 以内)分别列项，以株计算。特大或名贵树木另行计算

续表

序号	项目	工作内容	分项内容
4	栽植乔木（带土球）	挖坑、栽植（落坑、扶正、回土、捣实、筑水围）、浇水、覆土、保墒、整形、清理	按土球直径（在cm以内）分别列项，以株计算。特大或名贵树木另行计算
5	栽植乔木（裸根）	挖坑、栽植（落坑、扶正、回土、捣实、筑水围）、浇水、覆土、保墒、整形、清理	按胸径（在cm以内）分别列项，以株计算。特大或名贵树木另行计算
6	起挖灌木（带土球）	起挖、包扎、出坑、搬运集中、回土填坑	按土球直径（在cm以内）分别列项，以株计算。特大或名贵树木另行计算
7	起挖灌木（裸根）	起挖、出坑、修剪、打浆、搬运集中、回土填坑	按冠丛高（在cm以内）分别列项，以株计算
8	栽植灌木（带土球）	挖坑、栽植（扶正、捣实、回土、筑水围）、浇水、覆土、保墒、整形、清理	按土球直径（在cm以内）分别列项，以株计算。特大或名贵树木另行计算
9	栽植灌木（裸根）	挖坑、栽植（扶正、捣实、回土、筑水围）、浇水、覆土、保墒、整形、清理	按冠丛高（在cm以内）分别列项，以株计算
10	起挖竹类（散生竹）	起挖、包扎、出坑、修剪、搬运集中、回土填坑	按胸径（在cm以内）分别列项，以株计算
11	起挖竹类（丛生竹）	起挖、包扎、出坑、修剪、搬运集中、回土填坑	按根盘丛径（在cm以内）分别列项，以丛计算
12	栽植竹类（散生竹）	挖坑、栽植（扶正、捣实、回土、筑水围）、浇水、覆土、保墒、整形、清理，以株计算	按胸径（在cm以内）分别列项
13	栽植竹类（丛生竹）	挖坑、栽植（扶正、捣实、回土、筑水围）、浇水、覆土、保墒、整形、清理，以株计算	按根盘丛径（在cm以内）分别列项，以丛计算
14	栽植绿篱	开沟、排苗、回土、筑水围、浇水、覆土、整形、清理	按单、双排和高度（在cm以内）分别列项，工程量以延长米计算，单排以丛计算，双排以株计算
15	绿地花卉栽植	翻土整地、清除杂物、施基肥、放样、栽植、浇水、清理	按草本花、木本花，球、地根类，一般图案花坛，彩纹图案花坛，立体花坛，五色草一般图案花坛，五色草彩纹图案花坛，五色草立体花坛分别列项，以10m² 计算
16	草皮铺种	翻土整地、清除杂物、搬运草皮、浇水、清理	按散铺、满铺、直生带、播种分别列项，以10m² 计算。种苗费未包括在定额内，另行计算
17	栽植水生植物	挖淤泥、搬运、种植、养护	按荷花、睡莲分别列项，以10株计算
18	树木支撑	制桩、运桩、打桩、绑扎	(1)树棍桩。按四脚桩、三脚桩、一字桩、长单桩、短单桩、铅丝吊桩分别列项，以株计算； (2)毛竹桩。按四脚桩、三脚桩、一字桩、长单桩、短单桩、预制混凝土长单桩分别列项，以株计算
19	草绳绕树干	搬运草绳、绕干、余料清理	按胸径（在cm以内）分别列项，工程量以延长米计算
20	栽植攀缘植物	挖坑、栽植、回土、捣实、浇水、覆土、施肥、整理	按3年生、4年生、5年生、6～8年生分别列项，工程量以100株为单位计算

续表

序号	项目	工作内容	分项内容
21	假植	挖假植沟、埋树苗、覆土、管理	(1)裸根乔木。按(裸根)胸径(在 cm 以内)分别列项,工程量以株为单位计算; (2)裸根灌木,按(裸根)冠丛高(在 cm 以内)分别列项,工程量以株为单位计算
22	人工换土	装、运土到坑边	(1)带土球乔灌木,按乔灌木直径(在 cm 以内)分别列项,以株为单位计算; (2)裸根乔木,按裸根乔木胸径(在 cm 以内)分别列项,以株为单位计算; (3)裸根灌木,按裸根灌木冠丛高(在 cm 以内)分别列项,以株为单位计算

二、《地区园林工程预算定额》简介

《地区园林工程预算定额》指《××省(自治区、直辖市)园林工程预算定额》。

各分项工程预算定额表上有:分项工程名称;工作内容,计量单位,各子目名称及编号,各子目的基价、人工费、材料费、机械费,工日单价,各种材料名称、单价、数量等。利用《地区园林工程预算定额》可直接查出各分项子目的基价、人工费、材料费及各种材料的名称、数量等。以北京某庭院工程定额第一章第二节为示例,见表 2-10。

表 2-10 机械挖土、运土、推土机推土

工作内容:(1) 挖土。机械挖土、装车、清理等。

(2) 推土。推土机推土、运土、弃土、平整等。

(3) 运土。汽车运土、卸土等。

单位:m^3

定额编号		1—7	1—8	1—9	1—10
项目		机械挖土方	机械运土方		
			运距(km 以内)		
			1	5	10
基价/元			6.44	12.93	19.21
其中					
名称		单位	单价/元	数量	

三、《地区园林工程费用定额》简介

《地区园林工程费用定额》指《××省(自治区、直辖市)园林工程费用定额》。《地区园林工程费用定额》的内容包括:有关颁发《园林工程费用定额》的通知,说明,园林工程费用定额,若干问题说明,附录等。

园林工程费用定额中包括:适用范围、园林工程人工工日单价表、园林工程其他直接费费率表、园林工程现场经费费率表、园林工程间接费费率表、园林工程差别利润率表、园林工程分类表等。

《地区园林工程费用定额》随《园林工程预算定额》修订而改编,一般是每隔 4 年修编一次。

· 第三章 ·

工程量清单计价概述

第一节 工程量清单计价的概念及规定

一、工程量清单计价概念

（一）工程量

工程量是以规定的物理计量单位或自然计量单位所表示的各个具体分项工程或构配件的数量。

物理计量单位指法定计量单位，如长度单位 m、面积单位 m^2、体积单位 m^3、质量单位 kg 等。自然计量单位，一般是以物体的自然形态表示的计量单位，如套、组、台、件、个等。

（二）工程量清单

工程量清单是表现拟建工程的分部分项工程项目、措施项目、其他项目名称和相应数量的明细清单，按照招标要求和施工设计图纸要求规定拟建工程的全部项目和内容，依据统一的计算规则、统一的工程量清单项目编制规则要求，计算拟建工程分部分项工程数量。

工程量清单是招标文件的组成部分，是招标人发出的一套注有拟建工程各实物工程名称、性质、特征、单位、数量及开办税费等相关表格组成的文件。在理解工程量清单的概念时，首先注意到，工程量清单是一份招标人提供的文件，编制人是招标人或委托具有资质的中介机构，一经中标且签订合同，即成为合同的组成部分。因此，无论招标人还是投标人都要慎重对待。最后，工程量清单的描述对象是拟建工程，其内容涉及清单项目的性质、数量等，并以表格为主要表现形式。

（三）工程量清单计价方法

工程量清单计价方法，是在建设工程招投标中，招标人或委托具有资质的中介机构编制反映工程实体消耗和措施性消耗的工程量清单，并作为招标文件的一部分提供给投标人，由投标人依据工程量清单自主报价的计价方式。在工程招投标中采用工程量清单计价是国际上较为通行的做法。

工程量清单计价办法的主旨就是在全国范围内，统一项目编码、统一项目名称、统一计量单位、统一工程量计算规则。在这“四个统一”的前提下，国家主管职能部门统一编制了《建设工程工程量清单计价规范》(GB 50500—2013)，作为强制性标准，在全国统一实施。

二、 术语解释

(1) 项目编码。分部分项工程量清单项目名称的数字标识。

(2) 项目特征。构成分部分项工程量清单项目、措施项目自身价值的本质特征。

(3) 措施项目。为完成工程项目施工，发生于该工程施工准备和施工过程中的技术、生活、安全、环境保护等方面的非工程实体项目。

(4) 暂列金额。招标人在工程量清单中暂定并包括在合同价款中的一笔款项。用于施工合同签订时尚未确定或者不可预见的所需材料、设备、服务的采购，施工中可能发生的工程变更、合同约定调整因素出现时的工程价款调整以及发生的索赔、现场签证确认等的费用。

(5) 暂估价。招标人在工程量清单中提供的用于支付必然发生但暂时不能确定价格的材料的单价以及专业工程的金额。

(6) 计日工。在施工过程中，完成发包人提出的施工图纸以外的零星项目或工作，按合同中约定的综合单价计价。

(7) 总承包服务费。总承包人为配合协调发包人进行的工程分包自行采购的设备、材料等进行管理、服务以及施工现场管理、竣工资料汇总整理等服务所需的费用。

(8) 索赔。在合同履行过程中，对于非己方的过错而应由对方承担责任的情况造成的损失，向对方提出补偿的要求。

(9) 现场签证。发包人现场代表与承包人现场代表就施工过程中涉及的责任事件所作的签认证明。

(10) 企业定额。施工企业根据本企业的施工技术和管理水平而编制的人工、材料和施工机械台班等的消耗标准。

(11) 规费。根据省级政府或省级有关权力部门规定必须缴纳的，应计入建筑安装工程造价的费用。

(12) 税金。国家税法规定的应计入建筑安装工程造价内的营业税、城市维护建设税及教育费附加等。

(13) 发包人。具有工程发包主体资格和支付工程价款能力的当事人以及取得该当事人资格的合法继承人。

(14) 承包人。被发包人接受的具有工程施工承包主体资格的当事人以及取得该当事人资料的合法继承人。

(15) 造价工程师。取得《造价工程师注册证书》，在一个单位注册从事建设工程造价活动的专业人员。

(16) 造价员。取得《全国建设工程造价员资格证书》，在一个单位注册从事建设工程造价活动的专业人员。

(17) 工程造价咨询人。取得工程造价咨询资质等级证书，接受委托从事建设工程造价咨询活动的企业。

(18) 招标控制价。招标人根据国家或省级、行业建设主管部门颁发的有关计价依据和办法，按设计施工图纸计算的，对招标工程限定的最高工程造价。

(19) 投标价。投标人投标时报出的工程造价。

(20) 合同价。发、承包双方在施工合同中约定的工程造价。

(21) 竣工结算价。发、承包双方依据国家有关法律、法规和标准规定，按照合同约定确定的最终工程造价。

三、工程量清单编制

(一) 工程量清单编制的一般规定

(1) 工程量清单应由具有编制能力的招标人或受其委托，具有相应资质的工程造价咨询人编制。

(2) 采用工程量清单方式招标，工程量清单必须作为招标文件的组成部分，其准确性和完整性由招标人负责。

(3) 工程量清单是工程量清单计价的基础，应作为编制招标控制价、投标报价、计算工程量、支付工程款、调整合同价款、办理竣工结算以及工程索赔等的依据之一。

(4) 工程量清单应由分部分项工程量清单、措施项目清单、其他项目清单、规费项目清单、税金项目清单组成。

(二) 工程量清单编制的依据

(1)《建设工程工程量清单计价规范》(GB 50500—2013)；

(2) 国家或省级行业建设主管部门颁发的计价依据和办法；

(3) 建设工程设计文件；

(4) 与建设工程项目有关的标准、规范、技术资料；

(5) 招标文件及其补充通知、答疑纪要；

(6) 施工现场情况、工程特点及常规施工方案；

(7) 其他相关资料。

(三) 工程量清单的内容

1. 一般说明

工程量清单是招标文件的重要组成部分，一个最基本的功能是作为信息的载体，以便投标人能对工程有全面充分的了解。从这个意义上讲，工程量清单的内容应全面、准确。以建设部颁发的《房屋建筑和市政基础设施工程招标文件范本》为例，工程量清单主要包括工程量清单说明和工程量清单表两部分。

2. 工程量清单说明

工程量清单说明主要是招标人解释拟招标工程的工程量清单的编制依据以及重要作用，明确清单中的工程量是招标人估算得出的，仅仅作为投标报价的基础，结算时的工程量应以招标人或由其授权委托的监理工程师核准的实际完成量为依据，提示投标申请人重视清单，以及如何使用清单。

3. 工程量清单表

工程量清单表作为清单项目和工程数量的载体，是工程量清单的重要组成部分。工程量清单表式见表 3-1。

合理的清单项目设置和准确的工程数量，是清单计价的前提和基础。对于招标人而言，工程量清单是进行投资控制的前提和基础，工程量清单表编制的质量直接关系和影响到工程建设的最终结果。

表 3-1 工程量清单

工程名称： 第 页 共 页

序号	项目编码	项目名称	计量单位	工程数量
一		分部工程名称		
1		分项工程名称		
2				
⋮				
二		分部工程名称		
1		分项工程名称		
2				
⋮				

4. 分部分项工程量清单编制

分部分项工程量清单的编制方法如下。

(1) 分部分项工程量清单应包括项目编码、项目名称、项目特征、计量单位和工程量。

(2) 分部分项工程量清单应根据新《计价规范》附录规定的项目编码、项目名称、项目特征、计量单位和工程量计算规则进行编制。

(3) 分部分项工程量清单的项目编码，应采用 12 位阿拉伯数字表示。1～9 位应按新《计价规范》附录的规定设置，10～12 位应根据拟建工程量清单项目名称设置，同一招标工程的项目编码不得有重码。

(4) 分部分项工程量清单的项目名称应按新《计价规范》附录的项目名称结合拟建工程的实际确定。

(5) 分部分项工程量清单中所列工程量应按新《计价规范》附录中规定的工程量计算规则计算。

(6) 分部分项工程量清单的计量单位应按新《计价规范》附录中规定的计量单位确定。

(7) 分部分项工程量清单项目特征应按新《计价规范》附录中规定的项目特征，结合拟建工程项目的实际予以描述。

(8) 编制工程量清单出现新《计价规范》中未包括的项目，编制人应作补充，并报省级或行业工程造价管理机构备案，省级或行业工程造价管理机构应汇总报住房和城乡建设部标准定额研究所。

(9) 补充项目的编码由新《计价规范》附录的顺序码与 B 和 3 位阿拉伯数字组成，并应从×B001 起顺序编制，同一招标工程的项目不得重码。工程量清单中需附有补充项目的名称、项目特征、计量单位、工程量计算规则、工程内容。

5. 措施项目清单编制

措施项目清单的编制方法如下。

(1) 措施项目清单应根据拟建工程的具体情况列项。通用措施项目可按表 3-2 选择列项，专业工程的措施项目可按新《计价规范》附录中规定的项目选择列项。若出现新《计价规范》未列的项目，可根据工程实际情况补充。

(2) 措施项目中可以计算工程量的项目清单宜采用分部分项工程量清单的方式编制，列

出项目编码、项目名称、项目特征、计量单位和工程量计算规则；不能计算工程量的项目清单，以“项”为计量单位。

表 3-2 通用措施项目一览表

序号	项目名称
1	安全文明施工（含环境保护、文明施工、安全施工、临时设施）
2	夜间施工
3	二次搬运
4	冬雨季施工
5	大型机械设备进出场及安拆
6	脚手架工程
7	工程定位复测
8	特殊地区施工
9	已完工程及设备保护

6. 其他项目清单编制

(1) 其他项目清单宜按照下列内容列项。

① 暂列金额；

② 暂估价：包括材料暂估价、专业工程暂估价、工程设备暂估价；

③ 计日工；

④ 总承包服务费。

(2) 出现除上述外未列的项目，可根据工程实际情况补充。

7. 规费项目清单

(1) 规费项目清单应按照下列内容列项。

① 工程排污费；

② 住房公积金；

③ 社会保险费：包括养老保险费、失业保险费、医疗保险费、生育保险费、工伤保险费。

(2) 出现除上述外未列的项目，应根据省级政府或省级有关权力部门的规定列项。

8. 税金项目清单

(1) 税金项目清单应按下列内容列项。

① 营业税；

② 城市维护建设税；

③ 教育费附加；

④ 地方教育附加。

(2) 出现以上未列的项目，应根据税务部门的规定列项。

四、 工程量清单格式

《建设工程工程量清单计价规范》规定了工程量清单应采用统一格式。各省、自治区、直辖市建设行政主管部门和行业建设主管部门可根据本地区、本行业的实际情况，在统一格式的基础上补充完善。

《清单计价规范》中规定的工程量清单计价表格的名称及其适用范围见表 3-3。

表 3-3　工程量清单计价表格名称及其适用范围

序号	表格编号	表格名称		工程量清单	招标控制价	投标报价	竣工结算
1	封-1	封面	工程量清单	√			
2	封-2		招标控制价		√		
3	封-3		投标总价			√	
4	封-4		竣工结算总价				√
5	表-01	总说明		√	√	√	√
6	表-02	汇总表	工程项目招标控制价/投标报价汇总表		√	√	
7	表-03		单项工程招标控制价/投标报价汇总表		√	√	
8	表-04		单位工程招标控制价/投标报价汇总表		√	√	
9	表-05		工程项目竣工结算汇总表				√
10	表-06		单项工程竣工结算汇总表				√
11	表-07		单位工程竣工结算汇总表				√
12	表-08	分部分项工程量清单表	分部分项工程量清单与计价表	√	√	√	√
13	表-09		工程量清单综合单价分析表		√	√	√
14	表-10		措施项目清单与计价表(一)	√	√	√	√
15	表-11		措施项目清单与计价表(二)	√	√	√	√
16	表-12	其他项目清单表	其他项目清单与计价汇总表	√	√	√	√
17	表-12-1		暂列金额明细表	√	√	√	√
18	表-12-2		材料暂估单价表	√	√	√	√
19	表-12-3		专业工程暂估价表	√	√	√	√
20	表-12-4		计日工表	√	√	√	√
21	表-12-5		总承包服务计价表	√	√	√	√
22	表-12-6		索赔与现场签证计价汇总表				√
23	表-12-7		费用索赔申请(核准)表				√
24	表-12-8		现场签证表				√
25	表-13	规费、税金项目清单与计价表		√	√	√	√
26	表-14	工程款支付申请(核准)表					√

清单计价表格格式见表 3-4～表 3-29。

表 3-4 工程量清单

________________________________工程

工程量清单

招标人：____________________　　　　工程造价咨询人：____________________
　　　　（单位盖章）　　　　　　　　　　　　　（单位资质专用章）

法定代表人或其授权人：____________　　法定代表人或其授权人：____________
　　　　　　（签字或盖章）　　　　　　　　　　　　　（签字或盖章）

编制人：____________________　　　　复核人：____________________
　　　　（签字盖专用章）　　　　　　　　　　　（签字盖专用章）

编制时间：　年　月　日　　　　　　　复核时间：　年　月　日

封-1

表 3-5 招标控制价

________________________工程

招标控制价

招标控制价 （小写）：________________________

（大写）：________________________

招标人：________________
（单位盖章）

工程造价咨询人：________________
（单位资质专用章）

法定代表人或其授权人：____________
（签字或盖章）

法定代表人或其授权人：____________
（签字或者盖章）

编制人：________________
（签字盖专用章）

复核人：________________
（签字盖专用章）

编制时间： 年 月 日

复核时间： 年 月 日

封-2

表 3-6 投标总价

投标总价

招标人：______________________________

工程名称：______________________________

投标总价(小写)：____________________

(大写)：____________________

投标人：______________________________
(单位盖章)

法定代表人
或其授权人：____________________
(签字或盖章)

编制人：______________________________
(签字盖专用章)

编制时间： 年 月 日

封-3

表 3-7 竣工结算总价

_______________工程

竣工结算总价

中标价(小写)：_______元_______(大写)：_______________

结算价(小写)：_______元_______(大写)：_______________

发包人：_______________ 承包人：_______________ 工程造价咨询人：_______________
(单位盖章) (单位盖章) (单位资质专用章)

法定代表人或其授权人：_______ 法定代表人或其授权人：_______ 法定代表人或其授权人：_______
(签字或盖章) (签字或盖章) (签字或盖章)

编制人：_______________ 核对人：_______________
(造价人员签字盖专用章) (造价工程师签字盖专用章)

编制时间： 年 月 日 核对时间： 年 月 日

封-4

表 3-8 总说明

工程名称： 第 页 共 页

总说明

表-01

表 3-9　工程项目招标控制价/投标报价汇总表

工程名称：　　　　　　　　　　　　　　　　　　　　　第　页共　页

序号	单项工程名称	金额/元	其中/元		
			暂估价	安全文明施工费	规费
	合计				

注：本表适用于工程项目招标控制价或投标报价的汇总。

表-02

表 3-10 单项工程招标控制价/投标报价汇总表

工程名称： **第 页 共 页**

序号	单项工程名称	金额/元	其中/元		
			暂估价	安全文明施工费	规费
	合计				

注：本表适用于单项工程招标控制价或投标报价的汇总。暂估价包括分部分项工程中的暂估价和专业工程暂估价。

表-03

表 3-11　单位工程招标控制价/投标报价汇总表

工程名称：　　　　　　　　　　　标段：　　　　　　　　　　　　　　第　页共　页

序号	汇总内容	金额/元	其中:暂估价/元
1	分部分项工程		
1.1			
1.2			
1.3			
1.4			
1.5			
2	项目措施		
2.1	安全文明施工费		
3	其他项目		
3.1	暂列金额		
3.2	专业工程暂估价		
3.3	计日工		
3.4	总承包服务费		
4	规费		
5	税金		
招标控制价合计＝1＋2＋3＋4＋5			

注：本表适用于单位工程招标控制价或投标报价的汇总，如无单位工程划分，单项工程也使用本表汇总。

表-04

表 3-12 工程项目竣工结算汇总表

工程名称：　　　　　　　　　　　　　　　　　　　　　　　第　页 共　页

序号	单项工程名称	金额/元	其中/元		
			暂估价	安全文明施工费	规费
合计					

表 6-05

表 3-13 单项工程竣工结算汇总表

工程名称： 第 页 共 页

序号	单项工程名称	金额/元	其中/元		
			暂估价	安全文明施工费	规费
合计					

表-06

表 3-14 单位工程竣工结算汇总表

工程名称： 标段： 第 页 共 页

序号	汇总内容	金额/元	其中:暂估价/元
1	分部分项工程		
1.1			
1.2			
1.3			
1.4			
1.5			
2	措施项目		
2.1	安全文明施工费		
3	其他项目		
3.1	专业工程结算价		
3.2	计日工		
3.3	总承包服务费		
3.4	索赔与现场签证		
4	规费		
5	税金		
竣工结算总价合计=1+2+3+4+5			

注：如无单位工程划分，单项工程也使用本表汇总。

表-07

表 3-15　分部分项工程量清单与计价表

项目名称：　　　　　　　　　　　　标段：　　　　　　　　　　　　第　页　共　页

序号	项目编码	项目名称	项目特征	计量单位	工程量	金额/元		
						综合单价	合价	其中：暂估价
本页小计								
合计								

表-08

表 3-16 工程量清单综合单价分析表

项目名称： 标段： 第 页 共 页

项目编码				项目名称				计量单位			
清单综合单价组成明细											
定额编号	定额名称	定额单位	数量	单价				合价			
				人工费	材料费	机械费	管理费和利润	人工费	材料费	机械费	管理费和利润
人工单价		小计									
元/工日		未计价材料费									
清单项目综合单价											
材料费明细		主材料名称、规格、型号			单位	数量		单价/元	合价/元	暂估价/元	暂估合价/元
		其他材料费						—		—	
		材料费小计						—		—	

注：1. 如不使用省级或行业建设主管部门发布的计价依据，可不填定额项目、编号等。

2. 招标文件提供了暂估单价的材料，按暂估的单价填入表内“暂估单价”栏及“暂估合价”栏。

表-09

表 3-17 措施项目清单与计价表（一）

工程名称： **标段：** **第 页 共 页**

序号	项目名称	计算基础	费率/%	金额/元
1	安全文明施工费			
2	夜间施工费			
3	二次搬运费			
4	冬雨季施工			
5	大型机械设备进出场及安拆费			
6	施工排水			
7	施工降水			
8	地上、地下设施、建筑物的临时保护设施			
9	已完工程及设备保护			
10	各专业工程的措施项目			
11				
12	合计			

注：1. 本表适用于以“项”计价的措施项目。

2. 根据建设部、财政部发布的《建筑安装工程费用组成》（建标［2013］44 号）的规定，“计算基础”可为“分部分项工程费”“人工费”或“人工费＋机械费”。

表-10

表 3-18 措施项目清单与计价表（二）

工程名称： **标段：** **第 页 共 页**

序号	项目编码	项目名称	项目特征	计量单位	工程量	金额/元	
						综合单价	合价
本页小计							
合计							

注：本表适用于以综合单价形式计价的措施项目。

表-11

表 3-19 其他项目清单与计价汇总表

工程名称： 标段： 第 页 共 页

序号	项目名称	计量单位	金额/元	备注
	其他项目清单与计价			
1	暂列金额	项		明细详见表-12-1
2	暂估价	项		
2.1	材料暂估价	项		明细详见表-12-2
2.2	专业工程暂估价	项		明细详见表-12-3
3	计日工	项		明细详见表-12-4
4	工程总承包服务费	项		明细详见表-12-5
5				
	其他项目费小计			（不含材料暂估价）

表-12

表 3-20 暂列金额明细表

工程名称： 标段： 第 页 共 页

序号	项目名称	计量单位	金额/元	备注
1				
2				
3				
4				
5				
6				
7				
合计				

注：此表由招标人填写，如不能详列，也可只列暂定金额总额，投标人应将上述暂列金额计入投标总价中。

表-12-1

表 3-21 材料暂估单价表

工程名称： 标段： 第 页 共 页

序号	材料名称、规格、型号	计量单位	数量	金额/元		备注
				单价	合价	
合计						

注：1. 此表由招标人填写，并在备注栏说明暂估价的材料拟用在哪些清单项目上，投标人应将上述材料暂估单价计入工程量清单综合单价报价中。

2. 材料包括原材料、燃料、构配件以及按规定应计入建筑安装工程造价的设备。

表-12-2

表 3-22 专业工程暂估价表

工程名称： 标段： 第 页 共 页

序号	工程名称	工程内容	金额/元	备注
合计				

注：此表由招标人填写，投标人应将上述专业工程暂估价计入投标总价中。

表-12-3

表 3-23 计日工表

工程名称：　　　　　　　　标段：　　　　　　　　第　页　共　页

序号	项目名称	单位	暂定数量	单价	合价
一	人工				
1					
2					
3					
	小计				
二	材料				
1					
2					
3					
	小计				
三	机械				
1					
2					
3					
	小计				
	计日工合计				

注：此表项目名称、数量由招标人填写，编制招标控制价时，单价由招标人按有关计价规定确定；投标时，单价由投标人自主报价，计入投标总价中。

表-12-4

表 3-24 总承包服务费计价表

工程名称：　　　　　　　　标段：　　　　　　　　第　页　共　页

序号	项目名称	项目价值/元	服务内容	费率/%	金额/元
1	发包人发包专业工程				
2	发包人供应材料				
	合计				

表-12-5

表 3-25 索赔与现场签证计价汇总表

工程名称： 标段： 第 页共 页

序号	索赔与签证名称	单位	数量	单价/元	合价/元	索赔及签证依据
本页小计						—
合计						—

注：签证及索赔依据是指经双方认可的签证单和索赔依据的编号。

表-12-6

表 3-26 费用索赔申请（核准）表

工程名称： 标段： 第 页 共 页

<table>
<tr><td colspan="2">致：________________________________（发包人全称）
根据施工合同条款________条的约定，由于________________原因，我方要求索赔金额（大写）________________元（小写）________元，请予核准。
附：1. 费用索赔的详细理由和依据：
2. 索赔金额的计算：
3. 证明材料：
承包人（章）
承包人代表________
日　期________</td></tr>
<tr><td>复核意见：
根据施工合同条款________条的约定，你方提出的费用索赔申请经复核：
□不同意此项索赔，具体意见详见附件。
□同意此项索赔，索赔金额的计算，由造价工程师复核。
监理工程师________
日　期________</td><td>复核意见：
根据施工合同条款________条的约定，你方提出的费用索赔申请经复核，索赔金额为（大写）________（小写________）。
造价工程师________
日　期________</td></tr>
<tr><td colspan="2">审核意见：
□不同意此项索赔。
□同意此项索赔，与本期进度款同期支付。
发包人（章）
发包人代表________
日　期________</td></tr>
</table>

注：1. 在选择栏中的“□”内做标识“√”。

2. 本表一式四份，由承包人填表、发包人、监理人、造价咨询人、承包人各存一份。

表-12-7

表 3-27 现场签证表

工程名称： 标段： 第 页 共 页

<table>
<tr><td>施工部位</td><td></td><td>日期</td><td></td></tr>
<tr><td colspan="4">致：________________（发包人全称）
根据________（指令人） 年 月 日的口头指令或你方________（或监理人） 年 月 日的书面通知，我方要求完成此项工作应支付价款金额为（大写）________元，（小写）________元，请予核准。
附：1. 签证事由及原因：
2. 附图及计算式：

承包人（章）
承包人代表________
日 期________</td></tr>
<tr><td colspan="2">复核意见：
你方提出的此项签证申请经复核：
□不同意此项索赔，具体意见详见附件。
□同意此项索赔，索赔金额的计算，由造价工程师复核。

监理工程师________
日 期________</td><td colspan="2">复核意见：
□此项签证按承包人中标的计日工单价计算，金额为（大写）________元，（小写）________元。
□此项签证因无计日工单价，金额为（大写）________元，（小写）________元。

造价工程师________
日 期________</td></tr>
<tr><td colspan="4">审核意见：
□不同意此项签证。
□同意此项签证，价款与本期进度款同期支付。

发包人（章）
发包人代表________
日 期________</td></tr>
</table>

注：1. 在选择栏中的“□”内做标识“√”。

2. 本表一式四份，由承包人收到、发包人（监理人）的口头或书面通知后填表，发包人、监理人、造价咨询人、承包人各存一份。

表-12-8

表 3-28 规费、税金项目清单与计价表

工程名称： 标段： 第 页共 页

序号	项目名称	计算基础	费率/%	金额/元
1	规费			
1.1	工程排污费			
1.2	社会保障费			
(1)	养老保险费			
(2)	失业保险费			
(3)	医疗保险费			
1.3	住房公积金			
1.4	危险作业意外伤害保险			
1.5	工程定额测定费			
2	税金	分部分项工程费＋措施项目费＋其他项目费＋规费		

注：根据建设部、财政部发布的《建筑安装工程费用组成》（建标［2013］44号）的规定，“计算基础”可为“分部分项工程费”“人工费”或“人工费＋机械费”。

表 3-13

表 3-29 工程款支付申请（核准）表

工程名称： 标段： 编 号

致：______（发包人全称）

我方于______至______期间已完成了______工作，根据施工合同的约定，现申请支付本期的工程价款为（大写）______元，（小写）______元，请予核准。

序号	名称	金额/元	备注
1	累计已完成的工程价款		
2	累计已实际支付的工程价款		
3	本周期已完成的工程价款		
4	本周期完成的计日工金额		
5	本周期应增加和扣减的变更金额		
6	本周期应增加和扣减的索赔金额		
7	本周期应抵扣的预付款		
8	本周期应扣减的质保金		
9	本周期应增加或扣减的其他金额		
10	本周期实际应支付的工程价款		

承包人（章）

承包人代表______

日 期______

复核意见：

□与实际施工情况不相符，修改意见见附件。

□与实际施工情况相符，具体金额由造价工程师复核。

监理工程师______

日 期______

复核意见：

你方提出的支付申请经复核，本周期已完成工程价款为（大写）______元，（小写）______元，本期间应支付金额为（大写）______元，（小写）______元。

造价工程师______

日 期______

审核意见：

□不同意。

□同意，支付时间为本表签发后的 15 天内。

发包人（章）

发包人代表______

日 期______

注：1. 在选择栏中的“□”内作标识“√”。

2. 本表一式四份，由承包人填报，发包人、监理人、造价咨询人、承包人各存一份。

表-14

五、工程量清单计价

工程量清单计价指投标人完成由招标人提供的工程量清单所需的全部费用，包括分部分项工程费、措施项目费、其他项目费和规费、税金（见图 3-1）。

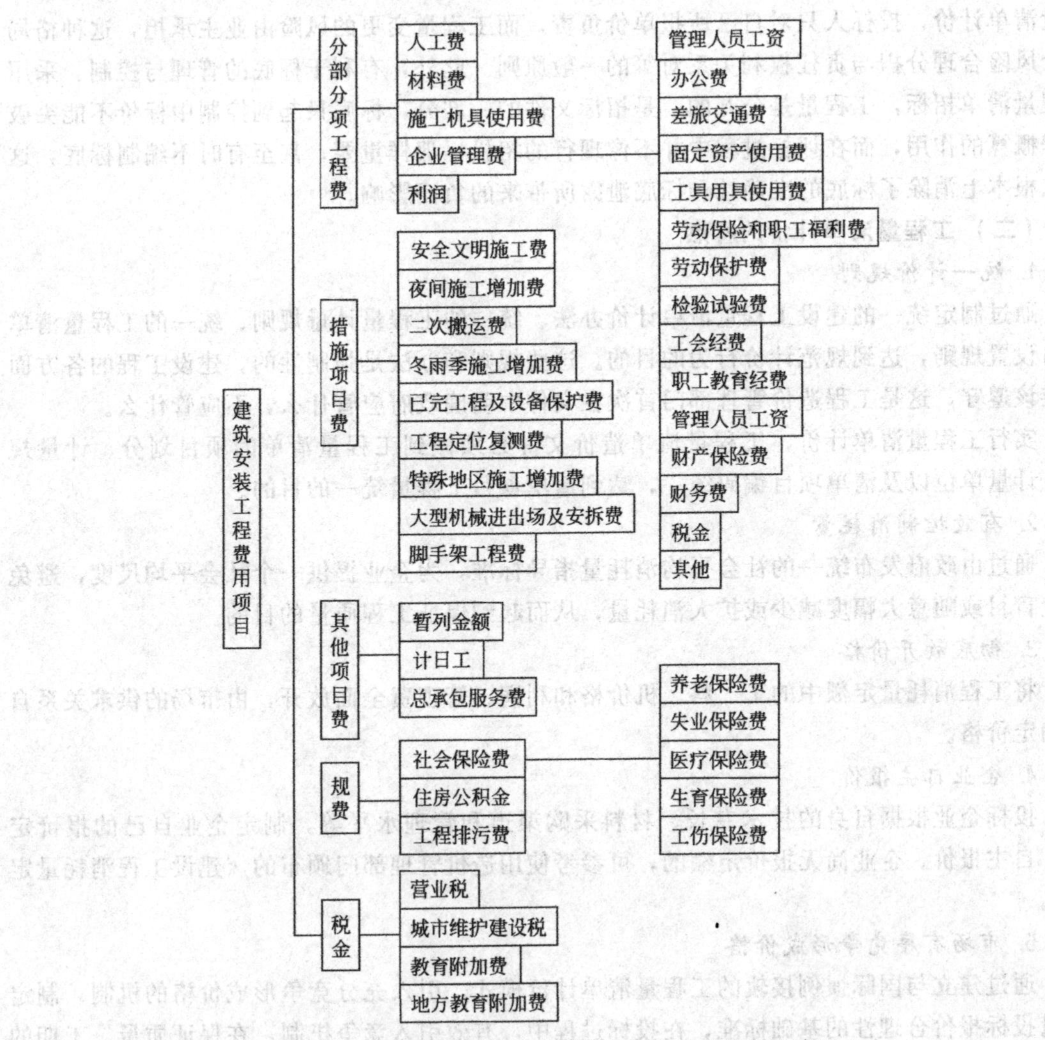

图 3-1 工程量清单计价建筑安装工程费用项目组成

实行工程量清单计价招标投标的建设工程，其招标控制价、投标报价的编制、合同价款的确定与调整、工程结算与索赔等应按《清单计价规范》规定执行。

（一）实行工程量清单计价的目的与意义

(1) 实行工程量清单计价，是我国工程造价管理深化改革与发展的需要。

(2) 实行工程量清单计价，是整顿和规范建设市场秩序，适应社会主义市场经济发展的需要。

① 工程造价是工程建设的核心内容，也是建设市场运行的核心内容。

② 实行工程量清单计价，是适应我国社会主义市场经济发展的需要。

(3) 实行工程量清单计价，是适应我国工程造价管理政府职能转变的需要。

(4) 实行工程量清单计价，是适应我国加入世界贸易组织（WTO）融入世界大市场的

需要。

工程量清单计价本质上是单价合同的计价模式，它反映“量价分离”的特点，在工程量没有很大变化的情况下，单位工程量的单价都不发生变化，有利于实现工程风险的合理分组，建设工程一般都比较复杂，建设周期长，工程变更多，因而建设的风险比较大，采用工程量清单计价，投标人只对自己所报单价负责，而工程量变更的风险由业主承担，这种格局符合风险合理分担与责任权利关系对等的一般原则。此外，有利于标底的管理与控制，采用工程量清单招标，工程量是公开的，是招标文件的一部分，标底只起到控制中标价不能突破工程概算的作用，而在评标过程中并不像现行的招投标那样重要，甚至有时不编制标底，这就从根本上消除了标底的准确性和标底泄露所带来的负面影响。

（二）工程量清单计价的特点

1. 统一计价规则

通过制定统一的建设工程量清单计价办法、统一的工程量计量规则、统一的工程量清单项目设置规则，达到规范计价行为的目的。这些规则和办法是强制性的，建设工程的各方面都应该遵守，这是工程造价管理部门首次在文件中明确政府应管什么，不应管什么。

实行工程量清单计价，工程量清单造价文件必须做到工程量清单的项目划分、计量规则、计量单位以及清单项目编码统一，达到清单项目工程量统一的目的。

2. 有效控制消耗量

通过由政府发布统一的社会平均消耗量指导标准，为企业提供一个社会平均尺度，避免企业盲目或随意大幅度减少或扩大消耗量，从而起到保证工程质量的目的。

3. 彻底放开价格

将工程消耗量定额中的工、料、机价格和利润、管理费全面放开，由市场的供求关系自行确定价格。

4. 企业自主报价

投标企业根据自身的技术专长、材料采购渠道和管理水平等，制定企业自己的报价定额，自主报价。企业尚无报价定额的，可参考使用造价管理部门颁布的《建设工程消耗量定额》。

5. 市场有序竞争形成价格

通过建立与国际惯例接轨的工程量清单计价模式，引入充分竞争形成价格的机制，制定衡量投标报价合理性的基础标准，在投标过程中，有效引入竞争机制，在保证质量、工期的前提下，按国家“招标投标法”及有关条款规定，最终以“不低于成本”的合理低价者中标。

六、 园林分部分项工程费计算

（一）人工费

1. 人工费的组成

人工费指按工资总额构成规定，支付给从事建筑安装工程施工的生产工人和附属生产单位工人的各项费用。内容包括：

(1) 计时工资或计件工资。指按计时工资标准和工作时间或对已做工作按计件单价支付给个人的劳动报酬。

(2) 奖金。指对超额劳动和增收节支支付给个人的劳动报酬。如节约奖、劳动竞赛奖等。

(3) 津贴补贴。指为了补偿职工特殊或额外的劳动消耗和因其他特殊原因支付给个人的津贴，以及为了保证职工工资水平不受物价影响支付给个人的物价补贴。如流动施工津贴、特殊地区施工津贴、高温（寒）作业临时津贴、高空津贴等。

(4) 加班加点工资。指按规定支付的在法定节假日工作的加班工资和在法定日工作时间外延时工作的加点工资。

(5) 特殊情况下支付的工资。指根据国家法律、法规和政策规定，因病、工伤、产假、计划生育假、婚丧假、事假、探亲假、定期休假、停工学习、执行国家或社会义务等原因按计时工资标准或计时工资标准的一定比例支付的工资。

人工费中不包括管理人员（包括项目经理、施工队长、工程师、技术员、财会人员、预算人员、机械师等）、辅助服务人员（包括生活管理员、炊事员、医务人员、翻译人员、小车司机和勤杂人员等）、现场保安等的开支费用。

2. 人工费的计算

(1) 公式一。

$$人工费=\sum（工日消耗量\times日工资单价）$$

$$日工资单价=\frac{生产工人平均月工资（计时、计件）+平均月（奖金+津贴补贴+特殊情况下支付的工资）}{年平均每月法定工作日}$$

该公式主要适用于施工企业投标报价时自主确定人工费，也是工程造价管理机构编制计价定额确定定额人工单价或发布人工成本信息的参考依据。

(2) 公式二。

$$人工费=\sum（人工工日消耗量\times日工资单价）$$

该公式适用于工程造价管理机构编制计价定额时确定定额人工费，是施工企业投标报价的参考依据。

日工资单价指施工企业平均技术熟练程度的生产工人在每工作日（国家法定工作时间内）按规定从事施工作业应得的日工资总额。

工程造价管理机构确定日工资单价应通过市场调查、根据工程项目的技术要求，参考实物工程量人工单价综合分析确定，最低日工资单价不得低于工程所在地人力资源和社会保障部门所发布的最低工资标准的：普工 1.3 倍、一般技工 2 倍、高级技工 3 倍。

工程计价定额不可只列一个综合工日单价，应根据工程项目技术要求和工种差别适当划分多种日人工单价，确保各分部工程人工费的合理构成。

（二）材料费

1. 材料费的组成

材料费指施工过程中耗费的原材料、辅助材料、构配件、零件、半成品或成品、工程设备的费用。内容包括：

(1) 材料原价。指材料、工程设备的出厂价格或商家供应价格。

(2) 运杂费。指材料、工程设备自来源地运至工地仓库或指定堆放地点所发生的全部费用。

(3) 运输损耗费。指材料在运输装卸过程中不可避免的损耗。

(4) 采购及保管费。指为组织采购、供应和保管材料、工程设备的过程中所需要的各项费用。包括采购费、仓储费、工地保管费、仓储损耗。

工程设备指构成或计划构成永久工程一部分的机电设备、金属结构设备、仪器装置及其他类似的设备和装置。

2. 材料费的计算

(1) 材料费。

$$材料费=\sum(材料消耗量\times 材料单价)$$

$$材料单价=\{(材料原价+运杂费)\times[1+运输损耗率(\%)]\}\times[1+采购保管费率(\%)]$$

(2) 工程设备费。

$$工程设备费=\sum(工程设备量\times 工程设备单价)$$

$$工程设备单价=(设备原价+运杂费)\times[1+采购保管费率(\%)]$$

园林工程直接费中的材料费指施工过程中耗用的构成工程实体的各类原材料、零配件、成品及半成品等主要材料的费用，以及工程中耗费的虽不构成工程实体，但有利于工程实体形成的各类消耗性材料费用的总和。

主要材料一般有：钢材、管材、线材、阀门、管件、电缆电线、油漆、螺栓、水泥、砂石等，其费用约占材料费的85%～95%。消耗材料一般有：砂纸、纱布、锯条、砂轮片、氧气、乙炔气、水、电等，费用一般占到材料费的5%～15%。

以往人们一般习惯把概、预算定额中的“辅材费”称为消耗材料，而把单独计价的“主材”称为主要材料；这种叫法是十分不准确、不科学的。因为，“辅材费”中的许多材料如：钢材、管材、垫铁、螺栓、管件、油漆、焊条等都是构成工程实体的材料，所以，这些材料都是主要材料。因此，“辅材费”的准确称谓应当是“定额计价材料费”。

在投标报价的过程中，材料费的计算是一个至关重要的问题。因为，对于园林工程来说，材料费占整个工程费用的60%～70%。处理好材料费用，对一个投标人在投标过程中能否取得主动，以致最终能否一举中标都至关重要。

为了在投标中取得优势地位，计算材料费时应把握以下几点。

(1) 合理确定材料的消耗量。

① 主要材料消耗量。工程量清单中已经提供名称、规格、型号、材质和数量的这部分材料应按使用量和消耗量之和进行计价；没有提供的，应根据工程的需要，以及以往承担工程的经验自主进行确定，包括材料的名称、规格、型号、材质和数量等，材料的数量应是使用量和消耗量之和。

② 消耗材料消耗量。消耗材料的确定方法与主要材料消耗量的确定方法基本相同，投标人要根据需要，自主确定消耗材料的名称、规格、型号、材质和数量。

③ 部分周转性材料摊销量。周转性材料指在工程施工过程中，作为手段措施没有构成工程实体，其实物形态也没有改变，但其价值却被分批逐步地消耗掉的材料。周转性材料被消耗掉的价值，应当摊销在相应清单项目的材料费中（计入措施费的周转性材料除外）。摊销的比例应根据材料价值、磨损的程度、可被利用的次数以及投标策略等诸因素进行确定。

④ 低值易耗品。低值易耗品指在施工过程中，一些使用年限在规定时间以下，单位价值在规定金额以内的工、器具。这部分物品的计价办法是：概、预算定额中将其费用摊销在具体的定额子目当中；在工程量清单“动态计价模式”中，可以按概、预算定额的模式处理，也可以把它放在其他费用中处理，原则是费用不能重复计算，并能增强企业投标的竞

争力。

(2) 材料单价的确定。园林工程材料价格指材料运抵现场材料仓库或堆放点后的出库价格。材料价格涉及的因素很多，主要有以下几个方面：

① 材料原价，即市场采购价格。材料市场价格的取得一般有两种途径：一是市场调查(询价)；二是通过查询市场材料价格信息指导取得。

② 材料的供货方式和供货渠道包括业主供货和承包商供货两种方式。对于业主供货的材料，招标书中列有业主供货材料单价表，投标人在利用招标人提供的材料价格报价时，应考虑现场交货的材料运费，还应考虑材料的保管费。承包商供货材料的渠道一般有当地供货、指定厂家供货、异地供货和国外供货等。不同的供货方式和供货渠道对材料价格的影响是不同的，主要反映在采购保管费、运输费、其他费用，以及风险等方面。

③ 包装费。材料的包装费包括出厂时的一次包装和运输过程中的二次包装费用，应根据材料采用的包装方式计价。

④ 采购保管费用。指为组织采购、供应和保管材料过程中所需要的各项费用。采购的方式、批次、数量，以及材料保管的方式及天数不同，其费用也不相同，采购保管费包括采购费、仓储费、工地保管费、仓储损耗。

⑤ 运输费用。材料的运输费包括材料自采购地至施工现场全过程、全路途发生的装卸、运输费用的总和。运输费用中包括材料在运输装卸过程中不可避免的运输损耗费。

⑥ 材料的检验试验费用。指对建筑材料、构建和建筑安装物进行一般鉴定、检查所发生的费用，包括自设实验室进行试验所耗用的材料和化学药品等费用。不包括新结构、新材料的试验费和建设单位对具有出厂合格证明的材料进行的检验和对构件做破坏性试验及其他特殊要求检验试验的费用。

⑦ 其他费用。主要指国外采购材料时发生的保险费、关税、港口费、港口手续费、财务费用等。

⑧ 风险。主要指材料价格浮动，即由于工程所用材料不可能在工程开工初期一次全部采购完毕，所以，随着时间的推移，市场的变化造成材料价格的变动给承包商造成的材料费风险。

(三) 施工机具使用费

1. 施工机具使用费的组成

施工机具使用费指施工作业所发生的施工机械、仪器仪表使用费或其租赁费。

(1) 施工机械使用费。以施工机械台班耗用量乘以施工机械台班单价表示，施工机械台班单价应由下列7项费用组成。

① 折旧费。指施工机械在规定的使用年限内，陆续收回其原值的费用。

② 大修理费。指施工机械按规定的大修理间隔台班进行必要的大修理，以恢复其正常功能所需的费用。

③ 经常修理费。指施工机械除大修理以外的各级保养和临时故障排除所需的费用。包括为保障机械正常运转所需替换设备与随机配备工具附具的摊销和维护费用，机械运转中日常保养所需润滑与擦拭的材料费用及机械停滞期间的维护和保养费用等。

④ 安拆费及场外运费。安拆费指施工机械（大型机械除外）在现场进行安装与拆卸所需的人工、材料、机械和试运转费用以及机械辅助设施的折旧、搭设、拆除等费用；场外运费指施工机械整体或分体自停放地点运至施工现场或由一施工地点运至另一施工地点的运

输、装卸、辅助材料及架线等费用。

⑤ 人工费。指机上司机（司炉）和其他操作人员的人工费。

⑥ 燃料动力费。指施工机械在运转作业中所消耗的各种燃料及水、电等。

⑦ 税费。指施工机械按照国家规定应缴纳的车船使用税、保险费及年检费等。

(2) 仪器仪表使用费。指工程施工所需使用的仪器仪表的摊销及维修费用。

2. 施工机具使用费的计算

(1) 施工机械使用费的计算。

施工机械使用费＝Σ（施工机械台班消耗量×机械台班单价）

机械台班单价＝台班折旧费＋台班大修费＋台班经常修理费＋

台班安拆费及场外运费＋台班人工费＋台班燃料动力费＋台班车船税费

工程造价管理机构在确定计价定额中的施工机械使用费时，应根据《建筑施工机械台班费用计算规则》结合市场调查编制施工机械台班单价。施工企业可以参考工程造价管理机构发布的台班单价，自主确定施工机械使用费的报价，如租赁施工机械，公式为：

施工机械使用费＝Σ（施工机械台班消耗量×机械台班租赁单价）

(2) 仪器仪表使用费的计算。

仪器仪表使用费＝工程使用的仪器仪表摊销费＋维修费

（四）企业管理费

1. 企业管理费的组成

企业管理费指建筑安装企业组织施工生产和经营管理所需的费用。内容包括以下几点。

(1) 管理人员工资。指按规定支付给管理人员的计时工资、奖金、津贴补贴、加班加点工资及特殊情况下支付的工资等。

(2) 办公费。指企业管理办公用的文具、纸张、账表、印刷、邮电、书报、办公软件、现场监控、会议、水电、烧水和集体取暖降温（包括现场临时宿舍取暖降温）等费用。

(3) 差旅交通费。指职工因公出差、调动工作的差旅费、住勤补助费，市内交通费和误餐补助费，职工探亲路费，劳动力招募费，职工退休、退职一次性路费，工伤人员就医路费，工地转移费以及管理部门使用的交通工具的油料、燃料等费用。

(4) 固定资产使用费。指管理和试验部门及附属生产单位使用的属于固定资产的房屋、设备、仪器等的折旧、大修、维修或租赁费。

(5) 工具用具使用费。指企业施工生产和管理使用的不属于固定资产的工具、器具、家具、交通工具和检验、试验、测绘、消防用具等的购置、维修和摊销费。

(6) 劳动保险和职工福利费。指由企业支付的职工退职金、按规定支付给离休干部的经费、集体福利费、夏季防暑降温、冬季取暖补贴、上下班交通补贴等。

(7) 劳动保护费。企业按规定发放的劳动保护用品的支出。如工作服、手套、防暑降温饮料以及在有碍身体健康的环境中施工的保健费用等。

(8) 检验试验费。指施工企业按照有关标准规定，对建筑以及材料、构件和建筑安装物进行一般鉴定、检查所发生的费用，包括自设试验室进行试验所耗用的材料等费用。不包括新结构、新材料的试验费，对构件做破坏性试验及其他特殊要求检验试验的费用和建设单位委托检测机构进行检测的费用，对此类检测发生的费用，由建设单位在工程建设其他费用中列支。但对施工企业提供的具有合格证明的材料进行检测不合格的，该检测费用由施工企业支付。

(9) 工会经费。指企业按《工会法》规定的全部职工工资总额比例计提的工会经费。

(10) 职工教育经费。指按职工工资总额的规定比例计提，企业为职工进行专业技术和职业技能培训，专业技术人员继续教育、职工职业技能鉴定、职业资格认定以及根据需要对职工进行各类文化教育所发生的费用。

(11) 财产保险费。指施工管理用财产、车辆等的保险费用。

(12) 财务费。指企业为施工生产筹集资金或提供预付款担保、履约担保、职工工资支付担保等所发生的各种费用。

(13) 税金。指企业按规定缴纳的房产税、车船使用税、土地使用税、印花税等。

(14) 其他。包括技术转让费、技术开发费、投标费、业务招待费、绿化费、广告费、公证费、法律顾问费、审计费、咨询费、保险费等。

2. 管理费的计算

$$管理费=计算基础\times施工管理费率（\%）$$

其中，管理费率的计算因计算基础的不同可分为3种。

(1) 以分部分项工程费为计算基础。

$$管理费费率（\%）=\frac{生产工人年平均管理费}{年有效施工天数\times人工单价}\times人工费占分部分项工程费比例（\%）$$

(2) 以人工费和机械费合计为计算基础。

$$管理费费率（\%）=\frac{生产工人年平均管理费}{年有效施工天数\times（人工单价+每工日机械使用费）}\times100（\%）$$

(3) 以人工费为计算基础。

$$管理费费率（\%）=\frac{生产工人年平均管理费}{年有效施工天数\times人工单价}\times100\%$$

上述公式适用于施工企业投标报价时自主确定管理费，是工程造价管理机构编制计价定额确定企业管理费的参考依据。

工程造价管理机构在确定计价定额中企业管理费时，应以定额人工费或（定额人工费+定额机械费）作为计算基数，其费率根据历年工程造价积累的资料，辅以调查数据确定，列入分部分项工程和措施项目中。

（五）利润

利润指施工企业完成所承包工程获得的盈利。

(1) 施工企业根据企业自身需求并结合建筑市场实际自主确定，列入报价中。

(2) 工程造价管理机构在确定计价定额中利润时，应以定额人工费或（定额人工费+定额机械费）作为计算基数，其费率根据历年工程造价积累的资料，并结合建筑市场实际确定，以单位（单项）工程测算，利润占税前建筑安装工程费的比重可按不低于5%且不高于7%的费率计算。利润应列入分部分项工程和措施项目中。

七、园林措施项目费计算

措施项目费指工程量清单中，除工程量清单项目费用以外，为保证工程顺利进行，按照国家现行有关建设工程施工验收规范、规程要求，必须配套完成的工程内容所需的费用。

（一）措施项目费的组成

措施项目费指为完成建设工程施工，发生于该工程施工前和施工过程中的技术、生活、

安全、环境保护等方面的费用。

1. 安全文明施工费

(1) 环境保护费。指施工现场为达到环保部门要求所需要的各项费用。

(2) 文明施工费。指施工现场文明施工所需要的各项费用。

(3) 安全施工费。指施工现场安全施工所需要的各项费用。

(4) 临时设施费。指施工企业为进行建设工程施工所必须搭设的生活和生产用的临时建筑物、构筑物和其他临时设施费用。包括临时设施的搭设、维修、拆除、清理费或摊销费等。

2. 夜间施工增加费

因夜间施工所发生的夜班补助费、夜间施工降效、夜间施工照明设备摊销及照明用电等费用。

3. 二次搬运费

因施工场地条件限制而发生的材料、构配件、半成品等一次运输不能到达堆放地点，必须进行二次或多次搬运所发生的费用。

4. 冬雨季施工增加费

在冬季或雨季施工需增加的临时设施、防滑、排除雨雪，人工及施工机械效率降低等费用。

5. 已完工程及设备保护费

竣工验收前，对已完工程及设备采取的必要保护措施所发生的费用。

6. 工程定位复测费

工程施工过程中进行全部施工测量放线和复测工作的费用。

7. 特殊地区施工增加费

工程在沙漠或其边缘地区、高海拔、高寒、原始森林等特殊地区施工增加的费用。

8. 大型机械设备进出场及安拆费

机械整体或分体自停放场地运至施工现场或由一个施工地点运至另一个施工地点，所发生的机械进出场运输及转移费用及机械在施工现场进行安装、拆卸所需的人工费、材料费、机械费、试运转费和安装所需的辅助设施的费用。

9. 脚手架工程费

施工需要的各种脚手架搭、拆、运输费用以及脚手架购置费的摊销（或租赁）费用。

措施项目及其包含的内容详见各类专业工程的现行国家或行业计量规范。

（二）措施项目费的计算

1. 计量措施项目

国家计量规范规定应予计量的措施项目，其计算公式为：

$$措施项目费=\sum（措施项目工程量\times综合单价）$$

2. 非计量措施项目

国家计量规范规定不宜计量的措施项目计算方法如下。

(1) 安全文明施工费。

$$安全文明施工费=计算基数\times安全文明施工费费率（\%）$$

计算基数应为定额基价（定额分部分项工程费＋定额中可以计量的措施项目费）、定额人工费或（定额人工费＋定额机械费），其费率由工程造价管理机构根据各专业工程的特点综合确定。

(2) 夜间施工增加费。

夜间施工增加费＝计算基数×夜间施工增加费费率（%）

(3) 二次搬运费。

二次搬运费＝计算基数×二次搬运费费率（%）

(4) 冬雨季施工增加费。

冬雨季施工增加费＝计算基数×冬雨季施工增加费费率（%）

(5) 已完工程及设备保护费。

已完工程及设备保护费＝计算基数×已完工程及设备保护费费率（%）

上述(2)～(5)项措施项目的计费基数应为定额人工费或（定额人工费＋定额机械费），其费率由工程造价管理机构根据各专业工程特点和调查资料综合分析后确定。

八、 其他项目费、 规费和税金计算

（一） 其他项目费

(1) 暂列金额由建设单位根据工程特点，按有关计价规定估算，施工过程中由建设单位掌握使用、扣除合同价款调整后如有余额，归建设单位。

(2) 计日工由建设单位和施工企业按施工过程中的签证计价。

(3) 总承包服务费由建设单位在招标控制价中根据总包服务范围和有关计价规定编制，施工企业投标时自主报价，施工过程中按签约合同价执行。

（二） 规费

1. 规费的组成

规费指按国家法律、法规规定，由省级政府和省级有关权力部门规定必须缴纳或计取的费用。包括：

(1) 社会保险费。

① 养老保险费。指企业按照规定标准为职工缴纳的基本养老保险费。

② 失业保险费。指企业按照规定标准为职工缴纳的失业保险费。

③ 医疗保险费。指企业按照规定标准为职工缴纳的基本医疗保险费。

④ 生育保险费。指企业按照规定标准为职工缴纳的生育保险费。

⑤ 工伤保险费。指企业按照规定标准为职工缴纳的工伤保险费。

(2) 住房公积金。指企业按规定标准为职工缴纳的住房公积金。

(3) 工程排污费。指按规定缴纳的施工现场工程排污费。

其他应列而未列入的规费，按实际发生计取。

2. 规费的计算

(1) 社会保险费和住房公积金。社会保险费和住房公积金应以定额人工费为计算基础，根据工程所在地省、自治区、直辖市或行业建设主管部门规定费率计算。

社会保险费和住房公积金＝Σ（工程定额人工费×社会保险费和住房公积金费率）

式中，社会保险费和住房公积金费率可以每万元发承包价的生产工人人工费和管理人员工资含量与工程所在地规定的缴纳标准综合分析取定。

(2) 工程排污费。工程排污费等其他应列而未列入的规费应按工程所在地环境保护等部门规定的标准缴纳，按实计取列入。

（三）税金

税金指国家税法规定的应计入建筑安装工程造价内的营业税、城市维护建设税、教育费附加以及地方教育附加。

税金的计算公式：

$$税金=税前造价\times 综合税率（\%）$$

综合税率：

1. 纳税地点在市区的企业

$$综合税率（\%）=\frac{1}{1-3\%-(3\%\times 7\%)-(3\%\times 3\%)-(3\%\times 2\%)}-1$$

2. 纳税地点在县城、镇的企业

$$综合税率（\%）=\frac{1}{1-3\%-(3\%\times 5\%)-(3\%\times 3\%)-(3\%\times 2\%)}-1$$

3. 纳税地点不在市区、县城、镇的企业

$$综合税率（\%）=\frac{1}{1-3\%-(3\%\times 1\%)-(3\%\times 3\%)-(3\%\times 2\%)}-1$$

4. 实行营业税改增值税的，按纳税地点现行税率计算。

第二节 工程量清单计价的应用

一、工程量清单计价在编制招标文件中的应用

（一）建设工程招标投标活动的一般工作程序

园林工程招标与投标活动的工作程序如图 3-2 所示。

（二）应用工程量清单招标的工作程序

采用工程量清单招标，指由招标单位提供统一招标文件（包括工程量清单），投标单位以此为基础，根据招标文件中的工程量清单和有关要求、施工现场实际情况及拟定的施工组织设计，按企业定额或参照建设行政主管部门发布的现行消耗量定额以及造价管理机构发布的市场价格信息进行投标报价，招标单位择优选定中标人的过程。一般来说，工程量清单招标的程序主要有以下几个环节。

(1) 在招标准备阶段，招标人首先编制或委托有资质的工程造价咨询单位（或招标代理机构）编制招标文件，包括工程量清单。在编制工程量清单时，若该工程属于“全部使用国有资金投资或国有资金投资为主的大中型建设工程”应严格执行《清单计价规范》。

(2) 工程量清单编制完成后，作为招标文件的一部分，发给各投标单位。投标单位在接到招标文件后，可对工程量清单进行简单的复核，如果没有大的错误，即可考虑各种因素进行工程报价；如果投标单位发现工程量清单中工程量与有关图纸的差异较大，可要求招标单位进行澄清，但投标单位不得擅自变动工程量。

(3) 投标报价完成后，投标单位在约定的时间内提交投标文件。

(4) 评标委员会根据招标文件确定的评标标准和方法进行评定标。由于采用了工程量清单计价方法，所有投标单位都站在同一起跑线上，因而竞争更为公平合理。

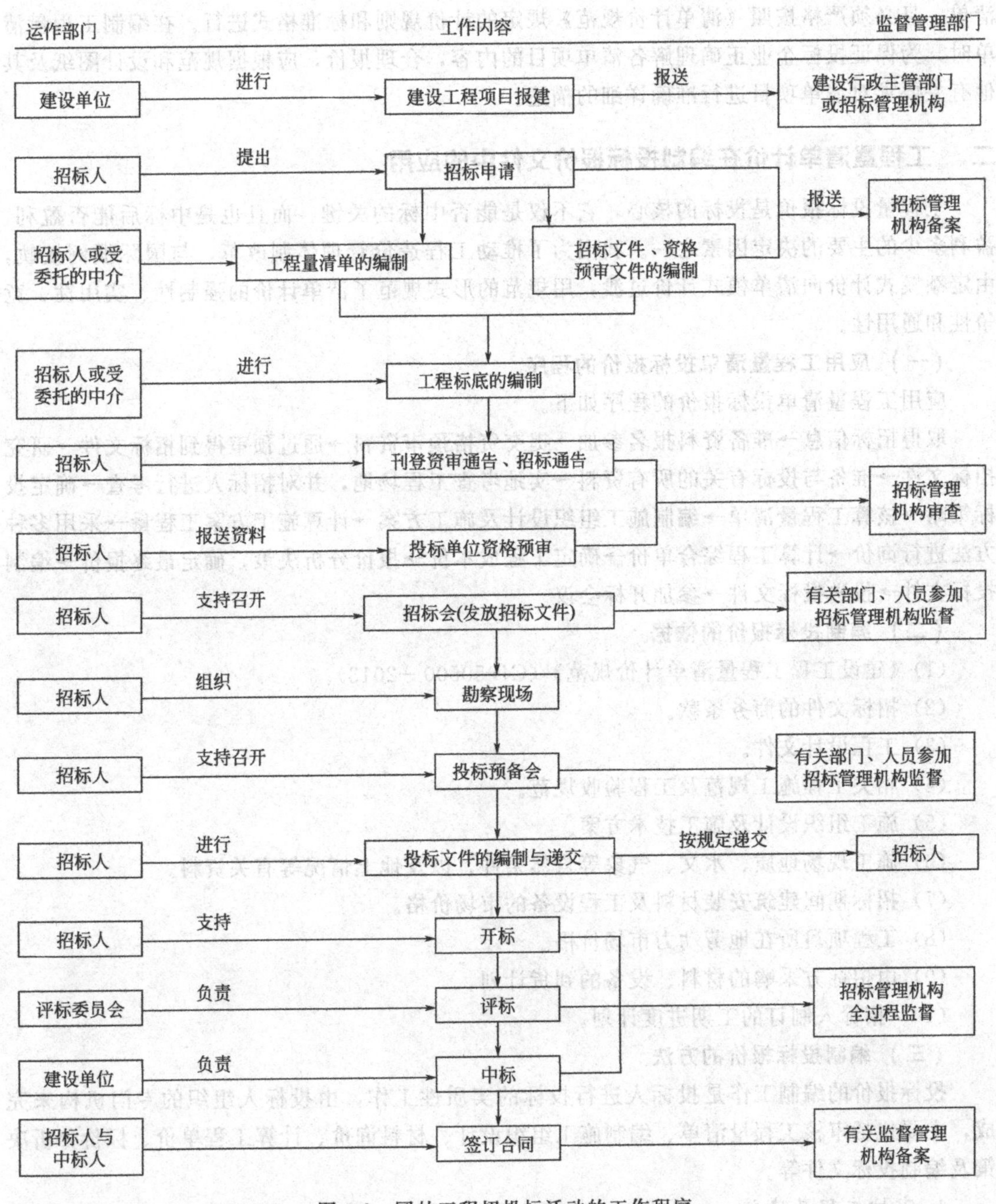

图 3-2 园林工程招投标活动的工作程序

（三）工程量清单的编制

(1) 编制人。按《建设工程清单计价规范》规定：工程量清单应由具有编制招标文件能力的招标人或受其委托具有相应资质的咨询机构编制。其中，有资质的中介机构一般包括招标代理机构和工程造价咨询机构。

(2) 编制依据。应严格按照《建设工程清单计价规范》编制。原建设部令第 16 号《建筑工程施工发包与承包计价管理办法》规定："工程量清单应当依据国家制定的工程量清单计价规范、工程量计算规范等编制。工程量清单应当作为招标文件的组成部分。"

(3) 编制内容。工程量清单的编制，应包括分部工程量清单、措施项目清单、其他项目

清单，且必须严格按照《清单计价规范》规定的计价规则和标准格式进行。在编制工程量清单时，为保证投标企业正确理解各清单项目的内容，合理报价，应根据规范和设计图纸及其他有关要求对清单项目进行准确详细的描述。

二、 工程量清单计价在编制投标报价文件中的应用

工程量投标报价是投标的核心，它不仅是能否中标的关键，而且也是中标后能否盈利，盈利多少的主要的决定因素之一。我国为了推动工程造价管理体制改革，与国际惯例接轨，由定额模式计价向清单模式计价过渡，用规范的形式规范了清单计价的强制性、实用性、竞争性和通用性。

（一） 应用工程量清单投标报价的程序

应用工程量清单投标报价的程序如下。

取得招标信息→准备资料报名参加→提交资格预审资料→通过预审得到招标文件→研究招标文件→准备与投标有关的所有资料→实地考查工程场地，并对招标人进行考查→确定投标策略→核算工程量清单→编制施工组织设计及施工方案→计算施工方案工程量→采用多种方法进行询价→计算工程综合单价→确定工程成本价→报价分析决策，确定最终报价→编制投标文件→投送投标文件→参加开标会议。

（二） 编制投标报价的依据

(1)《建设工程工程量清单计价规范》(GB 50500—2013)。

(2) 招标文件的商务条款。

(3) 工程设计文件。

(4) 相关工程施工规范及工程验收规范。

(5) 施工组织设计及施工技术方案。

(6) 施工现场地质、水文、气象等自然条件，以及地上情况等有关资料。

(7) 招标期间建筑安装材料及工程设备的市场价格。

(8) 工程项目所在地劳动力市场价格。

(9) 由招标方采购的材料、设备的到货计划。

(10) 招标人制订的工期进度计划。

（三） 编制投标报价的方法

投标报价的编制工作是投标人进行投标的实质性工作，由投标人组织的专门机构来完成，主要包括审核工程量清单、编制施工组织设计、材料询价、计算工程单价、标价分析决策及编制投标文件等。

1. 审核工程量清单

一般情况，投标人必须按招标人提供的工程量清单进行组价，并按综合单价的形式进行报价。但投标人在按招标人提供的工程量清单组价时，必须把施工方案及施工工艺造成的工程增量以价格的形式包括在综合单价内。有经验的投标人在计算施工工程量时就对工程量清单工程量进行审核，这样可以知道招标人提供的工程量的准确度，为投标人不平衡报价及结算索赔做好伏笔。

在实行工程量清单模式计价后，建设工程项目分为三部分进行计价：分部分项工程项目计价、措施项目计价及其他项目计价。招标人提供的工程量清单是分部分项工程项目清单中的工程量，但措施项目中的工程量及施工方案工程量招标人不提供，必须由投标人在投标时

按设计文件及施工组织设计、施工方案进行二次计算。由于清单报价最低者占优势，投标人由于没有考虑周全而造成低价中标，一旦亏损责任自负，招标人不予承担。因此这部分用价格的形式分摊到报价内的量必须要认真计算，要全面仔细地考虑。

2. 编制施工组织设计及施工方案

施工组织设计及施工方案是招标人评标时考虑的主要因素之一，也是投标人确定施工工程量的主要依据。该项的内容主要包括：项目概况、项目组织机构、项目保证措施、前期准备方案、施工现场平面布置、总进度计划和分部分项工程进度计划、分部分项工程的施工工艺及施工技术组织措施、主要施工机械配置、劳动力配置、主要材料保证措施、施工质量保证措施、安全文明措施、保证工期措施等。

施工组织设计主要包括施工方法、施工机械设备及劳动力的配置、施工进度、质量保证措施、安全文明措施及工期保证措施等内容，因此施工组织设计不仅关系到工期，而且与工程成本和报价也有密切关系。好的施工组织设计，应能紧紧抓住工程特点，采用先进科学的施工方法，降低工程成本。既要采用先进的施工方法，安排合理的工期，又要充分有效地利用机械设备和劳动力，尽可能减少临时设施和资金的占用。如果同时能向招标人提出合理化建议，在不影响使用功能的前提下为招标人节约工程造价，那么会大大提高投标人的低价的合理性，增加中标的可能性。还要在施工组织设计中进行风险管理规划，以防范风险。

3. 建立完善的询价系统

实行工程量清单计价模式后，投标人自由组价，所有与价格有关的环节全部放开，政府不再进行任何干预。用什么方式询价，具体询什么价，这是投标人面临的主要问题。投标人在日常的工作中必须建立价格体系，积累一部分人工、材料、机械台班的价格。除此之外在编制投标报价时进行多方询价。询价的内容主要包括材料市场价、人工当地的行情价、机械设备的租赁价、分部分项工程的分包价等。

4. 投标报价计算

根据工程量计价规范的要求，实行工程量清单计价必须采用综合单价法计价，并对综合单价包括的范围进行了明确规定。因此造价人员在计价时必须按工程量清单计价规范进行计价。工程计价的方法很多，对于实行工程量清单投标模式的工程计价，较多采用综合单价法计价。

所谓“综合单价法”就是分部分项工程量清单费用及措施项目费用的单价综合了完成单位工程量或完成具体措施项目的人工费、材料费、机械使用费、管理费和利润，并考虑一定的风险因素，而将规费、税金等费用作为投标总价的一部分，单列在其他表中的一种计价方法。

投标报价，按照企业定额或政府消耗量定额标准及预算价格确定人工费、材料费、机械费，并以此为基础确定管理费、利润，并由此计算出分部分项的综合单价。根据现场因素及工程量清单规定措施项目费以实物量或以分部分项工程费为基数按费率的方法确定。其他项目费按工程量清单规定的人工、材料、机械台班的预算价为依据确定。规费按政府的有关规定执行。税金按税法的规定执行。分部分项工程费、措施项目费、其他项目费、规费、税金等合计汇总得到初步的投标报价。根据分析、判断、调整得到最终的投标报价。

（四）编制工程量清单投标报价时应注意的问题

（1）在推行工程量清单计价的初期，各施工单位应了解《建设工程清单计价规范》的各项规定，明确各清单项目所包含的工作内容和要求、各项费用的组成等，投标时仔细研究把自身的管理优势、技术优势、资源优势等落实到实际的清单项目报价中。

(2) 注意建立企业内部定额，提高自主报价能力。企业定额指根据本企业施工技术和管理水平以及有关工程造价资料制订的，供本企业使用的人工、材料和机械台班的消耗量标准。通过制订企业定额，施工企业可以清楚地计算出完成项目所需耗费的成本与工期，从而可以在投标报价时做到心中有数，避免盲目报价导致亏损。

(3) 在投标报价书中，投标企业应仔细填写每一单项的单价和合价，做到报价时不漏项、不缺项，因为没有填写单价和合价的项目将不予支付。

(4) 若需编制技术标及相应报价，应避免技术标报价与商务标报价出现重复，尤其是应注意区分技术标中已经包括的措施项目，投标时应注意区分。

(5) 掌握一定的投标报价策略和技巧，根据各种具体情况灵活机动地调整报价，提高企业的市场竞争力。

（五）投标报价的分析与决策

投标决策从投标的全过程分为项目分析决策、投标报价策略及投标报价分析决策。

1. 项目分析决策

投标人要决定是否参加某项目工程的投标，首先要考虑当前经营状况和长远经营目标，其次要明确投标的目的，然后分析中标可能性的影响因素。一般情况下，只要接到招标人的投标邀请，承包人都积极响应参加投标。①中标机会要从众多的投标项目中获取；②经常参加投标，可以为企业进行有效的广告宣传；③通过参加投标，可积累经验，掌握市场行情，收集信息，了解竞争对手的情况；④如果投标人不接受招标人的投标邀请，可能会破坏自身的信誉，从而失去以后收到投标邀请的机会。

2. 投标报价策略

投标时，既要考虑自身的优势和劣势，也要考虑竞争的激烈程度，还要分析投标项目的整体特点，按照工程的类别、施工条件等确定报价策略。

(1) 生存型报价策略。如投标报价以克服生存危机为目标而争取中标时，可以不考虑其他因素。生存危机首先表现在由于经济原因，投标项目减少；其次，政府调整基建投资方向，使某些投标人擅长的工程项目减少，这种危机常常影响到营业范围单一的专业工程投标人；第三，如果投标人经营管理不善，会存在投标邀请越来越少的危机，这时投标人应以生存为重，采取不盈利甚至赔本也要夺标的态度，保证暂时维持生存渡过难关，以待东山再起。

(2) 竞争型报价策略。投标报价以竞争为手段，以开拓市场为目标，在精确计算成本的基础上，认真估计各竞争对手的报价目标，用有竞争力的报价达到中标的目的。投标人处在以下几种情况下，应采取竞争型报价策略：经营状况不景气，近期接受到的投标邀请较少；竞争对手有威胁性；试图打入新的地区；开拓新的工程施工类型；投标项目风险小、施工工艺简单、工程量大、社会效益好的项目，附近有本企业其他正在施工的项目。

(3) 盈利型报价策略。这种策略是投标报价充分发挥自身优势，以实现最高盈利为目标。包括下面几种情况：投标人在该地区已经打开局面、施工能力饱和、信誉度高、竞争对手少、具有技术优势并对招标人有较强的名牌效应、投标人目标主要是扩大影响，或者施工条件差、难度高、资金支付条件不好、工程质量等要求苛刻，为联合伙伴陪标的项目等。

3. 投标报价分析决策

初步报价提出后，应当对这个报价进行多方面分析。目的是探讨这个报价的合理性、竞争性、盈利及风险的可能性，从而做出最终报价的决策。分析的方法可以从静态分析和动态分析两方面进行。

(1) 静态分析。先假定初步报价是合理的，分析报价的各项组成及其合理性。分析步骤如下：

① 分析组价计算书中的汇总数字，并计算其比例指标。

② 从宏观方面进行报价结构的合理性分析。例如分析总的人工费、材料费、机械台班费的合计数与总管理费用比例关系，人工费与材料费的比例关系等，据此判断报价构成的合理性。

③ 分析工期与报价的关系。根据进度计划与报价，计算出月产值、年产值。如果从投标人的实践经验角度判断这一指标过高或者过低，就应当考虑工期的合理性。

④ 分析单位面积价格和用工量、用料量的合理性。参照同类工程的经验，如果本工程与同类工程有某些不可比因素，可以扣除不可比因素后进行分析比较。还可以收集当地类似工程的资料，排除不可比因素后进行分析比较，并探索本报价的合理性。

⑤ 对明显不合理的报价构成部分进行微观方面的分析检查。重点是从提高工效、改变施工方案、调整工期、压低供货人和分包人的价格、节约管理费用等方面提出可行措施，并修正初步报价，计算出另一个低报价方案。根据定量分析方法可以测算出基础最优报价。

⑥ 将原初步报价方案、低报价方案、基础最优报价方案整理成对比分析资料，提交内部的报价决策人或决策小组研讨。

(2) 动态分析。通过假定某些因素的变化，测算报价的变化幅度，特别是这些变化对报价的影响。对工程中风险较大的工作内容，采用扩大单价、增加风险费用的方法来减少风险。可能导致工期延误的风险包括：管理不善、材料设备交货延误、质量返工、监理工程师的刁难、其他投标人的干扰等等。由于这些原因造成的工期延误，不但不能索赔，还可能遭到罚款。由于工期延长可能使占用的流动资金及利息增加，管理费相应增大，工资开支也增多，机械设备使用费用增大。这种增加的开支部分只能用减小利润来弥补，因此，通过多次测算可以得知工期拖延多久利润将全部消耗。

（六）投标报价的技巧

投标技巧指在投标报价中采用的投标手段让招标人可以接受，中标后能获得更多的利润的巧妙手法。投标时，投标人既要在先进合理的技术方案和较低的投标价格上下工夫，还要采取一些其他手段辅助中标，包括以下几种。

1. 不平衡报价法

一个工程项目的投标报价，在总价基本确定后，调整内部各个项目的报价，以期达到既不提高总价，不影响中标，又能在结算时获得更理想的经济效益即不平衡报价法。常见的不平衡报价法见表 3-30。

表 3-30　常见的不平衡报价

序号	信息类型	变动趋势	不平衡结果
1	资金收入的时间	早	单价高
		晚	单价低
2	清单工程量不准确	增加	单价高
		减少	单价低

续表

序号	信息类型	变动趋势	不平衡结果
3	报价图纸不明确	增加工程量	单价高
		减少工程量	单价低
4	暂定工程	自己承包的可能性高	单价高
		自己承包的可能性低	单价低
5	单价和包干混合制项目	固定价格项目	单价高
		单价项目	单价低
6	单价组成分析表	人工费和机械费	单价高
		材料费	单价低
7	议标时招标人要求压低单价	工程量大的项目	单价小幅度降低
		工程量小的项目	单价较大幅度降低
8	工程量不明确报单价的项目	没有工程量	单价高
		有假定的工程量	单价适中

2. 多方案报价法

有时招标文件中规定，可以提一个建议方案。有些招标文件工程范围不很明确，条款不清楚或不公正，技术规范要求过于严格时，则要在全面估计风险的基础上，按多方案报价法处理。即按原招标文件报一个价，然后再提出如果某条款有一些变动，报价可降低的额度，这样可以降低总造价，吸引招标人。

投标人应认真研究原招标方案，提出更合理的方案以吸引招标人，这种新的建议可以降低总造价或提前竣工；但要对原招标方案也要报价，以供招标人比较。这样才能增加自己方案中标的可能性。提出建议方案时，不要将方案写得太具体，保留方案的技术关键，以防招标人将此方案透漏给其他投标人。同时要注意的是，因为投标时间往往很短，如果仅为中标而匆忙提出一些没有成熟的建议方案，可能引起很多不良后果，所以建议方案一定要比较成熟。

3. 突然降价法

突然降价法先按一般情况报价或表现出自己对该工程兴趣不大，到快要投标截止时，突然降价。

报价虽然是一件保密工作，但对手往往会通过各种渠道来刺探情报，因此用此法可以在报价时迷惑竞争对手。采用这种方法时，注意要在准备投标报价的过程中考虑好降价的幅度，在临近投标截止日期前，根据情况信息与分析判断，做出最后降价决策。采用此法往往降低的是总价，而要把降低的部分分摊到各清单项内，可采用不平衡报价进行，以期取得更高的效益。

4. 先予后盈法

对于分期建设的大型工程，在第一期工程投标时，可以将部分间接费分摊到第二期工程中去，并减少利润以争取中标。这样在第二期工程投标时，根据第一期工程的经验，临时设施以及第一期创立的信誉，比较容易拿到第二期工程。如第二期工程遥遥无期，则不可以采用此法。

5. 开标升级法

在投标报价时，从报价中减掉工程中某些造价高的特殊工作内容，使报价成为低于竞争对手的低价，以此来吸引招标人，从而取得与招标人进一步商谈的机会，在商谈过程中逐步提高价格。当招标人明白过来当初的“低价”实际上是个钓饵时，往往在时间上丧失了与其他投标人谈判的机会。利用这种方法时，要注意在最初的报价中说明某项工作的缺项，否则可能真的以“低价”中标。

6. 许诺优惠条件

投标报价附带优惠条件是行之有道的一种手段。招标人评标时，除了重点考虑报价和技术方案外，还要考虑如工期、支付条件等其他条件。因此在投标时提出提前竣工、低息贷款、赠给施工设备、免费转让新技术或某种技术专利、免费技术协作、代为培训人员等，都是吸引招标人、有助中标的辅助手段。

7. 争取评标奖励

有时招标文件规定，对某些技术指标的评标，若投标人提供的指标优于规定指标值时，给予适当的评标奖励。因此，投标人应该使招标人比较注重的指标适当地优于规定标准，由此获得适当的评标奖励，有利于在竞争中取胜。但要注意技术性能优于招标规定，会导致报价相应上涨，如果投标报价过高，即使获得评标奖励，也难以与报价上涨的部分相抵，这样评标奖励也就失去了意义。

三、 工程量清单计价在工程招标活动中的应用

在工程招标活动中，保证招投标工作成功的重要环节是开标、评标与定标，这也是最终确定最合适的承包商的关键，是顺利进入工程实施阶段的保证。

（一） 开标

开标就指招标人将所有投标人的投标文件启封揭晓。开标应在招标文件确定的提交截止时间的同一时间和招标文件（投标通告）确定的地点公开进行。开标时，应依次当众宣读投标人名称、投标价格、有无撤标情况以及招标单位认为合适的其他内容。投标单位法定代表人或授权代表未参加开标会议的视为自动弃权。

投标文件有下列情形之一者，视为无效，招标人不予受理。

① 投标文件未按规定的标志密封。

② 未经法定代表人签署或未加盖投标单位公章或未加盖法定代表人印鉴。

③ 未按规定的格式填写，内容不全或字迹模糊、辨认不清。

④ 投标截止时间以后送达的投标文件。

（二）评标

评标指由招标人依法组建的评标委员会负责选择中标人的活动。

1. 评标机构组成

由招标人依法组建的评标委员会负责进行评标。评标委员会由招标人的代表和有关技术、经济等方面的专家组成，人数为5人以上的单数，技术、经济等方面的专家不得少于成员总数的2/3。评标委员会的专家成员应当从事相关领域工作满8年且具有高级职称或具有同等专业水平，由招标人从政府建设行政主管部门及其他有关政府部门提供的专家名册或者招标代理机构的专家库内相关专家名单中确定，评标委员会成员的名单应当保密，与投标人有利害关系者应更换。

2. 评标的特点

评标是招标人和评标委员会的独立活动，具有保密性和独立性。评标应避免各种干扰，

在封闭状态下进行。

3. 投标文件的澄清和说明

评标委员会可以书面形式要求投标人对投标文件中含义不明、表述不一或有明显文字或计算错误的内容作必要的澄清、说明和修正。投标人的答复应采取书面形式，并经法定代表人或授权代表人签字，作为投标文件的组成部分。

投标人的澄清或说明，有下列行为之一者属于违规行为：

(1) 超出投标文件的范围。如投标文件中没有规定的内容，澄清时加以补充；投标文件中提出的某些承诺条件与解释不一致等。

(2) 改变或谋求或提议改变投标文件中的实质性内容。如改变投标文件中的报价、技术规格、主要合同条款等旨在增强竞争力的条款。

(3) 采用“询标”的方式要求投标单位进行澄清和解释。投标人提交的经济分析报告将作为评标委员会进行评标的参考。

4. 评标的原则

必须遵循客观、公正、公平的原则，必须按照招标文件确定的评标标准、步骤和方法进行，不可采用招标文件中未列明的或已改变的评标标准和方法。设有标底的，应当参考标底。具体应遵循以下原则：

(1) 竞争优选。

(2) 公正、公平、科学合理，反对不正当竞争。

(3) 价格合理、保证质量与工期。

(4) 规范性和灵活性相结合。

(5)《招标投标法》规定，中标人的投标应当符合下列条件之一。

① 能够最大限度地满足招标文件中规定的各项综合评价标准；

② 能够满足招标文件的实质性要求，并经评审的投标价格最低，但是投标价格低于成本的除外。

5. 评标的一般程序

(1) 初步评审。包括对投标文件的符合性评审、技术性评审和商务性评审。

① 符合性评审。包括商务符合性评审和技术符合性鉴定。投标文件应实质性响应招标文件的所有条款、条件，无显著差异和保留。显著差异和保留包括以下情况：对工程的范围、质量以及使用性能产生实质性影响；对合同中规定的招标单位的权利及投标单位的责任造成实质性限制；而且纠正这种差异或保留，将会对其他实质性响应的投标单位的竞争地位产生不公正的影响。

② 技术性评审。包括方案可行性评审和关键工序评审：劳务、材料、机械设备、质量控制措施评估以及对施工现场周围环境污染的保护措施的评估等。

③ 商务性评审。商务性评审包括投标报价校核；审查全部报价数据计算的准确性，分析报价构成的合理性等。

初步评审中，评标委员会应当根据招标文件，审查并逐项列出投标文件的全部投资偏差。投标偏差分为重大偏差和细微偏差。出现重大偏差的招标文件视为未能实质性响应，按废标处理；细微偏差指实质上响应招标文件，但在个别地方存在漏项或者提供了不完整的技术信息和资料等情况，且补正这些遗漏或不完整不会对其他投标人造成不公正的结果。细微偏差不影响投标文件的有效性。

(2) 详细评审。经过初步评审合格的投标文件，评标委员会应当根据招标文件确定的评标标准和方法，对其技术部分和商务部分作进一步评审比较。

6. 评审方法

评审方法一般包括经评审的最低投标价法、综合评估法和法律法规允许的其他评标方法。

(1) 综合评估法。指对投标文件提出的工程质量、施工工期、投标价格、施工组织设计或者施工方案，投标人及项目经理业绩等，能够充分满足招标文件中规定的各项综合评价标准进行评审和比较。

(2) 经评审的最低投标报价法。即能够满足招标文件的各项要求，投标价格最低的投标即可中选投标。需要强调的是，投标价不得低于成本。这里的成本，是招标人自己的个别成本。投标人以低于社会平均成本但不低于其个别成本的价格投标，则应该受到保护和鼓励。此方法一般适用于具有通用技术、性能标准或者招标人对其技术、性能没有特殊要求的招标项目。

7. 否决所有投标

评标委员会经评审，认为所有投标都不符合招标文件要求，可以否决所有投标。这种情况下，首先要分析所有投标都不符的原因，往往是招标文件的要求过高或不符合实际而造成的。这时，一般需要修改招标文件后按《招标投标法》再进行重新招标。

(三) 中标

经过评标确定中标人后，招标人应当向中标人发出中标通知书，同时将结果通知所有未中标的投标人。中标通知书发出后，招标人改变中标结果的，或中标人放弃中标项目的，都应当依法承担法律责任。招标人和中标人应当自中标通知书发出之日起30日内，按照招标文件和中标人的投标文件订立书面合同。招标人和中标人不得再行订立背离合同实质性内容的其他协议。中标人不得向他人转让中标项目，也不得将中标项目肢解后分别向他人转让。中标人按照合同约定或者经招标人同意，可以将中标项目的部分非主体、非关键性工程分包给他人完成。接受分包的人应当具备相应的资格，并不得再次分包。中标人应当就分包项目向招标人负责，接受分包的人就分包项目承担连带责任。

依法必须进行招标的项目，招标人应当自确定中标人之日起15日内，向有关行政监督部门提交招标投标情况的书面报告。

第四章 园林工程工程量计算规则和方法

第一节 建筑面积

一、建筑面积组成

(1) 建筑面积指建筑物各层面积的总和。建筑面积包括使用面积、辅助面积和结构面积。

(2) 使用面积指建筑物各层平面布置中可直接为生产或生活使用的净面积的总和，在民用建筑中居室净面积称为居住面积。

(3) 辅助面积指建筑物各层平面布置中为辅助生产或生活所占的净面积的总和。使用面积与辅助面积的总和称为“有效面积”。

(4) 结构面积指建筑的各层平面布置中的墙体、柱等结构所占面积的总和。

二、建筑面积作用

(1) 建筑面积是一项重要的技术经济指标。在国民经济一定时期内，完成建筑面积的多少，也标志着一个国家的工农业生产发展状况、人民生活居住条件的改善和文化生活福利设施发展的程度。

(2) 建筑面积是计算结构工程量或用于确定某些费用指标的基础。如计算出建筑面积之后，利用这个基数，就可以计算地面抹灰、室内填土、地面垫层、平整场地、脚手架工程等项目的预算价值。为了简化预算的编制和某些费用的计算，有些取费指标的取定，如中小型机械费、生产工具使用费、检验试验费、成品保护增加费等也是以建筑面积为基数确定的。

(3) 建筑面积作为结构工程量的计算基础，不仅重要，而且也是一项需要认真对待和细心计算的工作，任何粗心大意都会造成计算上的错误，不但会造成结构工程量计算上的偏差，也会直接影响概预算造价的准确性，造成人力、物力和国家建设资金的浪费及大量建筑材料的积压。

（4）建筑面积与使用面积、辅助面积、结构面积之间存在着一定的比例关系。设计人员在进行建筑或结构设计时，都应在计算建筑面积的基础上再分别计算出结构面积、有效面积及诸如平面系数、土地利用系数等技术经济指标。有了建筑面积，才有可能计算单位建筑面积的技术经济指标。

（5）建筑面积的计算对于建筑施工企业实行内部经济承包责任制、投标报价、编制施工组织设计、配备施工力量、成本核算及物资供应等，都具有重要的意义。

三、建筑面积计算方法

可依据《建筑工程建筑面积计算规范》（GB/T 50353—2013）进行计算。

（一）术语

（1）建筑面积。建筑物（包括墙体）所形成的楼地面面积。建筑面积包括附属于建筑物的室外阳台、雨篷、檐廊、室外走廊、室外楼梯等。

（2）自然层。按楼地面结构分层的楼层。

（3）结构层高。楼面或地面结构层上表面至上部结构层上表面之间的垂直距离。

（4）围护结构。围合建筑空间的墙体、门、窗。

（5）建筑空间。以建筑界面限定的、供人们生活和活动的场所。具备可出入、可利用条件（设计中可能标明了使用用途，也可能没有标明使用用途或使用用途不明确）的围合空间，均属于建筑空间。

（6）结构净高。楼面或地面结构层上表面至上部结构层下表面之间的垂直距离。

（7）围护设施。为保障安全而设置的栏杆、栏板等围挡。

（8）地下室。室内地平面低于室外地平面的高度超过室内净高的 1/2 的房间。

（9）半地下室。室内地平面低于室外地平面的高度超过室内净高的 1/3，且不超过 1/2 的房间。

（10）架空层。仅有结构支撑而无外围护结构的开敞空间层。

（11）走廊。建筑物中的水平交通空间。

（12）架空走廊。专门设置在建筑物的二层或二层以上，作为不同建筑物之间水平交通的空间。

（13）结构层。整体结构体系中承重的楼板层，特指整体结构体系中承重的楼层，包括板、梁等构件。结构层承受整个楼层的全部荷载，并对楼层的隔声、防火等起主要作用。

（14）落地橱窗。突出外墙面且根基落地的橱窗。落地橱窗指在商业建筑临街面设置的下槛落地、可落在室外地坪也可落在室内首层地板，用来展览各种样品的玻璃窗。

（15）凸窗（飘窗）。凸出建筑物外墙面的窗户。凸窗（飘窗）既作为窗，就有别于楼（地）板的延伸，也就是不能把楼（地）板延伸出去的窗称为凸窗（飘窗）。凸窗（飘窗）的窗台应只是墙面的一部分且距（楼）地面应有一定的高度。

（16）檐廊。建筑物挑檐下的水平交通空间。檐廊是附属于建筑物底层外墙，有屋檐作为顶盖，其下部一般有柱或栏杆、栏板等的水平交通空间。

（17）挑廊。挑出建筑物外墙的水平交通空间。

（18）门斗。建筑物入口处两道门之间的空间。

（19）雨篷。建筑出入口上方为遮挡雨水而设置的部件。雨篷指建筑物出入口上方、凸出墙面、为遮挡雨水而单独设立的建筑部件。雨篷划分为有柱雨篷（包括独立柱雨篷、多柱

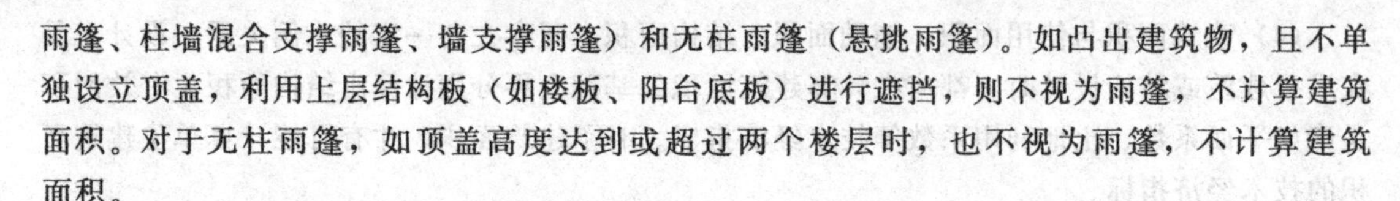

雨篷、柱墙混合支撑雨篷、墙支撑雨篷）和无柱雨篷（悬挑雨篷）。如凸出建筑物，且不单独设立顶盖，利用上层结构板（如楼板、阳台底板）进行遮挡，则不视为雨篷，不计算建筑面积。对于无柱雨篷，如顶盖高度达到或超过两个楼层时，也不视为雨篷，不计算建筑面积。

(20) 门廊。建筑物入口前有顶棚的半围合空间。门廊是在建筑物出入口，无门、三面或二面有墙，上部有板（或借用上部楼板）围护的部位。

(21) 楼梯。由连续行走的梯级、休息平台和维护安全的栏杆（或栏板）、扶手以及相应的支托结构组成的作为楼层之间垂直交通使用的建筑部件。

(22) 阳台。附设于建筑物外墙，设有栏杆或栏板，可供人活动的室外空间。

(23) 主体结构。接受、承担和传递建设工程所有上部荷载，维持上部结构整体性、稳定性和安全性的有机联系的构造。

(24) 变形缝。防止建筑物在某些因素作用下引起开裂甚至破坏而预留的构造缝。变形缝指在建筑物因温差、不均匀沉降以及地震而可能引起结构破坏变形的敏感部位或其他必要的部位，预先设缝将建筑物断开，令断开后建筑物的各部分成为独立的单元，或者是划分为简单、规则的段，并令各段之间的缝达到一定的宽度，以能够适应变形的需要。根据外界破坏因素的不同，变形缝一般分为伸缩缝、沉降缝、抗震缝三种。

(25) 骑楼。建筑底层沿街面后退且留出公共人行空间的建筑物。骑楼指沿街二层以上用承重柱支撑骑跨在公共人行空间之上，其底层沿街面后退的建筑物。

(26) 过街楼。跨越道路上空并与两边建筑相连接的建筑物。过街楼指当有道路在建筑群穿过时为保证建筑物之间的功能联系，设置跨越道路上空使两边建筑相连接的建筑物。

(27) 建筑物通道。为穿过建筑物而设置的空间。

(28) 露台。设置在屋面、首层地面或雨篷上的供人室外活动的有围护设施的平台。露台应满足 4 个条件：①位置，设置在屋面、地面或雨篷顶；②可出入；③有围护设施；④无盖，这 4 个条件须同时满足。如果设置在首层并有围护设施的平台，且其上层为同体量阳台，则该平台应视为阳台，按阳台的规则计算建筑面积。

(29) 勒脚。在房屋外墙接近地面部位设置的饰面保护构造。

(30) 台阶。联系室内外地坪或同楼层不同标高而设置的阶梯形踏步。台阶指建筑物出入口不同标高地面或同楼层不同标高处设置的供人行走的阶梯式连接构件。室外台阶还包括与建筑物出入口连接处的平台。

（二）建筑面积计算的规定

1. 需要计算建筑面积的项目

(1) 单层建筑物的建筑面积，应按其外墙勒脚以上结构外围水平面积计算，并应符合下列规定。

① 单层建筑物高度在 2.20m 及以上者应计算全面积；高度不足 2.20m 者应计算 1/2 面积。

② 利用坡屋顶内空间时，结构净高在 2.10m 及以上的部位应计算全面积；结构净高在 1.20m 及以上至 2.10m 以下的部位应计算 1/2 面积；结构净高在 1.20m 以下的部位不应计算建筑面积。

建筑面积的计算是以勒脚以上外墙结构外边线计算的，勒脚是墙根部很矮的一部分墙体加厚，不能代表整个外墙结构，因此要扣除勒脚墙体加厚的部分。

(2) 单层建筑物内设有局部楼层时（图 4-1），对于局部楼层的二层及以上楼层，有围护结构的应按其围护结构外围水平面积计算，无围护结构的应按其结构底板水平面积计算，且结构层高在 2.20m 及以上的，应计算全面积，结构层高在 2.20m 以下的，应计算 1/2 面积。

单层建筑物应按不同的高度确定其面积的计算。其高度指室内地面标高至屋面板板面结构标高之间的垂直距离。遇有以屋面板找坡的平屋顶单层建筑物，其高度指室内地面标高至屋面板最低处板面结构标高之间的垂直距离。

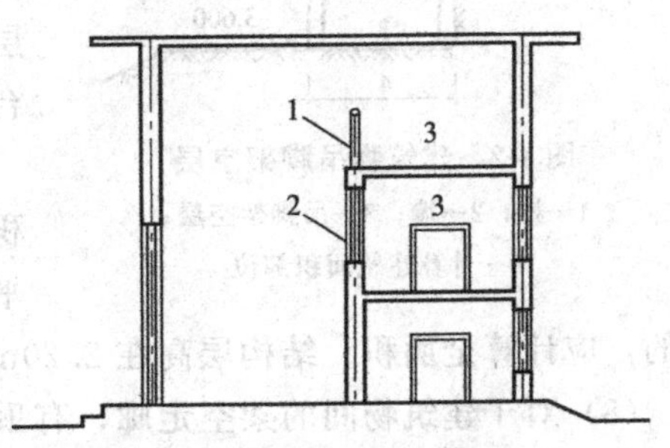

图 4-1 建筑物内的局部楼层
1—维护设施；2—维护机构；3—局部楼层

坡屋顶内空间建筑面积计算，可参照《住宅设计规范》的有关规定，将坡屋顶的建筑按不同净高确定其面积的计算。净高指楼面或地面至上部楼板底面或吊顶底面之间的垂直距离。

(3) 多层建筑物首层应按其外墙勒脚以上结构外围水平面积计算；二层及以上楼层应按其外墙结构外围水平面积计算。层高在 2.20m 及以上者应计算全面积；层高不足 2.20m 者应计算 1/2 面积。

多层建筑物的建筑面积应按不同的层高分别计算。层高指上下两层楼面结构标高之间的垂直距离。建筑物最底层的层高，有基础底板的指基础底板上表面结构标高至上层楼面的结构标高之间的垂直距离；没有基础底板的指地面标高至上层楼面结构标高之间的垂直距离。最上一层的层高指楼面结构标高至屋面板板面结构标高之间的垂直距离，遇有以屋面板找坡的屋面，层高指楼面结构标高至屋面板最低处板面结构标高之间的垂直距离。

(4) 多层建筑坡屋顶内和场馆看台下，结构净高在 2.10m 及以上的部位应计算全面积；结构净高在 1.20m 及以上至 2.10m 以下的部位应计算 1/2 面积；结构净高在 1.20m 以下的部位不应计算建筑面积。室内单独设置的有围护设施的悬挑看台，应按看台结构底板水平投影面积计算建筑面积。有顶盖无围护结构的场馆看台应按其顶盖水平投影面积的 1/2 计算面积。

场馆看台下的建筑空间因其上部结构多为斜板，所以采用净高的尺寸划定建筑面积的计算范围和对应规则。室内单独设置的有围护设施的悬挑看台，因其看台上部设有顶盖且可供人使用，所以按看台板的结构底板水平投影计算建筑面积。

“有顶盖无围护结构的场馆看台”中所称的“场馆”为专业术语，指各种“场”类建筑，如体育场、足球场、网球场、带看台的风雨操场等。

(5) 地下室、半地下室（车间、商店、车站、车库、仓库等），包括相应的有永久性顶盖的出入口，应按其外墙上口（不包括采光井、外墙防潮层及其保护墙）外边线所围水平面积计算。结构层高在 2.20m 及以上的，应计算全面积；结构层高在 2.20m 以下的，应计算 1/2 面积。

地下室、半地下室应以其外墙上口外边线所围水平面积计算。原计算规则规定按地下室、半地下室上口外墙外围水平面积计算，文字上不甚严密，“上口外墙”容易理解为地下室、半地下室的上一层建筑的外墙。上一层建筑外墙与地下室墙的中心线不一定完全重叠，多数情况是凸出或凹进地下室外墙中心线的。

(6) 坡地的建筑物吊脚架空层（图 4-2）、深基础架空层，设计加以利用并有围护结构

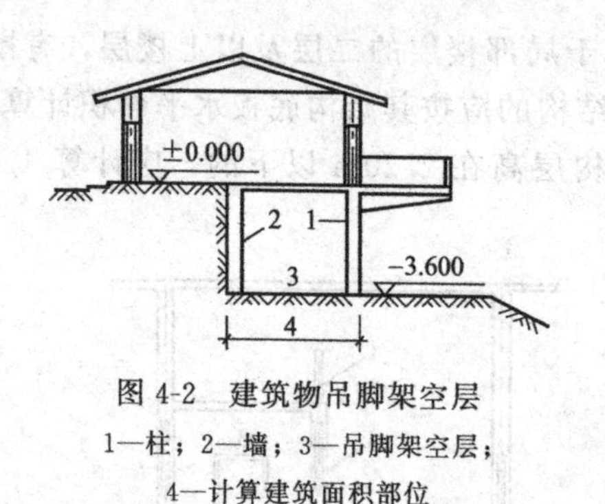

图 4-2 建筑物吊脚架空层
1—柱；2—墙；3—吊脚架空层；
4—计算建筑面积部位

的，层高在 2.20m 及以上的部位应计算全面积；层高不足 2.20m 的部位应计算 1/2 面积。设计加以利用、无围护结构的建筑吊脚架空层，应按其利用部位水平面积的 1/2 计算；设计不利用的深基础架空层、坡地吊脚架空层、多层建筑坡屋顶内、场馆看台下的空间不应计算面积。

(7) 建筑物的门厅、大厅应按一层计算建筑面积，门厅、大厅内设置的走廊应按走廊结构底板水平投影面积计算建筑面积。结构层高在 2.20m 及以上的，应计算全面积；结构层高在 2.20m 以下的，应计算 1/2 面积。

(8) 对于建筑物间的架空走廊，有顶盖和围护设施的，应按其围护结构外围水平投影面积计算全面积；无围护结构、有围护设施的，应按其结构底板水平投影面积计算 1/2 面积。

(9) 对于立体书库、立体仓库、立体车库，有围护结构的，应按其围护结构外围水平面积计算建筑面积；无围护结构、有围护设施的，应按其结构底板水平投影面积计算建筑面积。无结构层的应按一层计算，有结构层的应按其结构层面积分别计算。结构层高在 2.20m 及以上的，应计算全面积；结构层高在 2.20m 以下的，应计算 1/2 面积。

(10) 有围护结构的舞台灯光控制室，应按其围护结构外围水平面积计算。结构层高在 2.20m 及以上的，应计算全面积；结构层高在 2.20m 以下的，应计算 1/2 面积。

(11) 有围护设施的室外走廊（挑廊），应按其结构底板水平投影面积计算 1/2 面积；有围护设施（或柱）的檐廊，应按其围护设施（或柱）外围水平投影面积计算 1/2 面积。

(12) 门斗应按其围护结构外围水平投影面积计算建筑面积，且结构层高在 2.20m 及以上的，应计算全面积；结构层高在 2.20m 以下的，应计算 1/2 面积。

(13) 门廊应按其顶板的水平投影面积的 1/2 计算建筑面积；有柱雨篷应按其结构板水平投影面积的 1/2 计算建筑面积；无柱雨篷的结构外边线至外墙结构外边线的宽度在 2.10m 及以上的，应按雨篷结构板的水平投影面积的 1/2 计算建筑面积。

雨篷分为有柱雨篷和无柱雨棚。有柱雨篷，没有出挑宽度的限制，也不受跨越层数的限制，均计算建筑面积。无柱雨棚，其结构板不能跨层，并受出挑宽度的限制，设计出挑宽度大于或等于 2.10m 时才计算建筑面积。出挑宽度，系指雨篷结构外边线至外墙结构外边线的宽度，弧形或异形时，取最大宽度。

(14) 设在建筑物顶部的、有围护结构的楼梯间、水箱间、电梯机房等，结构层高在 2.20m 及以上的应计算全面积；结构层高在 2.20m 以下的，应计算 1/2 面积。

如遇建筑物屋顶的楼梯间是坡屋顶，应按坡屋顶的相关规定计算面积。

(15) 围护结构不垂直于水平面的楼层，应按其底板面的外墙外围水平面积计算。结构净高在 2.10m 及以上的部位，应计算全面积；结构净高在 1.20m 及以上至 2.10m 以下的部位，应计算 1/2 面积；结构净高在 1.20m 以下的部位，不应计算建筑面积。

(16) 建筑物的室内楼梯、电梯井、提物井、管道井、通风排气竖井、烟道，应并入建筑物的自然层计算建筑面积。有顶盖的采光井应按一层计算面积，且结构净高在 2.10m 及以上的，应计算全面积；结构净高在 2.10m 以下的，应计算 1/2 面积。

建筑物的楼梯间层数按建筑物的层数计算，有顶盖的采光井包括建筑物中的采光井和地下室采光井。

(17) 室外楼梯应并入所依附建筑物自然层，并应按其水平投影面积的 1/2 计算建筑面积。

室外楼梯作为连接该建筑物层与层之间交通不可缺少的基本部件，无论从其功能还是工程计价的要求来说，均需计算建筑面积。层数为室外楼梯所依附的楼层数，即梯段部分投影到建筑物范围的层数，利用室外楼梯下部的建筑空间不得重复计算建筑面积；利用地势砌筑的为室外踏步，不计算建筑面积。

(18) 在主体结构内的阳台，应按其结构外围水平面积计算全面积；在主体结构外的阳台，应按其结构底板水平投影面积计算 1/2 面积。

建筑物的阳台，不论其形式如何，均以建筑物主体结构为分界分别计算建筑面积。

(19) 有顶盖无围护结构的车棚、货棚、站台、加油站、收费站等，应按其顶盖水平投影面积的 1/2 计算建筑面积。

(20) 以幕墙作为围护结构的建筑物，应按幕墙外边线计算建筑面积。

(21) 建筑物的外墙外保温层，应按其保温材料的水平截面积计算，并计入自然层建筑面积。

(22) 与室内相通的变形缝，应按其自然层合并在建筑物建筑面积内计算。对于高低联跨的建筑物，当高低跨内部连通时，其变形缝应计算在低跨面积内。

(23) 对于建筑物内的设备层、管道层、避难层等有结构层的楼层，结构层高在 2.20m 及以上的，应计算全面积；结构层高在 2.20m 以下的，应计算 1/2 面积。

2. 不需计算建筑面积的项目

(1) 与建筑物内不相连通的建筑部件。

指的是依附于建筑物外墙外不与户室开门连通，起装饰作用的敞开式挑台（廊）、平台，以及不与阳台相通的空调室外机搁板（箱）等设备平台部件。

(2) 骑楼、过街楼底层的开放公共空间和建筑物通道。

(3) 舞台及后台悬挂幕布和布景的天桥、挑台等。

指的是影剧院的舞台及为舞台服务的可供上人维修、悬挂幕布、布置灯光及布景等搭设的天桥和挑台等构件设施。

(4) 露台、露天游泳池、花架、屋顶的水箱及装饰性结构构件。

(5) 建筑物内的操作平台、上料平台、安装箱和罐体的平台。

建筑物内不构成结构层的操作平台、上料平台（包括工业厂房、搅拌站和料仓等建筑中的设备操作控制平台、上料平台等），其主要作用为室内构筑物或设备服务的独立上人设施，因此不计算建筑面积。

(6) 勒脚、附墙柱垛、台阶、墙面抹灰、装饰面、镶贴块料面层、装饰性幕墙，主体结构外的空调室外机搁板（箱）、构件、配件，挑出宽度在 2.10m 以下的无柱雨篷和顶盖高度达到或超过两个楼层的无柱雨篷。

突出墙外的勒脚、附墙柱垛、台阶、墙面抹灰、装饰面、镶贴块料面层、装饰性幕墙、空调室外机搁板（箱）、飘窗、构件、配件、宽度在 2.10m 及以内的雨篷以及与建筑物内不相连通的装饰性阳台、挑廊等均不属于建筑结构，不应计算建筑面积。

(7) 窗台与室内地面高差在 0.45m 以下且结构净高在 2.10m 以下的凸（飘）窗，窗台与室内地面高差在 0.45m 及以上的凸（飘）窗。

(8) 室外爬梯、室外专用消防钢楼梯。

(9) 无围护结构的观光电梯。

(10) 建筑物以外的地下人防通道，独立的烟囱、烟道、地沟、油（水）罐、气柜、水塔、贮油（水）池、贮仓、栈桥等构筑物。

第二节 土石方工程

一、总说明

(1) 土石方工程包括人工土石方、机械土石方、平整、回填及围堰等内容。

(2) 岩土按普通土、坚土、松石、坚石分类，岩土分类见表4-1，岩石分类见表4-2。

(3) 人工土方定额是按干土（天然含水率）编制的，干湿土的划分是以地质勘查资料的地下常水位为界，以上为干土，以下为湿土。地下常水位以下的挖土，套用挖土方相应定额，人工乘以系数1.10。

(4) 机械土方定额项目是按土的天然含水率编制的。开挖地下常水位以下的土方时，定额的人工、机械乘以系数1.15（采用降水措施后的挖土不再乘该系数）。

表4-1 岩土分类

定额分类	普氏分类	土的特征	工具鉴别方法
普通土	一类土	略有黏性的砂土，腐殖而疏松的种植土，砂和泥炭	用锹和板锄挖掘
	二类土	潮湿黏性土和黄土，软的盐土和碱土、含有碎石、卵石或建筑材料碎屑的堆积土和种植土	用锹、条锄挖掘、用脚蹬，少许用镐
坚土	三类土	中等密实的黏性土和黄土，含有碎石、卵石或建筑材料碎屑的潮湿黏性土和黄土	主要用镐、条锄挖掘，少许用锹
	四类土	坚硬密实的黏性土和黄土，含有碎石、卵石或体积在10%～30%、质量在25kg以下块石等密实的黏性土和黄土、硬化的重盐土	全部用镐、条锄挖掘，少许用撬棍挖掘

表4-2 岩石分类

定额分类	岩石分类	岩石特征
松石	软石	胶结不实的砾石，各种不坚实的岩石，中等坚实的泥灰岩，软质有空隙的节理较多的石灰岩
坚石	普坚石	风化的花岗岩，坚硬的石灰岩、水成岩、砂质胶结的砾岩、坚硬的砂质岩、花岗岩与石英胶结的砂岩
	坚石	高强度的石灰岩，中粒和粗粒的花岗岩，最坚硬的石英岩

(5) 人力车、汽车的重车上坡降效因素，已综合在相应的运输定额中，不另行计算。挖掘机在垫板上作业时，相应定额的人工、机械乘以系数1.25。挖掘机下的垫板、汽车运输道路上需要铺设的材料，发生时，其人工和材料均按实另行计算。

(6) 人工挑抬或人力车运土上坡时，坡度在15%以上至30%以下者，其人工乘以系数1.5，坡度大于30%时，按实际情况另计。

(7) 人力车运土石方，只运土不装土，按基本运距定额乘以系数0.80计算。

(8) 平整场地，系指工程所在现场厚度在30cm以内的就地挖填及平整。

二、 工程量计算规则

(1) 工程量除注明者外，均按图示尺寸以实体积计算。

(2) 挖土方。凡平整场地厚度在 30cm 以上，槽底宽度在 3m 以上和坑底面积在 $20m^2$ 以上的挖土，均按挖土方计算。

(3) 挖土槽。凡槽宽在 3m 以内，槽长为槽宽 3 倍以上的挖土，按挖地槽计算。外墙地槽长度按其中心线长度计算，内墙地槽长度以内墙地槽的净长计算，宽度按图示宽度计算，突出部分挖土量应予增加。

(4) 挖地坑。凡挖土底面积在 $20m^2$ 以内，槽宽在 3m 以内，槽长小于槽宽 3 倍者按挖地坑计算。

(5) 挖土方、地槽、地坑的高度，按室外自然地坪至槽底计算。

(6) 挖管沟槽，按规定尺寸计算，槽宽如无规定者可按表 4-3 计算，沟槽长度不扣除检查井，检查井的突出管道部分的土方也不增加。

表 4-3　管沟底宽度　　单位：m

管径/mm	铸铁管、钢管、石棉水泥管	混凝土管 钢筋混凝土管	缸瓦管	附注
50～75	0.6	0.8	0.7	(1)本表为埋深在 1.5m 以内沟槽底宽度，单位：m。 (2)当深度在 2m 以内，有支撑时，表中数值适当增加 0.1m。 (3)当深度在 3m 以内，有支撑时，表中数值适当增加 0.2m
100～200	0.7	0.9	0.8	
250～350	0.8	1.0	0.9	
400～450	1.0	1.3	1.1	
500～600	1.3	1.5	1.4	

(7) 平整场地系指厚度在±30cm 以内的就地挖、填、找平，其工程量按建筑物的首层建筑面积计算。

(8) 回填土、场地填土，分松填和夯填，以 m^3 计算。挖地槽原土回填的工程量，可按地槽挖土工程量乘以系数 0.6 计算。

① 满堂红挖土方，其设计室外地坪以下部分如采用原土者，此部分不计取原土价值的措施费和各项间接费用。

② 大开槽四周的填土，按回填土定额执行。

③ 地槽、地坑回填土的工程量，可按地槽地坑的挖土工程量乘以系数 0.6 计算。

④ 管道回填土按挖土体积减去垫层和直径大于 500mm（包括 500mm 本身）的管道体积计算，管道直径小于 500mm 的可不扣除其所占体积，管道在 500mm 以上的应减除的管道体积，可按表 4-4 计算。

表 4-4　每米管道应减土方量

管道种类	减土方量/m^3					
	管径/mm					
	500～600	700～800	900～1000	1100～1200	1300～1400	1500～1600
钢管	0.24	0.44	0.71			
铸铁管	0.27	0.49	0.77			
钢筋混凝土管及缸瓦管	0.33	0.60	0.92	1.15	1.35	1.55

⑤ 用挖槽余土作填土时，应套用相应的填土定额，结算时应减除其利用部分的土的价

值，但措施费和各项间接费不予扣除。

⑥ 取弃土或松动土回填时，只计算运输的工程量；取堆积两个月以上的弃土，除计算运输工程量外，还应按普通土计算挖土工程量；取自然土回填时，除计算运输工程量外，还应按岩土分类分别计算挖土工程量。

(9) 平整场地按工程所在地外边线每边各加 2m 以"m^2"计算，围墙的场地平整按围墙中心线两边各加 2m 计算。

(10) 围堰工程量，土围堰按所围周长以"延长米"计算，草袋围堰按围堰体积以"m^3"计算。

三、有关项目说明

(1) 土、石方定额未包括大型土石方机械的进出场、安拆及场外运输费用，实际发生时根据施工组织设计另行计算。

(2) 土、石方定额未包括地下常水位以下的施工降水以及土石方开挖过程中的排水和防护，实际发生时根据施工组织设计另行计算。

(3) 土方体积折算系数。土方体积折算系数见表 4-5。

表 4-5 土方体积折算系数表

天然密实土体积	虚土体积	夯实土体积	松填土体积
1.00	1.30	0.87	1.08
0.77	1.00	0.67	0.83
1.15	1.49	1.00	1.24
0.93	1.20	0.81	1.00

(4) 基础施工所需增加的工作面，按设计规定计算。设计无规定时，可参照表 4-6。

表 4-6 基础施工需增加的工作面

砖基础	单边工作面宽度/m	基础材料	单边工作面宽度/m
砖基础	0.2	基础垂直面防潮层	0.80
毛石基础	0.15	支挡土板	0.10(自防水层面)
混凝土基础	0.30	混凝土垫层	0.10

(5) 机械土石方施工中，机械行驶施工坡道的土石方工程量，应按施工组织设计并入相应工程量内计算。

(6) 机械挖土方，应满足设计要求，其挖土方总量的 95%执行机械土方的相应项目，其余为人工挖土，人工挖土执行相应项目时乘以系数 2。

(7) 平整场地指工程所在现场厚度在 30mm 以内的就地挖、填及平整。若挖填土方厚度超过 30mm 时，挖填土工程量应按相应规定计算，但仍应计算平整场地。

四、大型土、石方工程计算方法

大型土、石方，由于施工面积大，地形起伏变化较大，其中还常常遇到洼地、池塘或沟渠，小型土、石方工程量的计算方法，已完全不能使用。对于此类工程的比较实用的工程量计算方法，通常有：方格网计算法、横截面计算法和边坡计算法。

（一）方格网计算法

(1) 根据需要平整区域的地形（或直接测量地形）划分方格网。方格的大小视地形变化的复杂程度及计算要求的精度不同而不同，一般方格的大小为 20m×20m（也可 10m×10m）。然后按设计（总图或竖向布置图），在方格网上划出方格角点的设计标高（即施工后需达到的高度）和自然标高（原地形高度）。设计标高与自然标高之差即为施工高度，“－”表示挖方，“＋”表示填方。

（2）当方格内相邻两角一边为填方、另一边为挖方时，则应按比例分配计算出两角之间不挖不填的“零”点位置，并标于方格边上，再将各“零”点用直线连起来，就可将场地划分为填、挖方区。

（3）土石方工程量的计算公式可参照表 4-7 进行。遇陡坡等突然变化起伏地段，由于高低悬殊，采用本方法也难准确时，就视具体情况另行计算。

表 4-7 土石方工程量计算公式

序号	图示	计算公式
1		方格内四角全为挖方或填方。 $V=\frac{a^2}{4}(h_1+h_2+h_3+h_4)$
2		三角锥体，当三角锥体全为挖方或填方。 $F=\frac{a^2}{2};V=\frac{a^2}{6}(h_1+h_2+h_3)$
3		方格网内，一对角线为零线，另两角点一为挖方一为填方。 $F_{挖}=F_{填}=\frac{a^2}{2}$ $V_{挖}=\frac{a^2}{6}h_1;V_{填}=\frac{a^2}{6}h_2$
4		方格网内，三角为挖（填）方，一角为填（挖）方。 $b=\frac{ah_4}{h_1+h_4};c=\frac{ah_4}{h_3+h_4}$ $F_{填}=\frac{bc}{2};F_{挖}=a^2-\frac{bc}{2}$ $V_{填}=\frac{h_4}{6}bc=\frac{a^2h_4^3}{6(h_1+h_4)(h_3+h_4)}$ $V_{挖}=\frac{a^2}{6}-(2h_1+h_2+2h_3-h_4)+V_{填}$
5		方格网内，两角为挖方，两角为填方。 $b=\frac{ah_1}{h_1+h_4}$ $c=\frac{ah_2}{h+h_3};d=a-b;c=a-c$ $F_{挖}=\frac{1}{2}(b+c)a;$ $F_{填}=\frac{1}{2}(d+e)a$ $V_{挖}=\frac{a}{4}(h_1+h_2)\frac{b+c}{2}=\frac{a}{8}(b+c)(h_1+h_2)$ $V_{填}=\frac{a}{4}(h_3+h_4)\frac{d+e}{2}=\frac{a}{8}(d+e)(h_3+h_4)$

(4) 将挖方区、填方区所有方格计算出的工程量列表汇总，即得该建筑场地的土石方挖、填平整工程总量。

（二）横截面计算法

横截面计算法适用于地形起伏变化较大的场地。计算方法比较简便，但精确度没有方格网计算法高。

横截面法的计算方法是：根据地形图（或直接测量横截面图）及竖向布置图，将需计算的场地划分为若干个横截面。划分的原则是使横截面垂直于等高线，或垂直于主要建（构）筑物的一个边。横截面之间的距离可以相等，也可以不等，视地形变化而定，地形变化复杂的间距宜小，反之宜大，但最大不宜超过100m。然后按所划横截面的位置，在图上绘出每个横截面的自然地面和设计地面的轮廓线图。自然地面轮廓线与设计地面轮廓线之间即为所要施工的土石方工程（挖或填）。工程量计算时，先计算每个横截面的面积，将相邻两横截面的面积之和除以2，再乘以两相邻横截面的距离，即为该段的土石方工程量；将各段土石方工程量按挖、填分别相加汇总，即为总的工程量（挖或填）。民用建筑、大型管沟土石方工程量，一般都采用本方法进行计算。

（三）边坡计算法

为了保持土体的稳定和施工安全。挖方和填方的周边都应修筑成适当的边坡。边坡的表示方法如图4-3所示，图中的m，为边坡底的宽度b与边坡高度h的比，称为边坡系数。当边坡高度h为已知时，所需边坡底宽b即等于mh（$1:m=h:b$）。若边坡高度较大，可在满足土体稳定的条件下，根据不同的土层及其所受的压力，将边坡修筑成折线形，以减少土方工程量。

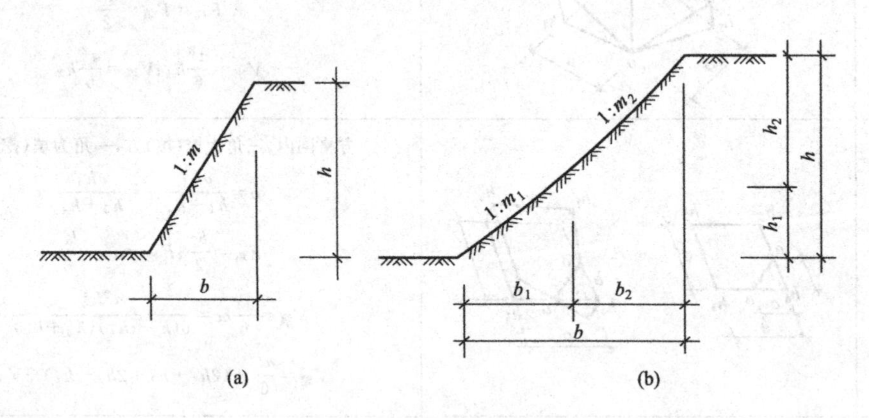

图4-3 边坡的表示方法

边坡的坡度系数（边坡宽度：边坡高度）根据不同的填挖高度（深度）、土的物理性质和工程的重要性，在设计文件中应有明确的规定。如设计文件中未作规定时，则可按照相关规范的规定采用。

五、示例应用

将填方区所有方格的土方量（或挖方区所有方格的土方量）累计汇总，即得到该场地填方和挖方的总土方量，最后填入汇总表。

【例4-1】 某公园绿地整理施工场地的地形方格网如图4-4所示，方格网边长为20m，试计算土方量。

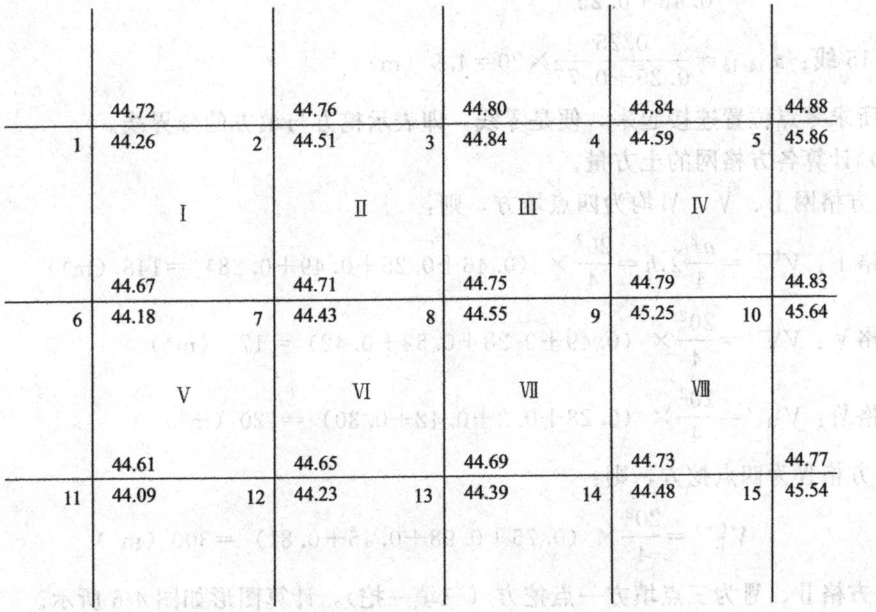

1　44.72 44.26		2　44.76 44.51		3　44.80 44.84		4　44.84 44.59		5　44.88 45.86
	Ⅰ		Ⅱ		Ⅲ		Ⅳ	
6　44.67 44.18		7　44.71 44.43		8　44.75 44.55		9　44.79 45.25		10　44.83 45.64
	Ⅴ		Ⅵ		Ⅶ		Ⅷ	
11　44.61 44.09		12　44.65 44.23		13　44.69 44.39		14　44.73 44.48		15　44.77 45.54

图 4-4　绿地整理施工场地方格网

(1) 根据方格网各角点地面标高和设计标高，计算施工高度，如图 4-5 所示。

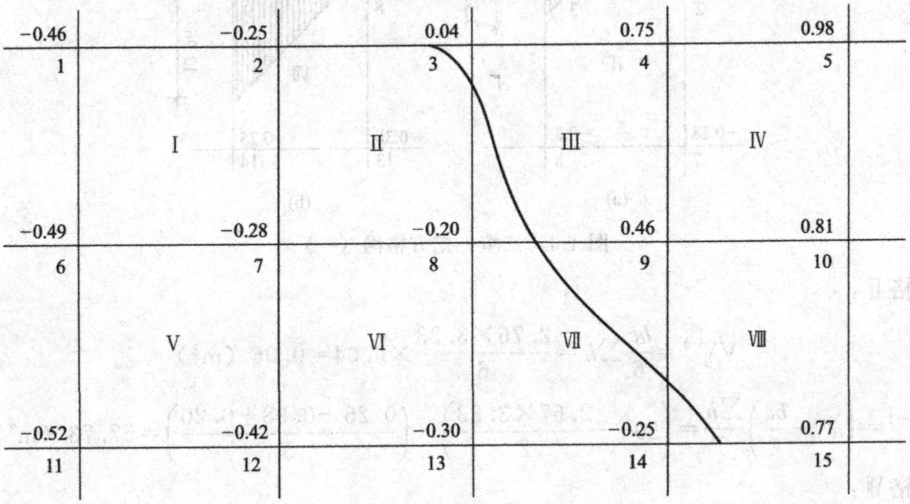

1　−0.46		2　−0.25		3　0.04		4　0.75		5　0.98
	Ⅰ		Ⅱ		Ⅲ		Ⅳ	
6　−0.49		7　−0.28		8　−0.20		9　0.46		10　0.81
	Ⅴ		Ⅵ		Ⅶ		Ⅷ	
11　−0.52		12　−0.42		13　−0.30		14　−0.25		15　0.77

图 4-5　方格网各角点的施工高度及零线

(2) 计算零点，求零线。

由图 4-5 可见，边线 2-3，3-8，8-9，9-14，14-15 上，角点的施工高度符号改变，说明这些边线上必有零点存在，按公式可计算各零点位置如下：

2-3 线：$x_{2\text{-}3}=\dfrac{0.25}{0.25+0.04}\times 20=17.24$ (m)；

3-8 线：$x_{3\text{-}8}=\dfrac{0.04}{0.04+0.20}\times 20=3.33$ (m)；

8-9 线：$x_{8\text{-}9}=\dfrac{0.20}{0.20+0.46}\times 20=6.06$ (m)；

9-14 线：$x_{9\text{-}14}=\frac{0.46}{0.46+0.25}\times20=12.96$（m）；

14-15 线：$x_{14\text{-}15}=\frac{0.25}{0.25+0.77}\times20=4.9$（m）。

将所求零点位置连接起来，便是零线，即表示挖方与填方的分界线。

（3）计算各方格网的土方量。

① 方格网Ⅰ、Ⅴ、Ⅵ均为四点填方，则：

方格Ⅰ：$V_{\text{Ⅰ}}^{(-)}=\frac{a^2}{4}\sum h=\frac{20^2}{4}\times(0.46+0.25+0.49+0.28)=148$（m³）

方格Ⅴ：$V_{\text{Ⅴ}}^{(-)}=\frac{20^2}{4}\times(0.49+0.28+0.52+0.42)=171$（m³）

方格Ⅵ：$V_{\text{Ⅵ}}^{(-)}=\frac{20^2}{4}\times(0.28+0.2+0.42+0.30)=120$（m³）

② 方格Ⅳ为四点挖方，则：

$$V_{\text{Ⅳ}}^{(+)}=\frac{20^2}{4}\times(0.75+0.98+0.46+0.81)=300\ (\text{m}^3)$$

③ 方格Ⅱ、Ⅶ为三点填方一点挖方（三填一挖），计算图形如图 4-6 所示。

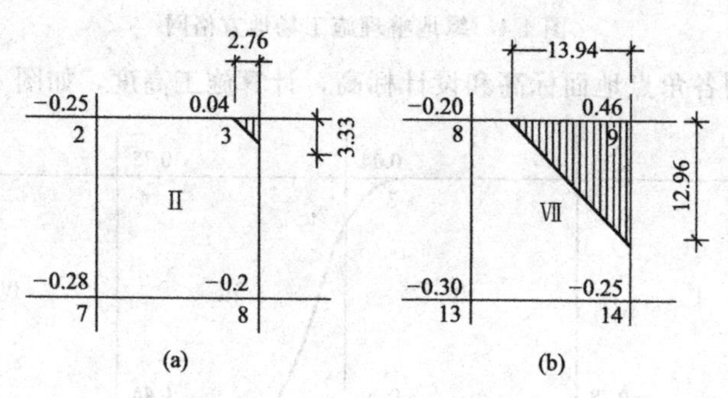

图 4-6　三填一挖方格网（一）

方格Ⅱ：

$$V_{\text{Ⅱ}}^{(+)}=\frac{bc}{6}\sum h=\frac{2.76\times3.33}{6}\times0.04=0.06\ (\text{m}^3)$$

$$V_{\text{Ⅱ}}^{(-)}=\left(a^2-\frac{bc}{2}\right)\frac{\sum h}{5}=\left(20^2-\frac{2.67\times3.33}{2}\right)\times\left(\frac{0.25+0.28+0.20}{5}\right)=57.73\ (\text{m}^3)$$

方格Ⅶ：

$$V_{\text{Ⅶ}}^{(+)}=\frac{13.94\times12.96}{6}\times0.46=13.85\ (\text{m}^3)$$

$$V_{\text{Ⅶ}}^{(-)}=\left(20^2-\frac{13.94\times12.96}{2}\right)\times\left(\frac{0.2+0.3+0.25}{5}\right)=46.45\ (\text{m}^3)$$

④ 方格Ⅲ、Ⅷ为三点挖方，如图 4-7 所示。

方格Ⅲ：

$$V_{\text{Ⅲ}}^{(+)}=\left(a^2-\frac{bc}{2}\right)\frac{\sum h}{5}=\left(20^2-\frac{16.67\times6.06}{2}\right)\times\left(\frac{0.04+0.75+0.46}{5}\right)=87.37\ (\text{m}^3)$$

$$V_{\text{Ⅲ}}^{(-)}=\frac{bc}{6}h=\frac{16.67\times6.06}{6}\times0.2=3.37\ (\text{m}^3)$$

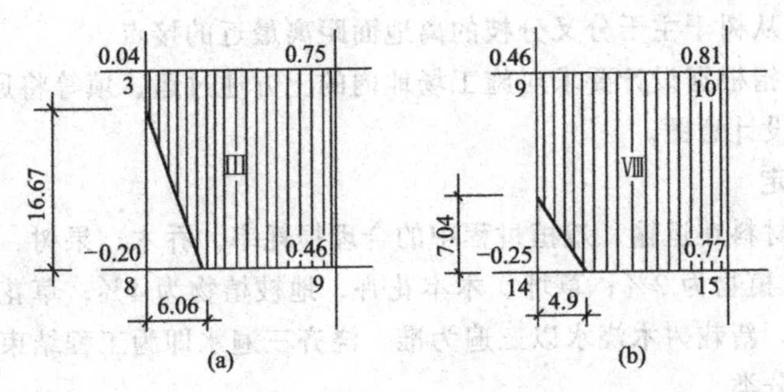

图 4-7 三挖一填方格网（二）

方格Ⅷ：

$$V_{Ⅷ}^{(+)}=\left(20^2-\frac{7.04\times4.9}{2}\right)\times\left(\frac{0.46+0.81+0.77}{5}\right)=156.16\ (m^3)$$

$$V_{Ⅷ}^{(-)}=\frac{7.04\times4.9}{6}\times0.25=1.44\ (m^3)$$

(4) 将以上计算结果汇总于表 4-8，并求余（缺）土外运（内运）量。

表 4-8 土方工程量汇总表 单位：m^3

方格网号	Ⅰ	Ⅱ	Ⅲ	Ⅳ	Ⅴ	Ⅵ	Ⅶ	Ⅷ	合计
挖方		0.06	87.37	300			13.85	156.16	557.44
填方	148	57.73	3.37		171	120	46.45	1.44	547.99
土方外运	$V=557.44-547.99=+9.45$								

第三节 园林绿化种植工程

一、有关规定

（一）名词解释

① 胸径：指距地面 1.3m 处的树干的直径。

② 苗高：指从地面起到顶梢的高度。

③ 冠径：指异型枝条幅度的水平直径。

④ 条长：指攀缘植物从地面起到顶梢的长度。

⑤ 年生：指从繁殖起到掘苗时止的树龄。

⑥ 冠丛直径：指苗木冠丛的最大幅度和最小幅度之间的平均直径。

⑦ 苗木胸径：指苗木自地面至 1.2m 处的树干直径。

⑧ 苗木地径：指苗木自地面至 0.2m 处的树干直径。

⑨ 苗木长度：又称蓬长、茎长，指攀缘植物的主径从根部至梢头之间的长度。

⑩ 苗木高度：指苗木自地面至最高生长点之间的垂直距离。

⑪ 冠丛高：指灌木自地面至最高生长点之间的垂直距离。

⑫ 土球直径：指苗木移植时，根据所带土球的直径。

⑬ 栽植密度：指单位面积内所种植苗木的数量。

⑭ 大树：指胸径在 25～45cm 之间的乔木。

⑮ 分枝点：指从树干主干分叉分枝的离地面距离最近的接点。

⑯ 地形塑造：指根据设计要求对施工场地内的土方通过运、填等将原始地形进行改变，以体现设计人员的设计意图。

（二）相关规定

（1）各种植物材料在运输、栽植过程中的合理损耗率。乔木、果树、花灌木、常绿树为1.5%；绿篱、攀缘植物为2%；草坪、木本花卉、地被植物为4%；草花为10%。

（2）绿化工程，新栽树木浇水以三遍为准，浇齐三遍水即为工程结束。

（3）绿化苗木分类。

① 常绿乔木。指有明显主干、分枝点离地面较高，各级侧枝区别较大，全年不落叶的木本植物（定额表现为带土球乔木）。

② 常绿灌木。指无明显主干、分枝点离地面较近，分枝较密，全年不落叶的木本植物（定额表现为带土球灌木）。

③ 落叶乔木。指有明显主干、分枝点离地面较高，各级侧枝区别较大，冬季落叶的木本植物（定额表现为裸根乔木）。

④ 落叶灌木。指无明显主干、分枝点离地面较近，分枝较密，冬季落叶的木本植物（定额表现为裸根灌木）。

⑤ 竹类植物。指地上竿茎直立有节，节竖实而明显，节间中空的植物（定额表现为散生竹、丛生竹）。

⑥ 攀缘植物。指能攀附他物向上生长的蔓生植物（定额表现为攀缘植物）。

⑦ 水生类植物。完全能在水中生长的植物（定额表现为荷花、睡莲）。

⑧ 地被植物。定额特指成片种植覆盖地面的小灌木类木本植物。小灌木指灌木丛高在40cm以下的灌木（定额表现为地被植物）。

⑨ 花卉类植物。指以观赏特性而进行种植的植物材料（一般指观花，一、二年生及多年生的草本植物）（定额表现为花卉类）。

⑩ 草坪。指茎枝叶均匐地而生，成片种植覆盖地面的草本植物（定额表现为铺、种草坪）。

（4）绿化种植工程相应规格对应表，见表4-9。

表4-9 绿化种植工程相应规格对应表

名称	规格（cm以内）		单位	根幅/cm	挖坑直径×深/cm	挖沟槽长×宽×深/cm	换土量/m³
带土球乔灌木	土球直径	20	株		40×30		0.03
		30			50×40		0.06
		40			60×40		0.08
		50			70×50		0.11
		60			90×50		0.21
		70			100×60		0.28
		80			110×80		0.50
		100			130×90		0.64
		120			150×100		0.87
		140			180×100		1.16

续表

名称	规格（cm 以内）		单位	根幅/cm	挖坑直径×深/cm	挖沟槽长×宽×深/cm	换土量/m³
裸根乔木	胸径	4	株	30～40	40×30		0.04
		6		40～50	50×40		0.08
		8		50～60	60×50		0.14
		10		70～80	80×50		0.25
		12		80～90	90×60		0.38
		14		100～110	110×60		0.57
		16		120～130	130×60		0.80
		18		130～140	140×70		1.08
		20		140～150	150×70		1.41
		24		160～180	180×80		2.03
裸灌木根	冠丛高	100	株	25×30	30×30		0.02
		150		30×40	40×30		0.04
		200		40×50	50×40		0.08
		250		50×60	60×50		0.14
双排绿篱	绿篱高	40	m			100×30×25	0.08
		60				100×35×30	0.11
		80				100×40×35	0.14
		100				100×50×40	0.20
单排绿篱	绿篱高	40	m			100×25×25	0.06
		60				100×30×25	0.08
		80				100×35×30	0.11
		100				100×40×35	0.14
		120				100×45×35	0.16
		150				100×45×30	0.18

二、工程量计算规则

园林绿化种植工程主要包括绿化种植工程的准备工作、植树工程、花卉种植与草坪铺栽工程、大树移植工程。

（一）种植准备工作工程量计算规则

1. 准备工作内容

(1) 勘察现场。绿化工程施工前需对现场调查，对架高物、地下管网、各种障碍物以及水源、地质、交通等状况做全面的了解，并做好施工安排或施工组织设计。

(2) 清理绿化用地。

① 人工平整。指地面凹凸高差在±30cm 以内的就地挖填找平，凡高差超出±30cm 的，每 10cm 增加人工费 35%，不足 10cm 的按 10cm 计算。

② 机械平整场地。不论地面凹凸高差多少，一律执行机械平整。

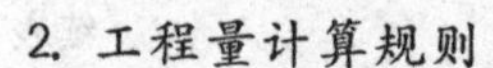

2. 工程量计算规则

(1) 勘察现场以植株计算。灌木类以每丛折合1株，绿篱每延长1米折合一株，乔木不分品种规格一律按株计算。

(2) 拆除障碍物视实际拆除体积以 m^3 计算。

(3) 平整场地按设计供栽植的绿地范围以 m^2 计算。

（二）植树工程工程量计算规则

1. 植树工程工作内容

(1) 刨树坑。包括：刨树坑、刨绿篱沟、刨绿带沟。土壤划分为坚硬土、杂质土、普通土三种。刨树坑系从设计地面标高下掘，无设计标高的以一般地面水平为准。

(2) 施肥。包括：乔木施肥、观赏乔木施肥、花灌木施肥、常绿乔木施肥、绿篱施肥、攀缘植物施肥、草坪及地被施肥（施肥主要指有机肥，其价格已包括场外运费）。

(3) 修剪。分三项：修剪、强剪、绿篱平剪。修剪指栽植前的修根、修枝；强剪指“抹头”；绿篱平剪指栽植后的第一次顶部定高平剪及两侧面垂直或正梯形坡剪。

(4) 防治病虫害。包括：刷药、涂白、人工喷药。

① 刷药。泛指以波美度为0.5的石硫合剂为准，刷药的高度至分枝点均匀全面。

② 涂白。其浆料以生石灰∶氯化钠∶水=2.5∶1∶18为准，刷涂料高度在1.3m以下，要上口平齐、高度一致。

③ 人工喷药。指栽植前需要人工肩背喷药防治病虫害，或必要的土壤有机肥人工拌农药灭菌消毒。

(5) 树木栽植。分七项：乔木、果树、观赏乔木、花灌木、常绿灌木、绿篱、攀缘植物。

① 乔木。根据其形态及计量的标准分为：按苗高计量的有西府海棠、木槿等；按冠径计量的有丁香、金银木等。

② 常绿树。根据其形态及操作时的难易程度分为两种：常绿乔木指桧柏、刺柏、黑松、雪松等；常绿灌木指松柏球、黄柏球、铺地柏等。

③ 绿篱。绿篱分为：落叶绿篱指小白榆、雪柳等；常绿绿篱指侧柏、小桧柏等。

④ 攀缘植物。分为两类：紫藤、葡萄、凌霄（属高档）；爬山虎类（属低档）两种类型。

(6) 树木支撑。分五项：两架一拐、三架一拐、四脚钢筋架、竹竿支撑、绑扎幌绳。

(7) 新树浇水。分两项：人工胶管浇水、汽车浇水。人工胶管浇水，距水源以100m以内为准，每超50m用工增加14%。

(8) 清理废土。分人力车运土、装载机自卸车运土。

(9) 铺设盲管。包括找泛水、接口、养护、清理并保证管内无滞塞物。

(10) 铺淋水层。由上至下、由粗至细配级按设计厚度均匀干铺。

(11) 原土过筛。在保证工程质量的前提下，充分利用原土降低造价，但必须是原土含瓦砾、杂物不超过30%，且土质理化性质符合种植土地要求的。

2. 工程量计算规则

(1) 刨树坑。以个计算，刨绿篱沟以延长米计算，刨绿带沟以立方米计算。

(2) 原土过筛。按筛后的好土以立方米计算。

(3) 土坑换土。以实挖的土坑体积乘以系数1.43计算。

(4) 施肥、刷药、涂白、人工喷药、栽植支撑等项目的工程量均按植物的株数计算，其他均以平方米计算。

(5) 植物修剪、新树浇水的工程量。除绿篱以“延长米”计算外，树木均按株数计算。

(6) 清理竣工现场。每株树木（不分规格）按 $5m^2$ 计算，绿篱每延长米按 $3m^2$ 算。

(7) 盲管工程量。按管道中心线全长以“延长米”计算。

(三) 花卉种植与草坪铺栽工程工程量计算规则

1. 花卉种植工程工内容

(1) 花卉的种植方法。

① 移植。移植之前，播种的幼苗一般要间枝疏苗，除去过密、瘦弱或有病的小苗。也可将疏下来的幼苗，另行栽植。地栽苗在4～5片真叶时作第一次移植。盆播的幼苗，常在出现1～2片真叶时就开始移植。移植的株行距视苗的大小、苗的生长速度及移植后的留床期而定。助苗移植苗床的准备与播种苗床基本相同。移植时的土壤要干湿得当，一般要在土干时移植，但土壤过分干燥时，易使幼苗萎蔫，应在种植的前一天在畦头上浇水，待土粒吸水涨干后不粘手时移植。土湿时，不仅不便操作，且在种植后土壤板结，不利幼苗生长。移植时不要压土过紧，以免根部受伤，待浇水时土粒随水下沉，就可与根系密接。移植以无风阴天为好，如果天气晴朗、光强、炎热，宜在傍晚移植。移植前，要分清品种，避免混杂。挖苗时切断主根，不伤根须，尽可能带护根上移植。挖苗与种植要配合，随挖随种。如果风大，蒸发强烈，挖起幼苗要覆盖遮阴。移植穴要稍大，使根舒畅伸展。种植深度要与原种植深度一致，或再深1～2cm。过浅易倒伏；过深则发育不好，种植后要立即充分浇水，并复浇一次，保证足量。天旱时，要边种边浇水。夏季移植初期要遮阴，以减低蒸发避免萎蔫。

② 定植。定植包括将移植后的大苗、盆栽苗、经过贮藏的球根以及木本花卉、草本花卉，种植于不再移动的地方。定植前，要根据植物的需要，改良土壤结构，调整酸碱度，改良排水条件，一般植物都需要肥沃、疏松而排水良好的土壤。肥料可在整地时拌入或在挖穴后施入穴底。定植时所采用的株间距离，应根据花卉植株成年时的大小，或配植要求而定。挖苗，一般应带护根土，土壤太湿或太干都不宜挖苗，带土多少视根系大小而定。落叶树种在休眠期种植不必带土。常绿花木及移栽不易的种类一定要带完整的泥团，并要用草绳把泥团扎好。定植时要开穴，穴应比种苗的根系或泥团稍大稍深，将种苗茎基提近土面，扶正入穴。然后将穴周土壤铲入穴内约2/3时，抖动苗株使土粒和根系密接，然后在根系外围压紧土壤，最后用松土填平土穴使其与地面相平而略凹，种后立即浇水2次。草花苗种植后，次日要复浇水。球根花卉种植初期一般不需浇水，如果过于干旱，则应浇一次透水。大株的木本花卉和草本花卉定植时要结合进行根部修剪，伤根、烂根和枯根都要剪去。大树苗定植后，还要设立支柱，或在三对角设置绳索牵引，防止倾倒。

(2) 种植时间。简单地说，花卉的最佳播种时间通常就是当地农作物最适宜播种的时间。在气候冷凉地区，如我国北方大部分区域，不管是一年生草花，还是多年生草花或者草花组合，春天、早夏、晚秋均为播种的理想时期。

在气候温暖地区，只要是气温适合的月份都可播种（草花的发芽适温一般为20～25℃），但是仍以春秋两季播种的表现效果最好。在我国南方大部分地区，如果采用秋播的方式，往往在来年的春天就能获得满意的效果。

(3) 播种量的控制。任何一个花种以及野花组合都有一个最大和最小的播种量。最小播种量一般是在土壤条件较好、杂草控制得力的情况下，为建立一个较好的缀花簇而确定的，推荐的播种量为0.5～$2g/m^2$。如果土壤条件较差、杂草较多或要求最大限度地突出色彩效

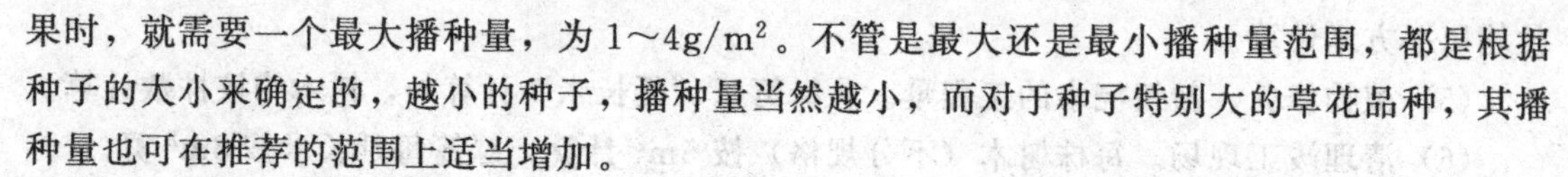

果时，就需要一个最大播种量，为1～4g/m²。不管是最大还是最小播种量范围，都是根据种子的大小来确定的，越小的种子，播种量当然越小，而对于种子特别大的草花品种，其播种量也可在推荐的范围上适当增加。

（4）花卉的越冬。通常来说，在我国南方及部分北方地区（北方过渡带），大多数多年生品种都可安全越冬，但是在一些比较极端的条件下，比如东北、新疆等地，由于冬天温度很低，而多年生草花品种间的耐寒性也存在着差异，因此还要把越冬品种再作区分：

① 完全可以露地越冬的品种。这主要是些极耐寒宿根品种。例如：紫松果菊、草原松果菊、大花金鸡菊等。

② 第一年必须保护越冬的品种。这些品种以后就可露地越冬。例如：毛地黄、火炬花等。

③ 完全需要保护越冬的品种。例如：须苞石竹、飞燕草、美女樱、羽扇豆等。

2. 草坪铺栽工程内容

（1）草种的选择。包括确定草坪建植区的气候类型、决定可供选择的草坪草种、选择具体的草坪草种。

（2）场地准备。包括场地清理、翻耕和整地、土壤改良、排灌系统、施肥。

（3）建植方法。包括种子建植、营养体建植、覆盖。

（4）苗期管理。

（5）养护。

3. 工程量计算规则

每平方米栽植数量按草花25株，本木花卉5株，植根花卉草本9株、木本5株计算。

（四）大树移植工程工程量计算规则

1. 大树移植工程内容

（1）带土方木箱移植法。掘苗前，应先按照绿化设计要求的树种、规格选苗，并在选好的树上作出明显标记（在树干上拴绳或在北侧点漆），将树木的品种、规格（高度、干径、分枝点高度、树形及主要观赏面）分别记入卡片，以便分类，编出栽植顺序。

掘苗时，应先根据树木的种类、株行距和干径的大小确定在植株根部留土台的大小。一般可按苗木胸径（即树木高1.3m处的树干直径）的7～10倍确定土台。

修整好土台之后，应立即上箱板，其操作顺序为：上侧板、上钢丝绳、钉铁皮、掏底和上底板、上盖板、吊运装车、运输、卸车。

栽植时，主要包括挖坑、吊树入坑、拆除箱板和回填土以及进行栽后管理。

（2）软包装土球移植法。掘苗的准备工作与方木箱的移植相似，但是它不需要用木箱板、铁皮等材料和某些工具，材料中只要有蒲包片、草绳等物即可。

掘苗与运输的内容包括确定土球的大小、挖掘、打包、吊装运输、假植、栽植。

2. 工程量计算规则

（1）包括大型乔木移植、大型常绿树移植两部分，每部分又分带土台、装木箱两种。

（2）大树移植的规格，乔木以胸径10cm以上为起点，分10～15cm、15～20cm、20～30cm、30cm以上4个规格。

（3）浇水按自来水考虑，为三遍水的费用。

（4）所用吊车、汽车按不同规格计算。

（5）工程量按移植株数计算。

三、 有关项目说明

（1）园林绿化种植工程定额不包括苗木及种植土的场外运输，砍伐的树木、清除的树根及杂草的场外运输。

（2）园林绿化种植工程定额内苗木消耗量未列出，但在编制工程预（结）算时，应根据设计要求和有关规定确定合理的苗木消耗量。考虑到苗木栽植的特殊性和施工过程中的实际困难，在设计图中的苗木材料适当增加苗木在种植过程中合理死亡损耗率作为包干使用，一般可增加5%～10%。

（3）为了保证园林绿化工程的质量及整体效果，绿化种植工程定额规定苗木种植后至养护期结束（一般指种植后一年内），苗木的成活率为100%。

（4）当工程发生非施工方原因而造成已进场的苗木材料无法及时种植树时，可以使用假植定额子目。

（5）单、双排绿篱不论种植密度大小，均以米为计算单位，分别套用定额子目（苗木种植密度按设计要求）。

（6）对施工现场内因工程所需对原有苗木进行迁移时，可套用起挖定额子目计算。

（7）园林绿化种植工程定额是按正常的施工条件、成熟的施工工艺、合理的施工组织设计、合理的种植季节、合格的苗木材料进行编制的。合适的种植季节指：

① 落叶乔木、灌木的起挖和种植应在春季土壤解冻以后，发芽以前或在秋季落叶以后，水冻以前进行。

② 常绿乔木、灌木的起挖和种植应在春季土壤解冻后、发芽前进行，或在秋季新梢停止生长后、降霜以前进行。

（8）园林绿化种植工程定额内，起挖或栽植带土球乔、灌木，土球直径的大小按乔木胸径的8倍，灌木按地径的7倍计算。

第四节　园林绿化养护工程

一、 有关规定

（1）园林绿化养护工程定额适用于10天以后，一年以内的连续时间绿化日常（物业）管理，不适用于绿化种植工程栽植养护期（其养护费用已在定额绿化种植工程中包括）。一年以后绿化管理参照执行。

（2）乔木树高、胸径对应表见表4-10。

表4-10　乔木树高、胸径对应表

树高/cm	300	400	500	600	700	800以上
胸径/cm	6	10	15	20	25	25以上

二、 工程量计算规则

（一）绿化养护管理的内容

① 乔木浇透水10次，常绿树木6次，花灌木浇透水13次，花卉每周浇透水1～2次。

② 中耕除草：乔木 3 遍，花灌木 6 遍，常绿树木 2 遍；草坪除草可按草种不同修剪 2～4 次，草坪清杂草应随时进行。

③ 喷药：乔木、花灌木、花卉 7～10 遍。

④ 打芽及定型修剪：落叶乔木 3 次，常绿树木 2 次，花灌木 1～2 次。

⑤ 喷水：移植大树浇水适当喷水，常绿类 6～7 月份共喷 124 次，植保用农药化肥随浇水执行。

（二）工程量计算规则

乔灌木以株计算；绿篱以“延长米”计算；花卉、草坪、地被类以“m^2”计算。

① 乔木应区分常绿乔木和落叶乔木，以及树高不同，按养护数量，以“株”计算。

② 灌木应区分常绿灌木、落叶灌木和地被植物三类。常绿灌木和落叶灌木，区分冠丛高度不同，按养护数量，以“株”计算；地被植物，按养护面积，以“m^2”计算。

③ 竹类区分高度不同，按养护面积，以“m^2”计算。

④ 绿篱应区分单排、双排两类，按修剪后净高高度的不同，按养护面积，以“m^2”计算。

⑤ 露地花卉应区分草本花卉和木本花卉，分别按养护面积，以“m^2”计算。

⑥ 攀缘植物区分地径不同，按养护数量，以“株”计算。

⑦ 水生植物区分荷花和睡莲两类，按养护数量，以“株”计算。

⑧ 草皮应区分暖季型和冷季型两类，按铺种方式的不同，按养护面积，以“m^2”计算。

三、有关项目说明

(1) 园林绿化养护等级标准。

① 一级标准。

a. 树木生长旺盛，根据植物生态习性，合理修剪，树形整齐美观，骨架均匀，树干基本挺直。

b. 无死树、死株、枯枝，无坏桩、断桩。

c. 绿地内无杂草，无杂藤攀缘树木，无污物、垃圾等。

d. 树木花草基本无病虫害症状，病虫害危害程度控制在 5%以下，无药害。

e. 当年植物成活率 100%以上，保存率 100%以上，老树保存率达 99.8%以上。

f. 草坪生长繁茂、平整、无杂草，无裸露地面，无成片枯黄。

g. 绿篱生长旺盛，修剪整齐，无死株、缺档。

h. 花坛中的花卉色彩协调、彩纹突出、花大叶肥，观赏效果良好。

i. 水面无漂浮物，水中无杂物，水质纯净。

② 二级标准。

a. 树木生长旺盛，根据植物生态习性，合理修剪，树形整齐美观，树繁叶茂。

b. 无死树，无明显枯枝，无明显坏桩、断桩。

c. 绿地内无杂草，无污物、垃圾，无杂藤攀缘树木等。

d. 树木基本无明显病虫害症状，病虫害危害程度控制在 10%以下，无药害。

e. 当年植物成活率 90%以上，保存率 85%以上，老树保存率达 99%以上。

f. 草坪生长繁茂，无杂草，无明显裸露地面，无成片枯黄。

g. 绿篱生长旺盛，修剪整齐，无死株，无明显缺档。

h. 花坛图案造型新颖，花大叶肥，色彩协调，观赏整体效果好。

i. 水面无漂浮物，水中无杂物，水质基本纯净。

(2) 绿化养护工程定额包括的工作内容如下：修剪整形（包括乔木、灌木、绿篱、草坪等苗木），清理死树、枯枝，浇水、施肥、防治病虫害，刨除非保留植物，除草松土，排水防涝等。

(3) 绿化养护工程定额未包括内容如下。

① 苗木因大幅度调整而发生的挖掘、移植等内容。

② 绿地围栏、花坛等园林设施维修而发生的内容。

③ 因养护标准、要求变化而发生的内容。

④ 苗木夏季遮阴、冬季保温所发生的内容。

⑤ 苗木固定支撑等所发生的内容。

⑥ 绿地环境卫生保洁等发生的内容。

(4) 养护期间，除发生甲方因素或不可抗力因素外，所造成的苗木损失，均由养护方负责。

(5) 古树名木的特殊养护费用，由甲、乙双方另行协调。

(6) 苗木产权。因疏植、调整而发生的多余苗木，其产权归甲方（业主）所有。

(7) 绿化养护工程定额中材料损耗按照正常施工条件、施工操作规范考虑，若实际使用材料和消耗量不同或由甲方（业主）提供时，则应按实调整，其他不变。

(8) 乔木养护。

① 只考虑人工作业。人工修剪树木一年 1 次，工作内容包括修剪整形，清理死树、枯枝，抹芽等日常的养护管理。

② 浇水施肥。按人工浇水 2 次、施肥 1 次考虑，同时清除杂草、松土，且考虑排水防涝用工。如果用机械浇水、施肥，则另行执行机械台班。

③ 病虫害防治。考虑药物防治 5 次，人工防治 2 次。

④ 零星用工。考虑树木上的塑料袋或挂件的清理等。

⑤ 定额。只考虑修剪树枝后，场内 100m 的堆放，若外运则单独计算机械费用，外运执行环卫部门垃圾外运有关规定。

(9) 灌木养护（包括高度 40mm 以下的地被植物）。

① 只考虑人工作业。人工修剪树木一年 2 次，工作内容包括修剪整形、清理残枝、钩枯枝、抹芽、剪花蒂等。

② 浇水施肥。按人工浇水 3 次以上、施肥 2 次考虑，同时清除杂草、松土，及时排水防涝。如果用机械浇水、施肥，则另行执行机械台班。

③ 病虫害防治。考虑人工喷洒药物防治 5 次，人工防治 2 次。

④ 定额。只考虑修剪灌木后，场内 100m 的堆放，若外运则单独计算机械费用，外运执行环卫部门垃圾外运有关规定。

(10) 竹类、绿篱养护同灌木。

(11) 花卉养护。花卉浇水按人工用胶皮管浇水考虑，若用喷灌方式参照执行，不允许调整。若机械浇灌，可增加机械台班费用，其他不变。

(12) 草皮养护。在成活率养护期间，播种草坪生长期超过六个月视作散铺草坪，散铺草坪生长期超过六个月视作满铺草坪。在日常管理养护期间草坪视作满铺草坪。

(13) 苗木种植、养护。

① 乔木，起挖栽植子目按带土球、裸根，单位是“株”；养护子目分常绿、落叶乔木，按树高，单位是“10株”。

② 灌木，起挖栽植子目按冠丛高度（或土球直径），单位是“株”；养护子目分常绿、落叶灌木，按冠丛高度，单位是“10株”。

③ 竹类，散生竹起挖栽植子目按胸径，单位是“株”，丛生竹起挖栽植子目按盘根丛径，单位是“丛”；养护子目不分散生竹、丛生竹，按竹类高度，单位是“$10m^2$”。

④ 攀缘植物，起挖栽植按苗木生长年限，单位是“100株”；养护子目按地径，单位是“10株”。

第五节 假山工程

一、有关规定

(1) 假山工程定额包括堆砌假山、石笋安装、点风景石、塑假山。

(2) 假山工程定额子目中铁件用量与实际用量不同时，允许调整。

二、工程量计算规则

（一）假山工程量计算规则

假山工程量一般以设计的山石实用吨位数为基数来推算，并以工日数来表示。假山采用的山石种类不同、假山造型不同、假山砌筑方式不同都要影响工程量。由于假山工程的变化因素太多，每工日的施工定额也不容易统一，因此准确计算工程量有一定难度。根据十几项假山工程施工资料统计的结果，包括放样、选石、配制水池砂浆及混凝土、吊装山石、堆砌、砂垫、搭拆脚手架、抹缝、清理、养护等全部施工工作在内的山石施工平均工日定额，在精细施工条件下，应为0.1～0.2t/工日，在大批量粗放施工情况下，则应为0.3～0.4t/工日。

假山工程量计算公式为：

$$W=AHRK_n$$

式中 W——石料质量，t；

A——假山平面轮廓的水平投影面积，m^2；

H——假山着地点至最高顶点的垂直距离，m；

R——石料密度，黄（杂）石为$2.6t/m^3$，湖石为$2.2t/m^3$，t/m^3；

K_n——折算系数，高度在2m以内$K_n=0.65$，高度在4m以内$K_n=0.56$。

（二）堆砌假山工程量计算规则

(1) 堆砌湖石假山、黄石假山、整块湖石峰、人造湖石峰、人造黄石峰以及石笋安装、土山点石的工程量均按不同山、峰，以堆砌石料的质量计算。计量单位：t。

(2) 布置景石的工程量按不同单块景石，以布置景石的质量计算。计量单位：t。

(3) 自然式护岩的工程量按护岸石料质量计算。计量单位：t。

(4) 堆砌假山石料质量=进场石料验收质量－剩余石料质量。

(三) 塑假石山工程量计算规则

(1) 砖骨架塑假山工程量按不同高度，以塑假石山的外围表面积计算，计量单位：$10m^2$。

(2) 钢骨架钢网塑假山的工程量按其外围表面积计算，计量单位：$10m^2$。

(3) 堆筑土山丘，按设计图示尺寸以“m^3”计算。

(4) 堆筑土石假山、石峰，应区分湖石、黄石两类，按设计图示重量，以估算量“t”计算。

(5) 石笋安装按设计高度的不同分别以“支”计算。

(6) 土山点石、布置景石，按设计土山高度、景石重量的不同，分别以“t”计算。

(7) 塑假山，应区分骨架材料、高度的不同，按设计外围表面积，以估算量“m^2”计算。

(8) 假山表面着色处理，按设计外围表面积以“m^2”计算。

(四) 景石、景点石工程量计算规则

景石指不具备山形但以奇特的形状为审美特征的石质观赏品。散点石指无呼应联系的一些自然山石分散布置在草坪、山坡等处，主要起点缀环境、烘托野地氛围的作用。

它们的工程量计算公式为：

$$W_{单}=LBHR$$

式中 $W_{单}$——山石单体质量，t；

L——长度方向的平均值，m；

B——宽度方向的平均值，m；

H——高度方向的平均值，m；

R——石料密度，t/m^3。

三、有关项目说明

(1) 堆砌假山和塑假山，是按人工操作、土法吊装考虑的。实际工程中不论采用机械或人工，均按定额执行，不调整。

(2) 假山定额项目均按露天、地坪以上情况考虑，其中包括施工现场的相石、叠山、支撑、嵌缝、养护等全部操作过程，但不包括采购山石前的勘察、选石工作，发生时单独计算。

(3) 假山的定额子目中未包括挖土方、开凿岩石、假山基础及垫层，发生时应按其他章节相关项目另行计算。

(4) 人造石峰的高度，从峰底着地地坪至峰顶；石笋的高度，按其石料的进料长度计算；景石的重量，按实际图示重量计算。如设计未明确，可根据石料相对密度及规格予以换算。

(5) 石笋、景石或盆景山带“座”、“盘”时，其“座”、“盘”的砌筑应按其使用的材质和形式执行相应的定额。

(6) 堆砌假山及塑假山项目，均未考虑脚手架。

(7) 砖骨架、毛石骨架塑假山定额中，已包括了预制混凝土板的现场运输及安装，不包括其制作费用。

(8) 钢骨架制作安装定额中已包括钢骨架刷两遍防锈漆。

(9) 堆砌假山工程量的计算。

① 假山石料进场已验收重量时，

堆砌假山工程量（t）＝进料验收数量－进料剩余数量

② 无石料进场验收数量时，可按叠成后的假山计算假山体积和所用石料重量。参考计算公式如下：

$$V_{计}=A_{矩}H_{大}$$

式中 $V_{计}$——叠成后的假山计算体积，m^3；

$A_{矩}$——假山不规则平面轮廓的水平投影的最大外接矩形面积，m^2；

$H_{大}$——假山石着地点至最高顶的垂直距离，m。

$$W_{重}=2.6\times V_{计}K_n/3$$

式中 $W_{重}$——假山重量，t；

2.6——石料密度，t/m^3；

K_n——系数，$0<H_{大}<1$ 时，$K_n=0.77$，

$1<H_{大}<2$ 时，$K_n=0.72$，

$2<H_{大}<3$ 时，$K_n=0.653$，

$3<H_{大}<4$ 时，$K_n=0.60$。

③ 各种单体孤峰及散点石，按其单体石料体积（取其长、宽、高各自的平均值乘积）乘以石料相对密度计算。

第六节 园路工程

一、有关规定

(1) 园路工程定额适用于公园、小游园、庭院中的行人甬路、台阶（蹬道）和带有部分踏步的坡道。

(2) 园路工程定额的垫层定额中已综合了设计图示尺寸以外的加放宽度。

(3) 卵石路面是按一般的卵石颜色、粒径 4～6cm 编制的。如粒径规格与定额不同，材料用量可进行换算，其他不变。

(4) 拼花卵石路面是按常见简单图案编制的，如设计为细活（如人物、花鸟、瑞兽等）应另行计算。

(5) 机砖路面、预制混凝土砌块砖路面已综合考虑了直铺、人字纹、席纹等通常铺法。

(6) 砖、毛石台阶的原浆勾缝、混凝土台阶随打随抹面层已综合在台阶基层定额消耗量中，不再单独计算。

(7) 台阶项目中不包括台阶两侧的挡墙有垂带砌筑，发生时另行计算。

(8) 路面带台阶者，其台阶部分应从路面工程量中扣除，另按台阶相应定额子目计算。

二、 工程量计算规则

（一） 园路工程工程量计算规则

1. 土层整理

(1) 工作内容。厚度在 30cm 以内挖、填土，找平、夯实、修整，充土于 2m 以外。

(2) 细目划分。整理路床列项，以“$10m^2$”计算。

2. 垫层

(1) 工作内容。筛土、浇水、拌和、铺设、找平、灌浆、振实、养护。

(2) 细目划分。按砂、灰土（3∶7）、灰土（2∶8），煤渣，碎石，混凝土分别列项，以“m^3”计算。

3. 面层

(1) 工作内容。放线、修整路槽、夯实、修平垫层、调浆、铺面层、嵌缝、清扫。

(2) 细目划分。

① 卵石面层：按拼花、彩边素色分别列项，以“$10m^2$”计算。

② 混凝土面层：按纹形、水刷纹形、预制方格、预制异型、预制混凝土大块面层、预制混凝土假冰片面层、水刷混凝土路面分别列项，以“$10m^2$”计算。

③ 八五砖面层：按平铺、侧铺分别列项，以“$10m^2$”计算。

④ 石板面层：按方整石板面层、乱铺冰片石面层、瓦片、碎缸片、弹石片、小方碎石、六角板分别列项，以“$10m^2$”计算。

（二） 甬路工程工程量计算规则

庭院甬路的工作内容包括园林建筑及公园绿地内的小型甬路、路牙、侧石等工程。安装侧石、路牙适用于园林建筑及公园绿地、小型甬路。定额中不包括刨槽、垫层及运土，可按相应项目定额执行。墁砌侧石、路缘、砖、石及树穴是按 1∶3 白灰砂浆铺底、1∶3 水泥砂浆勾缝考虑的。侧石、路缘、路牙按实铺尺寸以延长米计算。

(1) 园路土基、整理路床定额按路床的设计图示尺寸以“m^2”计算。设计无规定时，按设计路面宽度（含路牙）每侧加 200mm 计算。

(2) 基础垫层应按设计图示尺寸以“m^3”计算。不扣除树池、井盖等所占体积。

(3) 路面铺筑应按设计图示尺寸以“m^2”计算（不含路牙）。扣除 $0.5m^2$ 以上的树池、井盖、孔洞所占的面积。

(4) 嵌草路面应按设计图示尺寸以“m^2”计算。不扣除嵌草面积；扣除 $0.5m^2$ 以上的树池、井盖、孔洞所占的面积。

(5) 台阶基层按设计图示尺寸以“m^3”计算。

(6) 台阶面层按图示投影面积以“m^2”计算。

(7) 路牙、树池围牙按设计图示尺寸以“延长米”计算。

(8) 树池盖板按设计图示树池数量以“套”计算。

三、 有关项目说明

(1) 园路工程不适用于厂、院及住宅小区的道路等按市政道路设计标准设计的道路。

(2) 卵石路面做法，清理路面，铺垫 1∶3 水泥砂浆 3cm，1∶1 水泥砂浆 2cm，嵌入卵石，待砂浆强度达 70%时，以 30%草酸溶液冲刷石子表面。

(3) 混凝土垫层、现浇混凝土路面子目中，不包含混凝土的搅拌制作费用。混凝土的搅拌制作另行计算。

(4) 垫层定额中已综合了设计图示尺寸以外的加放宽度，及遇树池、井盖时的避让、保护费用。计算工程量时按设计图示尺寸计算，两侧的加放值不再增加，树池、井盖等所占体积不扣减，因避让、保护树池、井盖的人工降效也不增加。

(5) 当设计台阶带有挡墙和垂带时，应将挡墙和垂带砌筑及挡墙饰面的工程量单独计算，挡墙按假山工程中的“山石护角”项目，垂带按“方整石台阶”相关规定执行。垂带指台阶两边挡墙上的栏面石，如图 4-8 所示。

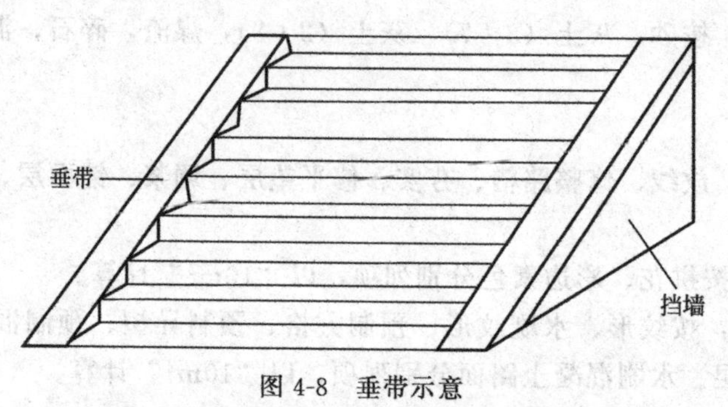

图 4-8 垂带示意

(6) 路牙项目，不包含挖土、垫层、回填土的工作内容，应按相关规定另行计算。

(7) 厂拌垫层项目中定额仅给出成品混合料现场摊铺、压实、养护等的消耗量，成品混合料制作及场外运输费用应含在商品混合料的价格中。

(8)“机砖路面”“预制混凝土砌块砖路面”消耗量定额，已综合考虑了斜铺、拼人字纹等的人工降效，使用时按平铺、侧铺执行相应定额项目。

(9) 台阶面层定额中，“水泥砂浆台阶面层”“剁斧石台阶面层”定额子目包含踏步两个侧面的面层处理，其余子目侧面面层处理发生时按实另计。

(10)“花岗岩板路面”“花岗岩板台阶”定额项目中，花岗岩板是按设计尺寸加工的规格材料考虑的，施工时若不能采用定尺加工的规格材料，需现场加工时，其加工费和加工损耗应单独计算。

(11) 台阶与路面的划分以最上层踏步平台外口加一个踏步为准，最上层踏步宽度以外部分并入相应路面工程量内计算。

第七节 园桥工程

一、 有关规定

(1) 园桥工程定额适用于建造在庭院内、供游人通行兼有观赏价值的桥梁工程。

(2) 园桥工程中如采用铁锔子或铁银锭、铁件、钢结构时，需另行计算。

(3) 园桥施工中，若需围堰、筑堤、抽水、搭拆旋胎，按相关规定另行计算。

(4) 木栏杆工程中的木材种类按一、二类考虑，如遇三、四类木材，相应项目人工乘以系数 1.3。

(5) 桥基已综合了条形基础、独立基础等基础形式。执行时，除设计采用桩基础需另行计算外，其他类型的基础均不调整。

(6) 金刚墙细石项目中，已综合考虑了桥身的各部位金刚墙的因素，不分雁翅金刚墙、分水金刚墙和两边的金刚墙，均执行此项目。

(7) 栏板（包括抱鼓）、栏杆、望柱安装定额以平直为准，如遇斜栏板、斜抱鼓、斜栏杆及其相连的望柱安装，相应定额人工乘以系数 1.25，其他不变。

(8) 木制步桥按原木和方木分别列项，带皮原木执行原木项目。方木栏杆按寻杖栏杆、花栏杆、直挡栏杆三种形式列项。若采用其他形式或材料，消耗量与定额不同时，可按实调整，人工不变。

(9) 木作工程中，已考虑木制构件刷防护材料，但不包括刷装饰性油漆，发生时另行计算。

(10) 现浇混凝土墩帽执行现浇混凝土柱式墩台定额。

(11) 撞券石安装执行金刚墙细石安装定额子目。

(12) 木望柱制安项目定额是按不带花饰编制的，不包含雕刻花饰线条及另加柱头的制作、安装等内容，发生时另行计算。

(13) 木桩基础定额，是按人工陆地打桩编制的，如人工在水中打木桩时，按定额人工乘以系数 1.8。

(14) 石桥抱鼓石安装执行石栏板安装相关子目。

二、 工程量计算规则

（一） 工作内容

选石、修石、运石，调、运、铺砂浆，砌石，安装桥面。

（二） 分项内容

(1) 毛石基础、桥台（分毛石、条石）、条石桥墩、护坡（分毛石、条石）分别列项，以“m^3”计算。

(2) 石桥面列项，以 $10m^2$ 计算。

（三） 其他内容

园桥挖土、垫层、勾缝及有关配件制作、安装应套用相应项目另行计算。

三、 有关项目说明

(1) 园桥工程定额不适用于庭园外建造的桥梁和庭园内用于车辆、行人通行的主要交通道路上的桥梁。定额项目按园林中常见的石桥、木桥、钢筋混凝土桥编制。

(2) 园桥工程定额消耗量是按正常施工条件、合理施工组织设计及选用合格的建筑、园林材料成品、半成品编制的。

《园林工程消耗量定额》第一章“土石方工程”及第五章“园路工程”相关规定另行计算。桥基与柱、桥台、桥墩的划分，以基础最上层扩大面标高为界线，扩大面以下为桥基。

(3) 桥台、桥墩外有细石料装饰时，细石料砌筑执行“金刚墙细石”定额子目。细石料背里的石砌工程执行“石砌桥台、桥墩”定额相关子目，砖砌工程按建筑工程有关规定执行。

(4) 驳岸项目均不包含驳岸基础部分的工程内容，基础部分应根据不同做法另按相应章节规定执行。

(5) 假山石驳岸、卵石驳岸定额编制时只考虑岸顶结构的工程内容（如假山石堆砌、卵

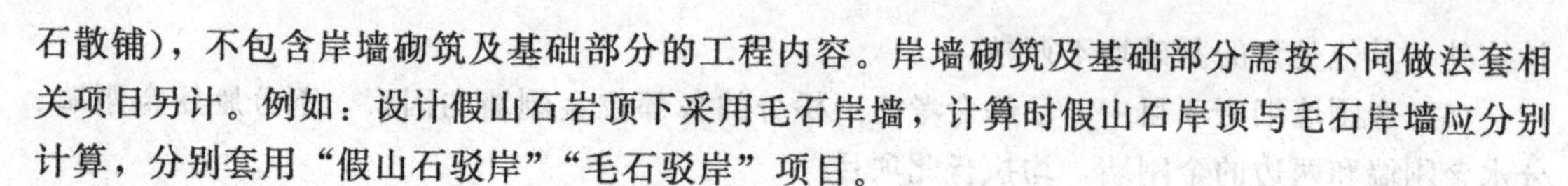

石散铺)，不包含岸墙砌筑及基础部分的工程内容。岸墙砌筑及基础部分需按不同做法套相关项目另计。例如：设计假山石岩顶下采用毛石岸墙，计算时假山石岸顶与毛石岸墙应分别计算，分别套用“假山石驳岸”“毛石驳岸”项目。

(6) 河堤定额编制按素土上直接堆砌考虑，需做基底处理时，另根据设计做法按相关章节规定执行。

(7) 石活的连接方法一般有三种，即构造连接、铁件连接和灰浆连接。构造连接分榫卯连接、企口连接等。铁件连接指用铁制拉接件，将石活连接起来，如铁“接扯”、铁“银锭”、铁“扒锔”等。定额编制按构造连接、灰浆连接。若实际施工中，园桥工程采用铁锔子、铁银锭、铁件等铁制拉接件，需按“铁件制作安装”另行计算。

(8) 望柱、栏板、栏杆定额编制是按平直加工、制作、安装考虑的。斜栏板、斜栏杆及其相连的望柱，无论木制、石质、原木及预制混凝土的栏板、栏板，相应定额人工调增25%。

(9) 子目中人工、材料、机械消耗量的调整规定。

①“桥基”定额子目不分条形基础、独立基础，使用时只区分材料种类不同分别套用，不得调整。

②“混凝土桥身、桥面”定额子目不分梁、板，使用时不得调整。

③ 木制步桥“木柱、木梁、木撑”“原木、方木桥面”定额子目，连接方式、人工及材料消耗量不得调整。

④ 石望柱定额按“20cm×20cm以内”、“20cm×20cm以外”设置，成品石柱材料可按实换算，人工不得调整。

⑤ 木望柱及混凝土望柱定额消耗量不得调整。

⑥ 木栏杆定额，材料用量可以按实际情况调整，人工不变。

材料用量调整数量=图示计算材料用量×(1+损耗率)−定额材料用量木材损耗率按10%计算

⑦ 砌石驳岸定额，不论驳岸是垂直型还是斜坡型，均按护岸材料执行相应定额，不得调整。

⑧ 河堤定额中，实际施工中毛石、卵石、砂浆材料用量与定额不同时，可按实调整，人工不变。

第八节 园林小品工程

一、总说明

(1) 园林小品指园林建设中，具有较强的艺术性和观赏性的点缀品。

(2) 园林小品工程包括原木、竹构件及各种堆塑装饰饰品，以及砖、石、混凝土及小型构件、金属构件等园林小品。

二、工程量计算规则

(1) 原木（带树皮）柱、梁、檩、椽按设计图示尺寸以“m^3”计算（柱高应包括基础设施的部分，长度应加卯榫长度）。原木墙、吊挂楣子及屋面按设计图示尺寸以“m^2”

计算。

(2) 竹构件柱、梁、檩、椽按设计图示尺寸以“延长米”计算，竹吊挂楣子、栏杆、墙按设计图示尺寸以“m^2”计算。

(3) 堆塑装饰工程。分别按展开面积以“m^2”计算。

(4) 小型设施工程量。预制或现制水磨石景窗、平板凳、花檐、角花、博古架、飞来椅、木纹板的工作内容包括：制作、安装及拆除模板、制作及绑扎钢筋、制作及浇捣混凝土、砂浆抹平、构件养护、面层磨光及现场安装。

① 预制或现制水磨石景窗、平板凳、花檐、角花、博古架的工程量均按不同水磨石断面面积预制或现制，以其长度计算，计量单位为“10m”。

② 水磨木纹板的工程量按不同水磨与否，以其面积计算，制作工程量计量单位为“m^2”，安装工程量计量单位为“$10m^2$”。

(5) 堆塑装饰应区分材料的不同，按设计图示尺寸，以展开面积“m^2”计算。

(6) 彩色钢板屋面按设计图示尺寸以“m^2”计算。

(7) 砖、石及现浇混凝土、预制混凝土构件按设计图示尺寸以“m^2”计算。

(8) 园林桌、椅安装按安装基础的设计图示尺寸，以“m^3”计算。

三、有关项目说明

(1) 园林小品工程定额中所列的人工、材料消耗量是按正常的施工条件，正常的施工工艺，合理的施工组织设计，完成单位合格产品所需要的人工、材料的消耗量。

(2) 园林小品工程定额的原木（带树皮）构件，均按一、二类木材卯榫连接计算。竹构件按毛竹考虑。小型设施是按成品考虑，只计算安装所需要的人工、材料消耗量。

(3) 原木（带树皮）吊挂楣子，按一般的井子形结构形式计算。如设计图纸要求材料的消耗量与定额含量不同时，定额允许调整材料的消耗量，但人工消耗量不变。

原木（带树皮）吊挂楣子的连接方法是按卯榫计算，如实际连接方法不同时，执行定额不调整。

(4) 园林小品工程定额屋面按材质不同分为原木（带树皮）屋面、竹屋面、草屋面、钢屋面。定额只考虑了屋面面层的人工、材料消耗量。屋面的基层依据不同的基层材料套用相应的定额子目。混凝土屋面套用相应混凝土板屋面。

(5) 园林小品工程定额堆塑装饰分为塑松（杉）树桩、塑竹节、黄竹、金丝竹等子目。堆塑装饰是在砖、石、混凝土及钢结构的基础上作面层装饰的做法，将面层装饰为树根、树皮及竹类的效果。定额只是考虑了面层的人工、材料消耗量。

(6) 园林小品工程定额小型设施分别为水磨石构件砖砌园林小摆设、金属栏杆、园林桌椅等子目。定额是按成品材料考虑只计取安装的人工、材料的消耗量。

(7) 原木构件均按带树皮计算，如采用不带树皮原木或型材应执行原木定额。

(8) 原木墙、竹编墙均按面层考虑而没有考虑墙体的结构层。墙体的结构层应套用相应的定额。

(9) 原木构件如实际消耗量与定额不同时，定额材料消耗量可按实际调整，但人工消耗量不变。

(10) 竹柱、梁、檩、椽，不论实际连接方法如何，定额不允许调整，实际套用定额子目时应区分不同的胸径分别套用定额子目。

（11）钢柱、梁、檩、椽，定额已综合了各种钢材组合，使用时不论采用何种钢材均不得调整。

（12）园林桌椅不分结构形式及制作材料均按底座体积计算安装工程的人工、材料消耗量。如安装所用材料与定额的材料消耗量不同可按实际换算，但人工消耗量不变。

（13）屋面的脊线、檐线、封檐板等工程量应合并到屋面工程量中。

第九节 园林给排水工程

一、总说明

（1）各类给排水管道分材质、管径，按照施工图所示中心线长度以“延长米”为计量单位，不扣除阀门、管件、器具组成和井类所占长度。

（2）有缝钢管螺纹连接项目已包括丝堵、补芯安装的内容。

二、工程量计算规则

（1）各种阀门按不同规格、连接形式，不分型号以“个”为计量单位。

（2）各种管件连接均按不同材质、规格、连接形式，不分种类以“个”为计量单位。

（3）现场制作导径管，应按不同材质、规格，以大口管径执行管件连接相应项目，不另计制作工程量和主材用量。

（4）在管道上挖眼焊接管接头、凸台等配件，按配件管径计算管件工程量；挖眼接管三通支管径小于等于主管径1/2时，按支管径计算管件工程量，支管径大于主管径1/2时，按主管径计算管径工程量。成品四通的安装，按相应管件连接项目乘以系数1.4。

（5）管件用法兰连接时，执行法兰安装相应项目，管件本身安装不再计算。

（6）阀门上的各种法兰安装按不同材质、规格和种类，分别以“副”为计量单位，压力等级按设计图纸规定执行相应项目。

（7）管道压力试验、吹扫与清洗按不同的规格不分材质以“m”为计量单位。

（8）一般管架制作安装以“t”为计量单位，木垫式管架工程量中不计算木垫重量，但木垫安装已包括在定额内。

（9）法兰水表安装以“组”为计量单位，按设计选用的不同安装形式计算。

（10）喷泉喷头、喷灌喷头安装按材质、规格、种类以“个”为计量单位。

（11）喷泉喷头在每个喷头前安装一个控制阀门，调节水流大小高低阀门、喷头按材质规格、种类以“个”为计量单位。

三、有关项目说明

（1）各种法兰阀门安装与配套法兰的安装，应分别计算工程量。

（2）电动阀门安装包括电动机安装。检查接线及电气调试工程量应另行计算。

（3）阀门安装不包括阀体磁粉探伤、密封作气密性试验，阀杆密封填料的更换等特殊要求的工作内容。

（4）用法兰连接的管道安装，管道与法兰分别计算工程量，执行相应项目。配法兰的盲板只计算主材，安装已包括在单片法兰安装工作内容中。

第十节 室外照明及音响工程

一、总说明

(1) 电气安装规范要求每台电机接线均需要配金属软管，设计有规定的按设计规格和数量计算；设计没有规定的，平均每台电机配相应规格的金属软管 1.25m 和与之配套的金属软管专用活接头。

(2) 电机类型的界限划分：单台电机重量在 3t 以下的为小型电机；单台电机重量在 3t 以上至 30t 以下的为中型电机；单台电机重量在 30t 以上的为大型电机。

二、 工程量计算规则

(1) 室外照明的控制设备及低压电器安装均以“台”或“个”为计量单位，不包括基础槽钢、角钢和混凝土基础的制作安装，其工程量按相应定额另行计算。自动空气开关区分单极、二至四极按其额定电流值以“个”计算。

(2) 铁构件制作安装均按施工图设计尺寸，以成品重量“kg”为计量单位。

(3) 盘柜配线分不同规格，以“m”为计量单位，盘、箱、柜的外部进出线预留长度按表 4-11 计算。

表 4-11 盘、箱、柜的外部进出线预留长度 单位：m/根

序号	项目	预留长度	说明
1	各种箱、柜、盘、板、盒	高+宽	盘面尺寸
2	单独安装的铁壳开关、自动开关、刀开关、启动器、箱式电阻器、变阻器	0.5	从安装对象中心算起
3	继电器、控制开关、信号灯、按钮、熔断器等小电器	0.3	从安装对象中心算起
4	分支接头	0.2	分支线预留

(4) 配电板制作安装及包铁皮，按配电板图示外形尺寸，以“m^2”为计量单位。

(5) 发电机、电动机、风机盘管均以“台”为计算单位。

(6) 断路器、电流互感器、电压互感器、油浸电抗器、电力电容器及电容器柜的安装以“台（个）”为计量单位。

(7) 隔离开关、负荷开关、熔断器、避雷器、干式电抗器的安装以“组”为计量单位，每组按三相计算。

(8) 电缆沟盖板揭板、盖板，按每揭或每盖一次以延长米计算，如又揭又盖，则按两次计算。

(9) 电缆敷设按单根以延长米计算，一个沟内（或架上）敷设三根各长 100m 的电缆，应按 300m 计算，以此类推。

(10) 电缆终端头及中间头均以“个”为计量单位。电力电缆和控制电缆均按一根电缆有两个终端头考虑。中间电缆头设计有图示的，按设计确定；设计没有规定的，按实际情况计算（或按平均 250m 一个中间头考虑）。

(11) 桥架安装，以“m”为计量单位，不扣除弯头、三通、四通等所占长度，组合桥

架以每片长度 2m 作为一个基型片，已综合了宽为 100mm、150mm、200mm 三种规格，工程量计算以“片”为计量单位。

(12) 防雷接地装置，接地极制作安装以“根”为计量单位，其长度按设计长度计算，设计无规定时，每根长度按 2.5m 计算，若设计有管帽时，管帽另按工件计算。

(13) 接地母线敷设，按设计长度以“m”为计量单位计算工程量。接地母线、避雷网敷设，均按延长米计算，其长度按施工图设计水平和垂直规定长度另加 3.9% 的附加长度（包括转弯、上下波动、避绕障碍物、搭接头所占长度）计算。计算主材消耗量时应增加规定的损耗率。

(14) 母线安装以“m”为计量单位，母线与灯具连接、与水泵连接、与水下彩灯连接其预留长度参照表 4-12、表 4-13 执行。

(15) 音响设备以“台”为计量单位。

表 4-12 软母线安装预留长度 单位：m/根

项目	预留长度
耐张	2.5
跳线	0.8
引下线	0.6

表 4-13 硬母线配置安装预留长度 单位：m/根

序号	方式	预留长度	说明
1	带型、槽型母线终端	0.3	从最后一个支持点算起
2	带型、槽型母线与分支线连接	0.5	分支线预留
3	带型母线与设备连接	0.5	从设备端子接口算起
4	多片重型母线与设备连接	1.0	从设备端子接口算起
5	槽型母线与设备连接	0.5	从设备端子接口算起

三、有关项目说明

(1) 直埋电缆的挖、填土（石）方，除特殊要求外，可按表 4-14 计算土方量。

表 4-14 直埋电缆的挖、填土（石）方量

项目	电缆根数	
	1～2	每增 1 根
每米沟长挖方量/m^3	0.45	0.153

注：1. 两根以内的电缆沟，系按上口宽 600mm、下口宽度 400mm、深度 900mm 计算的常规土方量（深度按规范的最低标准）。

2. 每增加一根电缆，其宽度增加 170mm。

3. 以上土方量系按埋深从自然地坪算起，如设计埋深超过 900mm 时，多挖的土方量应另行计算。

(2) 电缆保护管长度，除按设计规定长度计算外，遇有下列情况，应按以下规定增加保护管长度：

① 横穿道路时，按路基宽度两端各增加 2m；

② 垂直敷设时，管口距地面增加 2m；

③穿过排水沟时，按沟壁外缘以外增加 1m。

(3) 电缆保护管埋地敷设，其土方量按施工图注明的尺寸计算，无施工图的，通常按沟深 0.9m、沟宽按最外边的保护管两侧边缘外各增加 0.3m 工作面计算。

(4) 电缆敷设长度应根据敷设路径水平和垂直敷设长度，按表4-15规定增加附加长度。

表4-15 电缆敷设的附加长度

序号	项目	预留长度(附加)	说明
1	电缆敷设弛度、波形弯度、交叉	2.5%	按电缆全长计算
2	电缆进入建筑物	2.0m	规范规定最小值
3	电缆进入沟内或吊架时引上(下)预留	1.5m	规范规定最小值
4	变电所进线、出线	1.5m	规范规定最小值
5	电力电缆终端头	1.5m	检修余量最小值
6	电缆中间接头盒	两端各留2.0m	检修余量最小值
7	电缆进控制、保护屏及模拟盘等	高+宽	按盘面尺寸
8	高压开关柜及低压配电盘、箱	2.0m	盘下进出线
9	电缆至电动机	0.5m	从电机接线盒算起
10	厂用变压器	3.0m	从地坪算起
11	电缆过梁柱等增加长度	按实计算	按被绕物的断面情况计算增加长度
12	电梯电缆与电缆架固定点	没处0.5m	规范规定最小值

注：电缆附加及预留的长度是电缆敷设长度的组成部分，应计入电缆长度工程量之内。

(5) 成品庭院灯引下线由灯泡至灯杆接线盒处，灯具出厂时带此引下线，其引下线长度不计算。母线由灯杆接线盒至埋深垂直高度加预留长度（通常按照0.2m计算）。

(6) 草坪灯、围墙灯的灯具母线由灯泡计算至灯杆高度加埋深垂直高度加预留长度（通常按照0.2m计算）。

(7) 水下彩灯、水泵接线，用防水电缆其预留长度通常计算0.6m。防水电缆不允许有接头且每个灯的连接线都是并联。

(8) 音响设备接线，其计算由设备接线加预留长度（通常按照0.6m计算）加埋深垂直高度。

(9) 送配电设备系统调试，按一侧有一台断路器考虑，若两侧均有断路器时，则应按两个系统计算。

(10) 送配电设备系统调试，包括各种供电回路的系统调试，凡供电回路中带有仪表、继电器、电磁开关等调试元件的（不包括闸刀开关、保险器），均按调试系统计算。

第十一节 措施项目及其他工程

一、 总说明

(1) 包括模板及支撑、脚手架、混凝土搅拌机械及吊装机械三部分。

(2) 模板及支撑部分包括现浇混凝土模板及现场预制混凝土模板。

混凝土模板，定额按组合钢模板支撑（或木支撑）、复合木模板木支撑及木模板木支撑编制；现场预制混凝土模板，定额按组合钢模板、复合木模板、木模板，并配置相应的混凝土地膜、砖地膜编制；实际施工时，按定额所列模板种类选用。

现浇混凝土柱、梁、板的模板，支撑高度按3.6m编制，超过3.6m时，另执行每增

3m 项目（3m 以内的按 3m 考虑）。

脚手架部分按木制脚手架、钢管脚手架及满堂脚手架编制。砌筑高度在 1.2m 以内时，不得执行脚手架项目。按规定执行满堂脚手架的项目，不再单独计算其他脚手架。

树木吊装定额按带土球树木吊装编制，套用定额时，应按树木胸径不同分别套用。

二、 工程量计算规则

（一） 模板及支撑

(1) 现浇混凝土模板工程量，应区分模板的不同材质，按模板与混凝土的接触面积以“m^2”计算。

(2) 混凝土台阶（不包括梯带），按图示台阶尺寸的水平投影面积计算，台阶端头两侧不另计算模板面积。

(3) 混凝土小型构件，按小型构件的混凝土体积以“m^3”计算。

(4) 现场预制混凝土模板工程量，按混凝土的实体积以“m^3”计算。

（二） 脚手架

(1) 柱。按图示结构外围周长另加 3.6m，乘以自然地坪至柱顶之间的高度以“m^2”计算，执行单排脚手架项目。

(2) 梁。按自然地坪至梁底之间的高度，乘以梁长以“m^2”计算，执行双排脚手架项目。

(3) 墙（围墙、景墙）。按自然地坪至墙顶之间的高度，乘以墙面水平边线长度，以“m^2”计算，执行双排脚手架项目。

(4) 桥。按桥身宽度另加 3m，乘以桥台外侧之间的跨度，以“m^2”计算，执行满堂脚手架项目。

(5) 亭子。按亭子屋面板各边加宽 1.5m 所围成的水平投影面积计算，执行满堂脚手架项目。

(6) 假山。假山基本层（3.6m 高）按假山水平投影面的最大外接矩形面积计算，执行满堂脚手架项目；假山增加层（1.2m 高），按相应层的底层计算面积乘以系数 0.8 计算，执行满堂脚手架项目。

(7) 不适宜使用综合脚手架定额的建筑物。可按以下规定计算，执行单项脚手架定额：砌墙脚手架按墙面垂直投影面积计算；外墙脚手架长度按外墙外边线计算；内墙脚手架长度按内墙净长计算。

（三） 吊装机械

(1) 树木吊装机械。应区分树木胸径的不同，按设计图示数量，以“株”计算。

(2) 预制构件吊装机械。按构件的图示尺寸，以“m^3”计算。

(3) 金属构件吊装机械。按图示构件的重量，以“t”计算。

(4) 假山石吊装机械。应按假山高度和山石重量的不同，按设计图示重量，以“t”计算。

(5) 石笋安装吊装机械。按石笋高度的不同，按设计图示数量以“支”计算。

三、 有关项目说明

(1) 现浇混凝土模板工程量中，基础、条形基础按展开宽度乘以基础长度计算；柱模板，按柱周长乘以设计柱高计算，设计柱高以基础扩大顶面至柱顶为准；梁模板，按梁三面展开宽度乘以梁长计算，若柱与梁、梁与梁连接，连接重叠处的模板面积不扣除，端头的模板也不增加。

（2）若混凝土台阶两端有混凝土挡墙、垂带等，需另行计算挡墙、垂带模板工程量。

（3）现场预制混凝土模板子目，已综合了地模内容。

（4）脚手架项目适用于砌筑高度超过 1.2m 的情况。

四、 工程量计算实例

【例 4-2】 某柱，结构断面为 500mm×500mm，基础扩大顶面玉柱顶高 5.6m，采用组合钢模板，钢支撑。试计算措施项目及其他工程量计算。

【解】（1）模板工程量：0.5×4×5.6＝11.2

（2）柱高超过 3.6m，支撑超高的工程量：0.5×4×（5.6－3.6）＝4（m^2）

（3）柱脚手架。工程量：（0.5×4＋3.6）×5.6＝31.36（m^2）。

第五章 仿古建筑工程工程量计算规则和方法

第一节 脚手架工程

一、 脚手架工程说明

（一） 工作内容

脚手架工程的工作内容包括场内外材料运输、搭拆脚手架及附属的上人爬梯、卷扬机井字架、上料平台、挂安全网、上下翻板、拆除后材料分类堆放等。不包括稳安卷扬机、穿钢丝绳。

（二） 有关规定及说明

（1）定额中根据正常的施工周期对周转性材料的使用摊销做了综合考虑，执行中不再调整。

（2）定额中对场外运距已做了综合，执行中不论实际运距远近机械台班均不调整。

（3）苫背挂瓦用双排齐檐脚手架、椽望油漆用脚手架已综合考虑了单层建筑、多层建筑及不同的出檐层数支搭及铺板情况，实际工程中不论何种建筑形式均按定额执行。

（4）外檐椽望油漆用双排脚手架适用于檐头椽望出挑部分及其下连带的木构件、木装修油漆彩绘工程；内檐装饰用满堂红脚手架适用于有天花吊顶建筑内檐的天棚、墙面、木装修、明柱的装饰工程；内檐及廊步椽望油漆用脚手架适用于无天花吊顶的内檐及廊步椽望、木构件、墙面、明柱的装饰工程。

（5）苫背挂瓦用双排齐檐脚手架、外檐椽望油漆双排脚手架定额的“檐高”规定如下：无月台的由自然地坪算起，有月台的由月台上面算起，算至最上一层檐下的梁头下皮。

（6）内檐及廊步椽望油漆脚手架定额的“平均高度”按脊檩中与檐檀（重檐建筑为最上层檐檐檩）中的平均高度计算，内檐有天花吊顶其廊步“平均高度”按檐廊上、下两檩中的平均高度计算。

（7）木构架安装起重架不分单层、多层建筑及出檐层数均执行同一定额。

（三） 工程量计算规则

（1）砌筑用脚手架按墙的长度乘墙的高度以面积计算（硬山建筑山墙高算至山尖）。

(2) 苫背挂瓦用双排齐檐脚手架、外檐椽望油漆用双排脚手架均按檐头长（即大连檐长）乘檐高以面积计算。

(3) 内檐装饰用满堂红脚手架、内檐及廊步椽望油漆脚手架分别以内檐及廊步相应的地面面积计算工程量，内檐若需同时使用上述两种脚手架时工程量应分别按实计算。

(4) 歇山脚手架按座计算，每一山算一座。

(5) 护头棚按水平投影面积计算。

(6) 木构架安装起重架按建筑物首层面积计算。

二、 脚手架相关知识

“脚手架”，这个名词，在清代建筑中称为“搭材作”。为了通俗易懂，符合现代建筑术语，定额称为脚手架工程。

脚手架主要是为建造和修缮建筑物服务的，每当一座建筑物竣工后，立即拆除。有时脚手架随着工程的进度，以及各工种工序的需要，因地制宜，随搭随拆，没有定型的脚手架样式。常用脚手架见图 5-1～图 5-8。

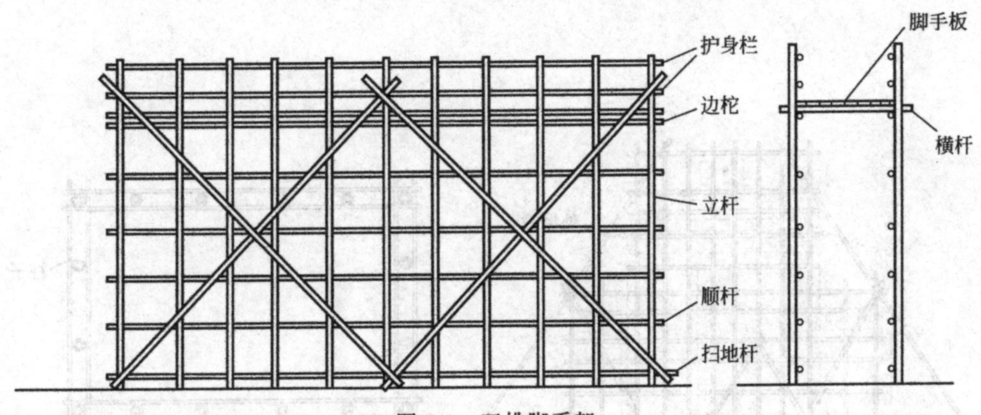

图 5-1　双排脚手架

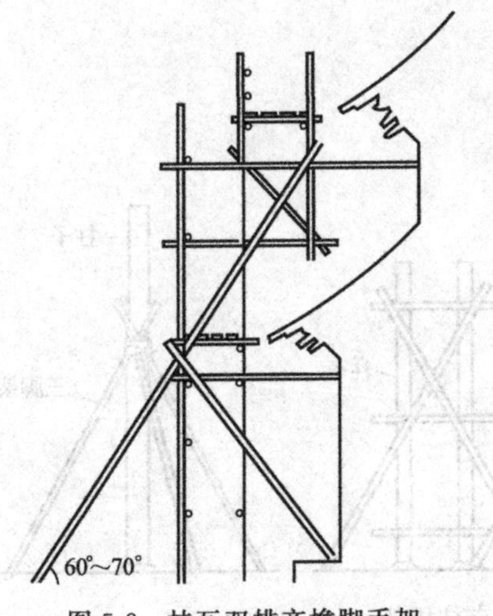

图 5-2　挂瓦双排齐檐脚手架

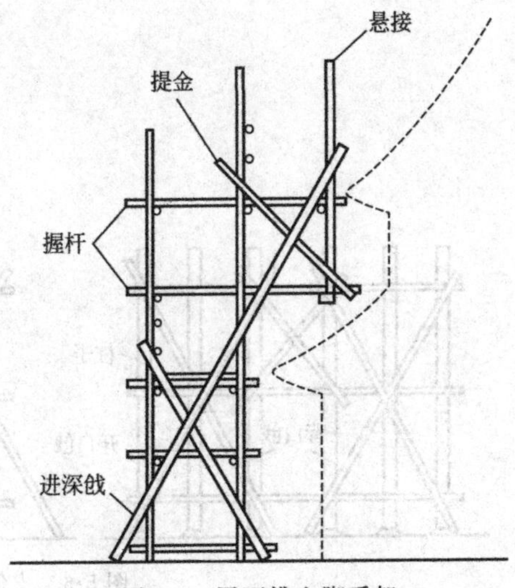

图 5-3　层面排山脚手架

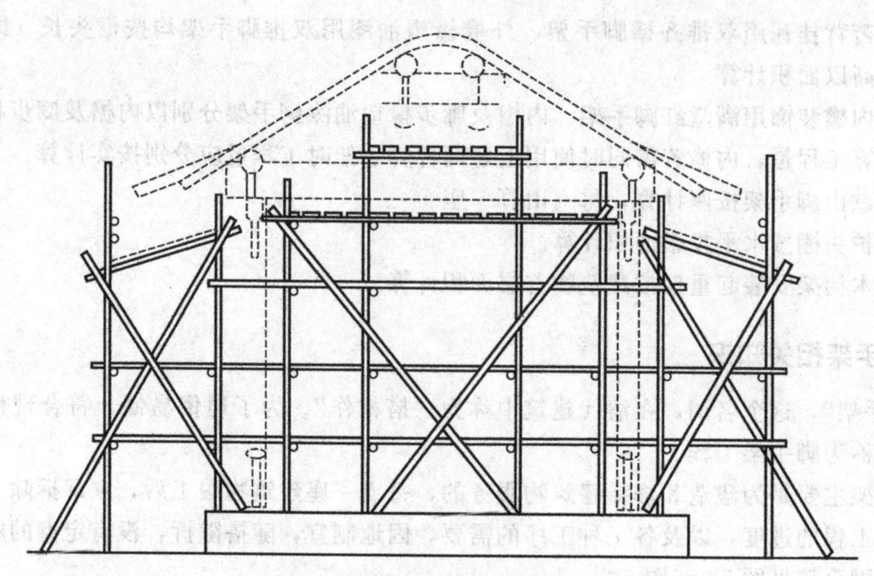

图 5-4 油漆裱糊室内满堂脚手架

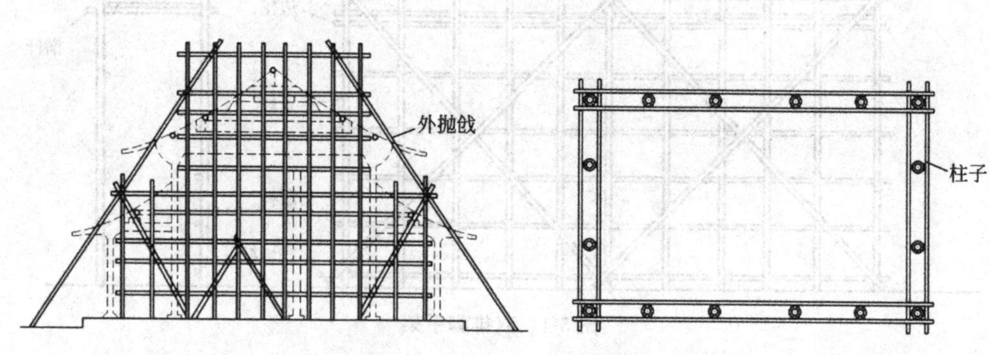

图 5-5 支戗大立木架脚手架

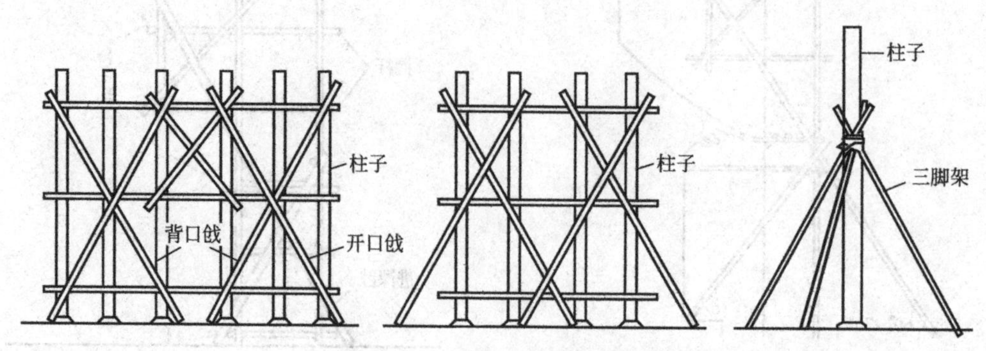

图 5-6 支戗大立木架支柱用架

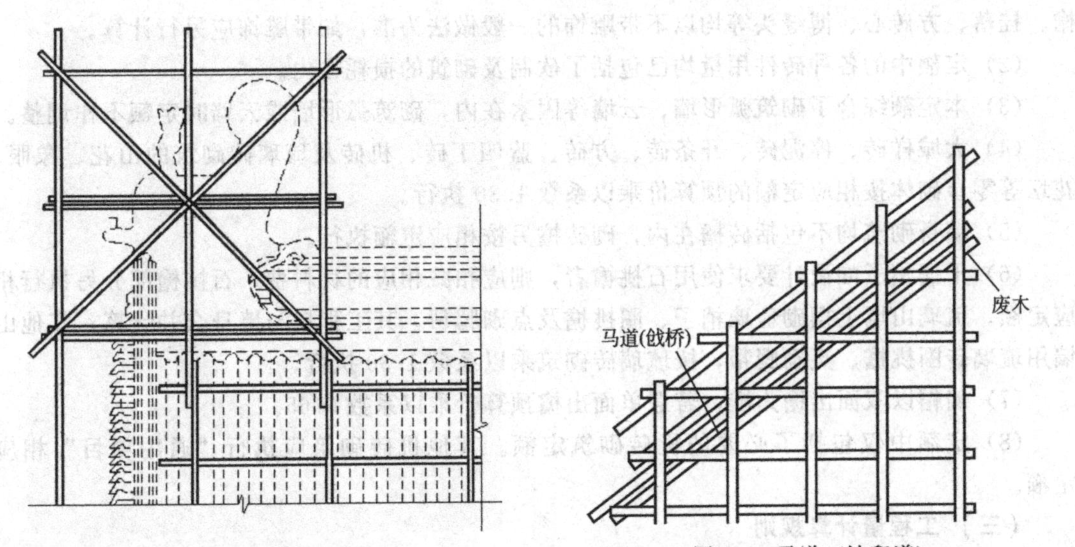

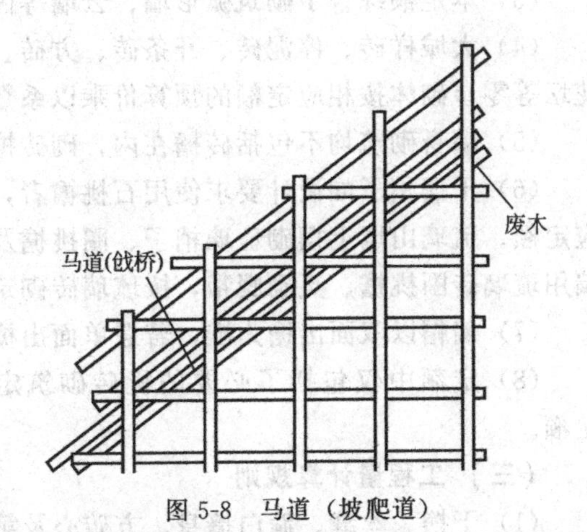

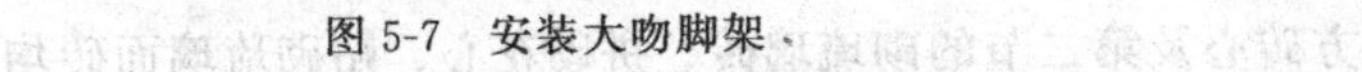
图 5-7　安装大吻脚架　　图 5-8　马道（坡爬道）

我国的古建筑种类繁多，无论是造型还是结构都差别很大，各有其特点，同时在新建仿古建筑和修缮古建筑工程中，各个工种有它不同的工作内容。怎样搭好脚手架，满足各工种的要求，既经济、合理又适用、安全，是当今仿古建筑施工中的重要工序。随着建筑事业的发展，新的起重吊装设备以及新的搭设材料取代了传统的搭设材料。

脚手架工程中，大立木架子，随木作檐架子，安装天花顶架式，随瓦作砌墙架子等，至今在仿古建筑工程中仍然继续使用。因而定额规定两种脚手架的搭设材料：木制脚手架、钢管脚手架。

第二节　砌筑工程

一、砌筑工程说明

（一）工作内容

砌筑工程的工作内容包括准备工器具、现场材料运输、调制各种灰浆、清扫场地等全部操作过程。

(1) 大城样砖、停泥砖、开条砖、方砖、蓝四丁砖、机砖等砌筑均包含了砖件的砍制加工及墙面透空的一般雕刻、摆砌、灌浆、打点等，丝缝、淌白墙砌筑还包括勾缝或描缝，墙帽砌筑包括衬砌胎砖。博缝摆砌包括两层直檐或托山混及衬砌金刚墙。机砖墙砌筑包括校正皮数杆，机砖墙勾缝包括刻瞎缝，堵脚手眼。

(2) 琉璃砌筑包括样活、打琉璃珠、摆砌、灌浆、勾缝打点等。摆砌琉璃博缝包括两层托山混及衬砌金刚墙，琉璃斗拱摆砌包括平板枋至挑檐桁下皮的全部部件。

(3) 摆砌梢子包括荷叶墩、混、炉口、枭、盘头；其中干摆梢子包括圈挑檐、点砌腮帮，琉璃梢子不包括圈挑檐、点砌腮帮。

（二）有关规定及说明

(1) 各种墙所需八字砖、转头砖的砍制已综合在定额内，不得另行计算。梢子、冰盘

檐、挂落、方砖心、博缝头等均以不带雕饰的一般做法为准，如带雕饰应另行计算。

(2) 定额中的各种砖件用量均已包括了砍制及砌筑的损耗在内。

(3) 本定额综合了砌筑弧形墙、云墙等因素在内，砌筑弧形墙或云墙时定额不作调整。

(4) 大城样砖、停泥砖、开条砖、方砖、蓝四丁砖、机砖及琉璃砖砌筑的山花、象眼、花坛等零星砌体按相应定额的预算价乘以系数 1.30 执行。

(5) 墙身砌筑均不包括砖檐在内，砌砖檐另按相应定额执行。

(6) 干摆梢子如设计要求使用石桃檐者，则应扣减相应的材料费，石挑檐部分另执行相应定额。琉璃山墙上摆砌琉璃梢子、圈挑檐及点砌腮帮，其工程量与墙身合并计算；其他山墙用琉璃砖圈挑檐、点砌腮帮，按琉璃砖砌筑乘以系数 1.30 执行。

(7) 墙帽以双面出檐为准，若遇单面出檐预算价乘以系数 0.65。

(8) 定额中仅包括了必要的机砖砌筑定额。其他机砖砌筑应执行“通用项目”相应定额。

（三）工程量计算规则

(1) 干摆、丝缝、淌白墙身、方砖心及第二节的砌琉璃砖、拼砌花心、贴砌琉璃面砖均以图示露明面积计算。砖檐不得并入墙体之内。琉璃花墙以一砖厚为准，按垂直投影面积计算，不扣除孔洞面积。

(2) 糙砌砖墙按实砌立方米计算，砖檐不得并入在内。

(3) 机砖墙砌筑按实砌立方米计算，空花墙不扣除空花部分按立方米计算。混凝土透花墙以垂直投影面积计算。凸出墙面的半圆形砖柱等异型砖柱按实际体积计算。

(4) 糙砌墙面勾抹灰缝按墙面展开面积计算，各种檐子、墙帽勾缝按垂直投影面积计算。

(5) 机砖墙面勾缝按墙面垂直投影面积计算，扣除墙面抹灰面积，不扣除门窗洞口、门窗套等面积，但门、窗、垛的侧壁也不增加。

(6) 檐子砌筑按长度计算。

(7) 摆砌博缝按正脊中至最外端的长度计算。

(8) 摆砌梢子按份计算。

(9) 木梳背璇碹、平碹、圆光碹、异型碹均以露明面积计算，车棚按实砌体积计量。

(10) 干摆门窗套分不同宽度按中线长度计量。

(11) 摆砌墙帽按中线长度计算。

(12) 须弥座的土衬、上枭、下枭、上混、下混、上枋、下枋等分别按外皮长度计算。

(13) 线枋子、琉璃线砖、影壁及看面墙的箍头枋子、廊心墙的上下槛、琉璃梁、板、枋、柱子等均以中线长度计算。

(14) 廊心墙的小脊子、穿插档不分长短按份计算。

(15) 挂檐板、滴珠板按外皮长度计算。

(16) 三岔头、霸王拳、耳子、马蹄磉及琉璃方圆柱顶、雀替等按对计算，琉璃坠山花按份计算。

(17) 琉璃斗拱分高度按攒计算。

二、砌筑工程相关知识

砌筑工程包括的范围很广，如古建筑小品、砖石牌楼、影壁、琉璃砌筑、砖雕、封山的拔檐、什锦高、拱门、须弥座、栏板、角路等。所以砌筑工程在整个古建筑的修建过程之中占相当重要的地位。

砌筑工程是古建筑工程的重要组成部分，砌筑工程始终贯穿整个古建筑的修建过程之中，如从基础、台明，到墙体、封山、拔檐，最后到屋顶，所以砌筑工程项目繁多，建筑艺术性强，涉及建筑材料的种类规格多，施工工艺技术操作涉及的面比较广。地方区域性的砌筑做法，名目更多。

以下重点介绍古建筑的修建过程中有代表性的传统砌筑工艺的工程项目。

（一）砌筑工程的主要类型

古建筑的砌筑的主要类型见表 5-1。

表 5-1　古建筑的砌筑类型

分类方式	砌筑类型		
按建筑材料	砖砌墙、石砌墙、琉璃砌筑、砖坯混合墙(里生外热)、土坯墙		
按砌筑方法	干砌墙	磨砖对缝、干摆缝	
		石墙：干背山(干插石)、靠缝虎	
		皮石、冰纹石、方正料石	
	浆砌墙	砖墙	细砌：丝缝(一细)、米缝(二细)、砂缝(三细)
			粗砌：带刀灰(拉白灰条)
		石墙	细砌：靠缝虎皮，冰纹石，细斧料石，方正石
			粗砌：虎皮石，冰纹石

（二）常见的几种山墙样式

(1) 悬山五花墙（大式），如图 5-9 所示。

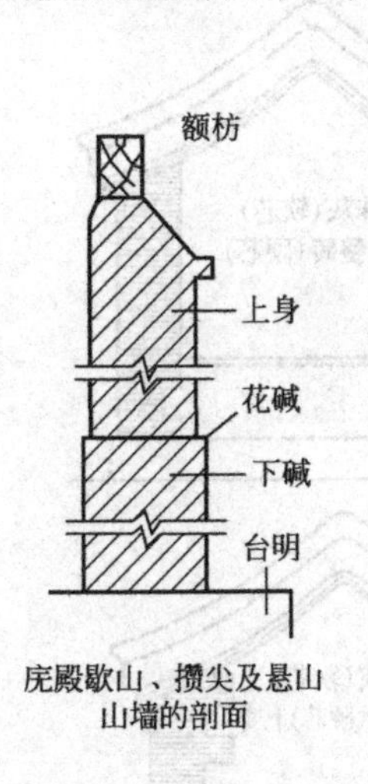

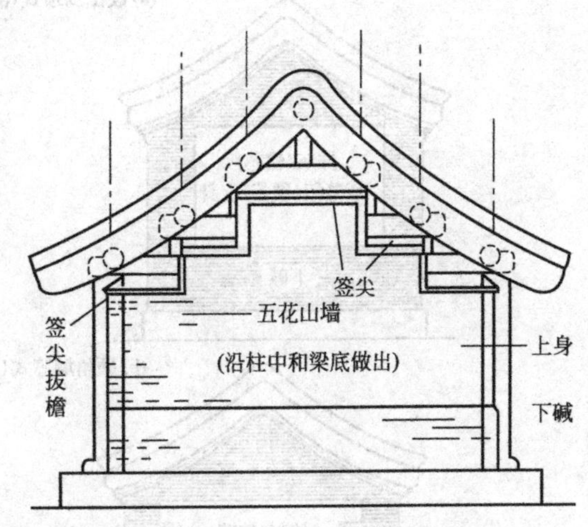

图 5-9　悬山五花墙

(2) 悬山丰硬山墙（小式）（山不到顶），如图 5-10 所示。

(3) 硬山式山墙，如图 5-11 所示。

(4) 一殿一卷式山墙（抱厦式、勾连搭），又有悬山、硬山之分，如图 5-12 所示。

(5) 山墙的内立面形式，如图 5-13 所示。

（三）大式硬山的构造

大式硬山做法的山墙，主要分四部分：台基、下碱、上身、山尖，见图 5-14。

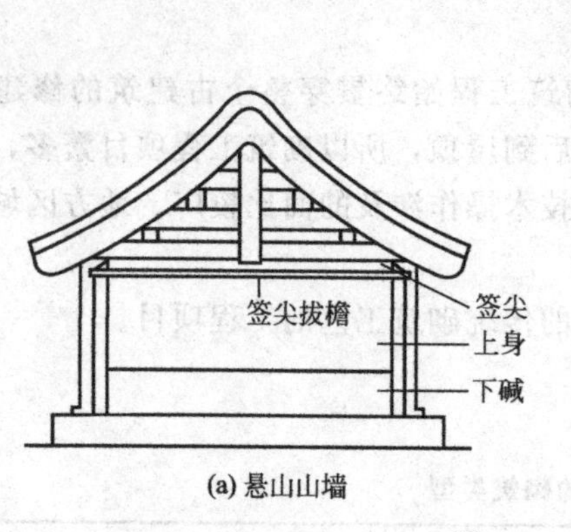

(a) 悬山山墙

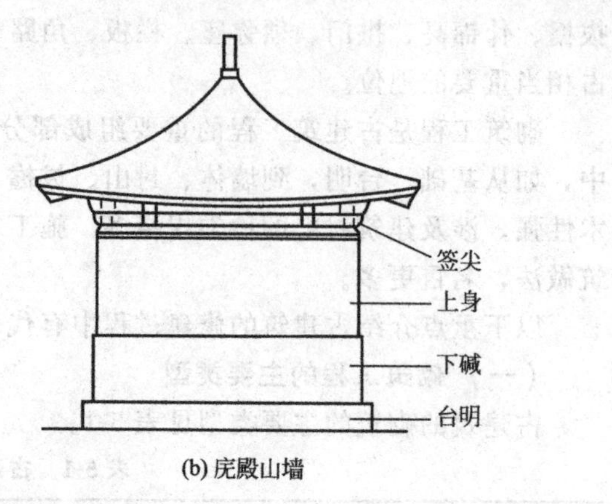

(b) 庑殿山墙

图 5-10 悬山丰硬山墙

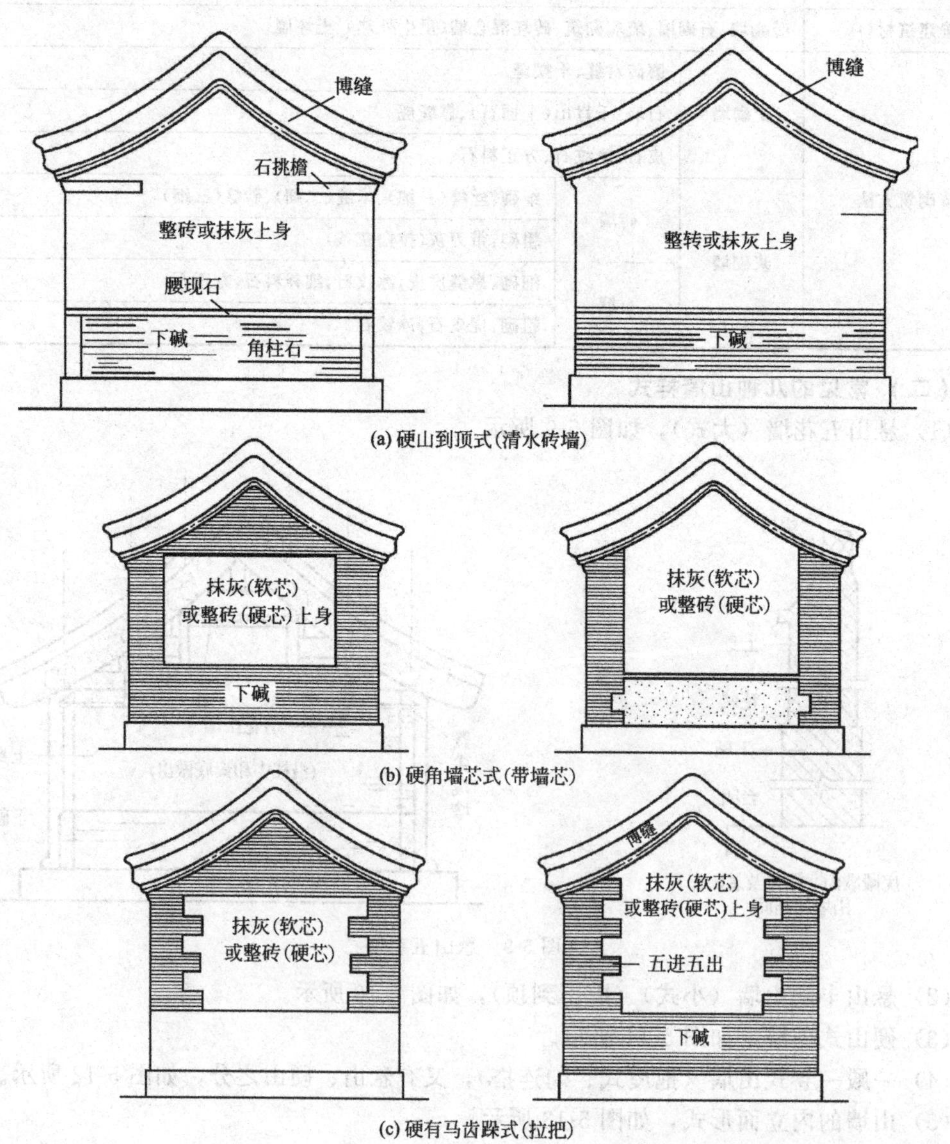

(a) 硬山到顶式(清水砖墙)

(b) 硬角墙芯式(带墙芯)

(c) 硬有马齿踩式(拉把)

图 5-11 硬山式山墙

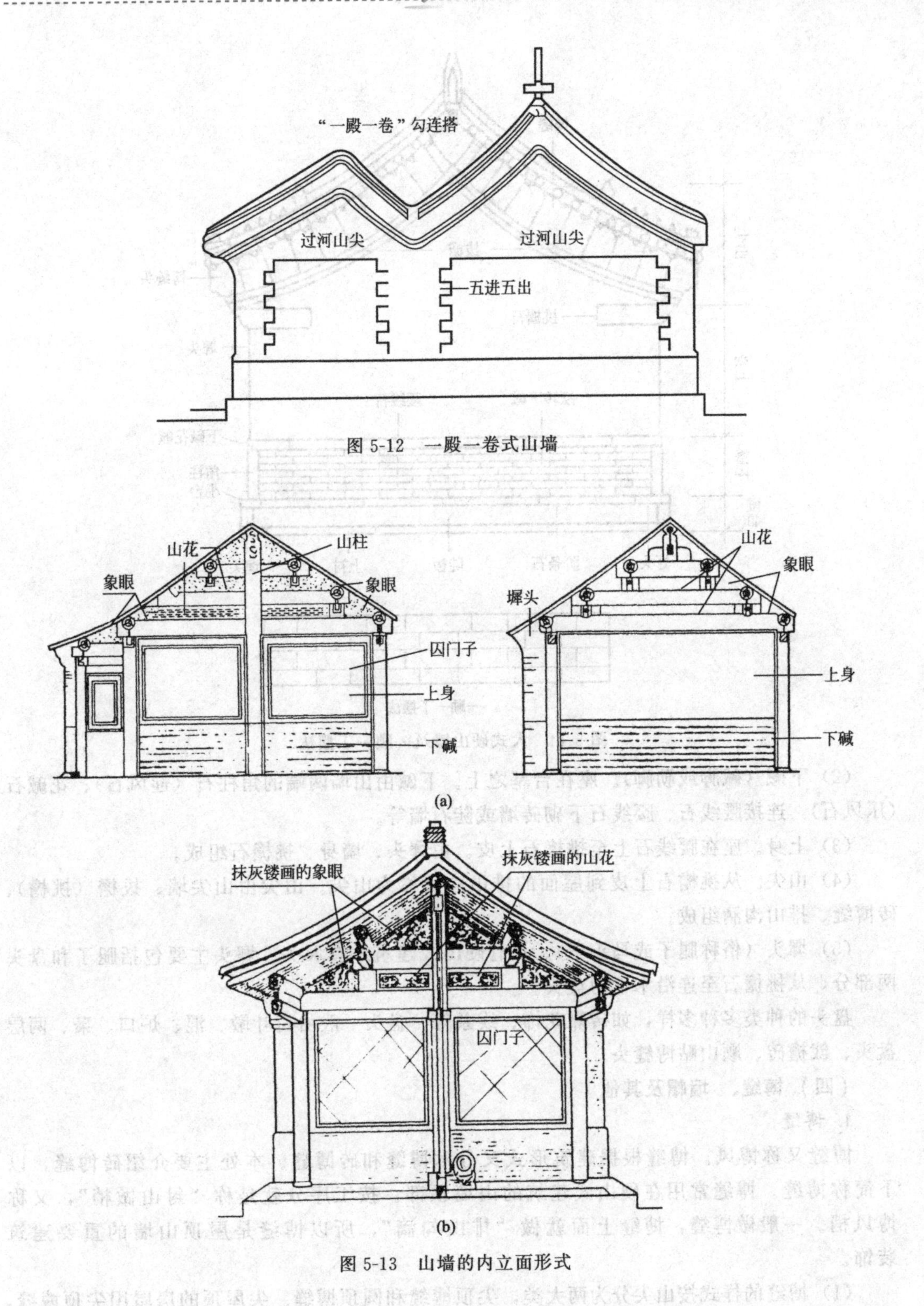

图 5-12　一殿一卷式山墙

图 5-13　山墙的内立面形式

(1) 台基。座在基础的土衬石上。台基由顺踩头石的埋头石（拐头）、陡板石、阶条石组成。

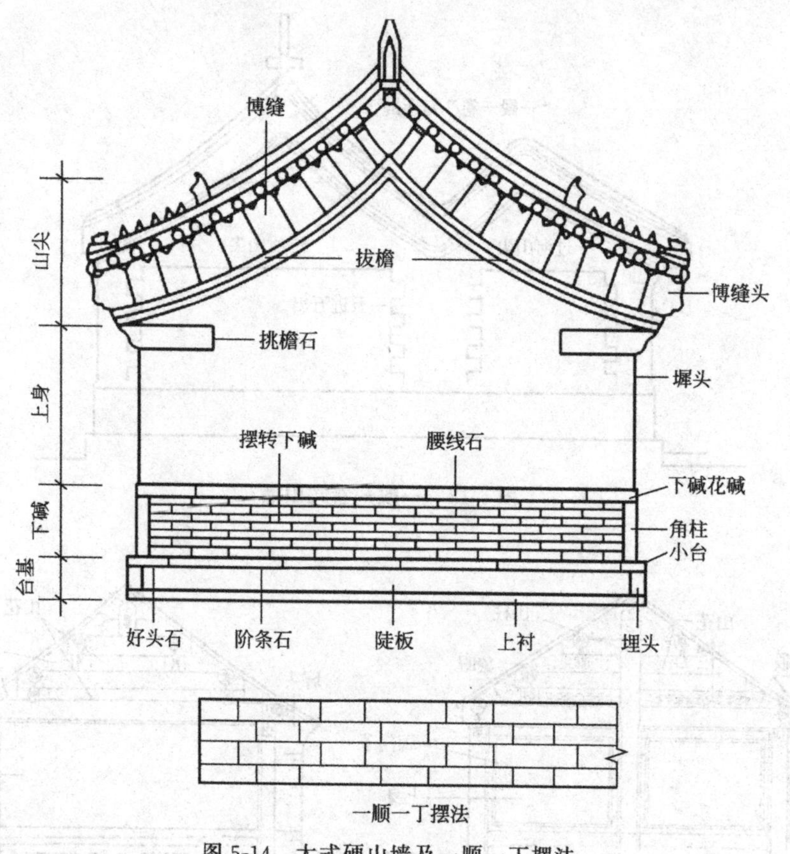

图 5-14　大式硬山墙及一顺一丁摆法

(2) 下碱（碱脚或勒脚）。座在台基之上。下碱由山墙两端的角柱石（迎风石）、花碱石（压风石），连接腰线石、腰线石下砌砖墙或陡石墙等。

(3) 上身。座在腰线石上至挑檐石上皮。由墀头、墙身、挑檐石组成。

(4) 山尖。从挑檐石上皮到屋面的排山沟滴称为山尖。山尖由山尖墙、拔檐（挑檐）、砖博缝、排山沟滴组成。

(5) 墀头（俗称腿子或马头子）。只有硬山式建筑才有墀头。墀头主要包括腿子和盘头两部分，从挑檐石至连沿木下为盘头。

盘头的种类多种多样，如砖雕花饰、线条等。盘头一般由荷叶墩、混、炉口、枭、两层盘头、戗檐砖、顺山贴博缝头。

（四）博缝、墙帽及其他

1. 博缝

博缝又称博风。博缝根据建筑形式又分木博缝和砖博缝。本处主要介绍砖博缝，以下简称博缝。博缝常用在硬山式建筑的山墙顶部。按工序分就是称“封山做梢”，又称博风梢。一般做博缝，博缝上面就做“排山勾滴”，所以博缝是屋顶山墙的重要建筑装饰。

(1) 博缝的样式按山尖分为两大类，尖顶博缝和圆顶博缝。尖屋顶的房屋用尖顶博缝，卷棚顶或高出屋面的博缝（挡梢）用圆顶。封山尖的几种做法见图 5-15。

(2) 博缝工程量的计算，根据定额规定，按博缝的用砖尺寸大小和干摆、灰砌来套相应定额中项目，其工程量按延长米计算，其单位是 10m。

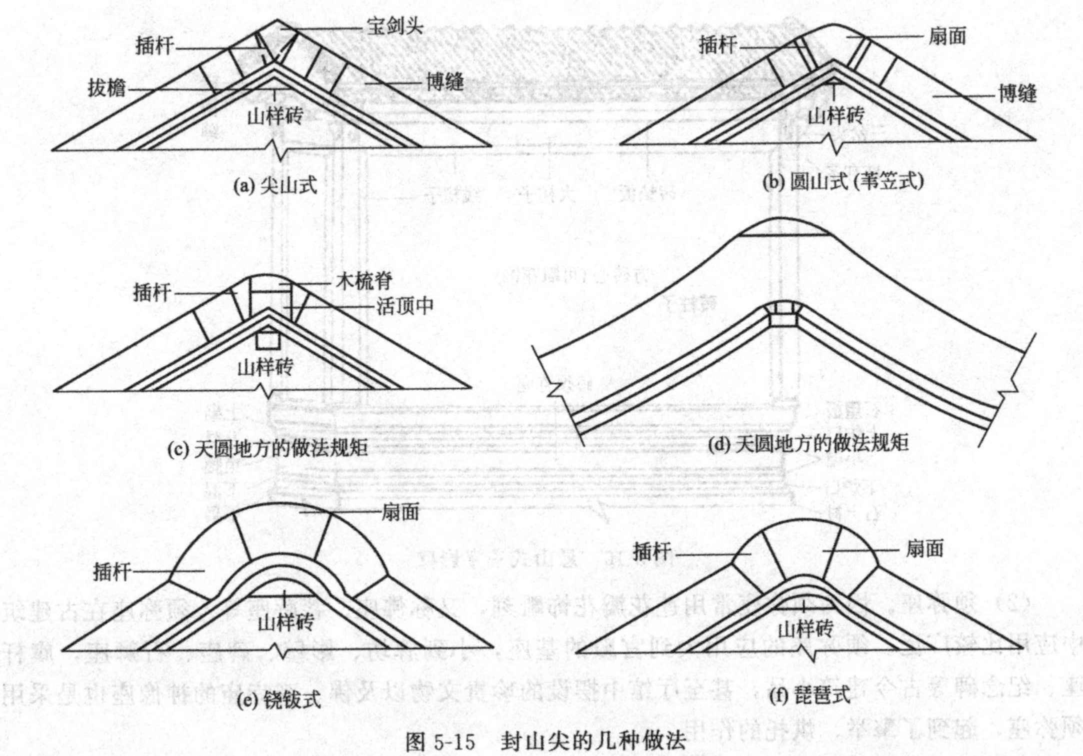

图 5-15 封山尖的几种做法

2. 墙帽

墙帽，俗称墙顶，工序称封墙顶。墙帽在仿古建筑中大体分四种做法。

(1) 砖砌顶，用砖砌筑，或采用丝缝，灰砌勾缝做法。如蓑衣顶（螺丝转）、真硬顶（面砖顶）。

(2) 抹灰顶，用砖粗砌成形后，用灰砂浆抹成墙帽。如馒头顶、鹰不落顶、披水顶。

(3) 瓦墙顶，用琉璃瓦、小青瓦做的墙顶，如筒瓦、仰瓦顶。

(4) 花瓦顶，用筒瓦、板瓦或砖，干摆或用灰砌成的花式墙顶。

墙帽的做法也有大式、小式之分。冰盘檐瓦顶为大式，蓑衣顶、花瓦顶、真硬顶等为小式。墙帽不管是大式、小式有着共同的特点，即都是由砖檐、墙顶组成的。

墙帽和砖檐采用的形式是根据主体建筑形式来确定院墙的高度，其用料的做法和细微程度不应超过主体建筑。院墙越高，砖檐的层数应越多，墙帽也相应越大，反之，就要相应减少。

墙帽的工程量计算同博缝，也是按延长米计算的。

3. 其他（影壁、须弥座）

(1) 影壁。也称照壁、照墙。古时称“萧墙”。据说，“影壁”二字是由“隐避”二字变化来的。在门里为“隐”，在门外为“避”，后通称为“影壁”。

① 影壁是设立在建筑院落大门的里面或者设在外在、迎着大门的墙壁。它面对大门起到屏障作用。

② 影壁的形式有一字影壁（图 5-16）、人字影壁、撇山影壁（扇面影壁）、座山影壁。

③ 影壁由须弥座，影壁墙身、墙帽组成。墙身包括砖柱、方砖心。墙帽包括砖檐、博缝、瓦顶。

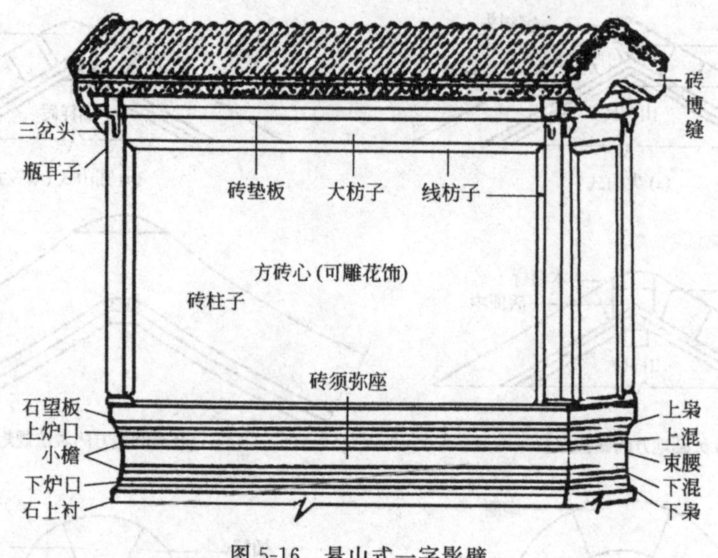

图 5-16 悬山式一字影壁

(2) 须弥座。因为须弥座常用莲花瓣花饰雕刻，又称佛座、菩萨座等。须弥座在古建筑中应用比较广泛。须弥座的应用大到宫殿的基座，小到牌坊、影壁、碑座、石狮座，旗杆座、纪念碑等古今建筑小品，甚至厅馆中摆设的珍贵文物以及佛、观寺庙的神像座也是采用须弥座，起到了擎举、烘托的作用。

① 须弥座在古建筑中，大体分三种，即石制须弥座、砖制须弥座和木制须弥座。

② 须弥座的基本形式有宋式和清式两种。

③ 须弥座立面的基本形式。以束腰为界线，束腰以上为上枭、上枋、皮条线、地伏、栏杆、塑柱，束腰以下为下枭、下枋、圭角。

④ 须弥座采用的图案和雕刻花饰，应按古建筑历史以及建筑物的使用性能来确定。须弥座的尺寸、样式和采用的图案花饰是十分严格的，要严格区分儒、释、道、基督、伊斯兰教等所避讳和忌讳的图案和花饰，以免不伦不类。

⑤ 须弥座的工程量的计算。须弥座的线条砖构件，如圭角、炉口、直檐、枭、混等，应分别套用相应定额，计算单位为“m”。

(五) 琉璃砌筑工程

琉璃砌筑，是用全琉璃制成的标准建筑构件，按照砖砌、砖硅、砖贴的方式进行施工组合，建成琉璃的建筑物。如墙身、檐口、须弥座、盒子花心等。总之，这种全琉璃建筑在全国极少使用。

关于工程量，按照图纸注明的琉璃构件的名称和施工做法，对照定额的项目，逐项计算。

(六) 砌筑工程项目及计算

1. 墙身

(1) 干摆墙。即干摆砖墙，即“磨砖对缝”的做法，用砍磨制对缝的砖，干摆砌成的墙。

(2) 丝缝墙。将砍磨对缝的砖，用白灰浆砌成墙面，灰缝约 3mm。济南地区称砖细活，一细（丝缝），二细（米缝），三细（绿豆缝）。

(3) 淌白墙。在当地又称大面砖，砖分大小面。墙面用砖，只需要简单磨面加工，用浆砌随用瓦刀划缝。灰缝 5～8mm。

(4) 糙砌砖墙。带刀灰称“白灰条，上打灰”。将灰浆抹在砖上，随砌随用瓦刀划缝。灰缝 5～8mm。

(5) 砌筑虎皮。又称虎皮墙。虎皮墙分混水墙、清水墙、双清墙。在砌筑上分干砌和浆砌。清水墙勾缝，混水墙一般抹面，或原浆勾缝。

(6) 墙面的勾缝。又称插缝、抹缝。勾缝的作用：一是为了保护墙面，二是为了墙面的美观。所以勾缝在古建筑中的工艺是比较讲究的。有经验的工人常说“三分砌七分勾”“三分勾七分扫”，由此可见墙面勾缝的重要性。灰缝分平缝、凸缝、凹缝三种形式。

① 平缝。又际平口缝。灰缝同墙勾平称平口缝。

② 凸缝。又称鼓缝，突出墙面 1～3mm 的缝。鼓缝又分圆弧缝（泥鳅缝）、皮条缝（带子缝）、荞麦缝（棱角缝）、虎皮缝。

③ 凹缝。又称扣里缝、洼缝。灰缝嵌入墙面 2～3mm。洼缝又分圆洼缝、风雨缝（坡棱缝）、燕口缝。如图 5-17 所示。

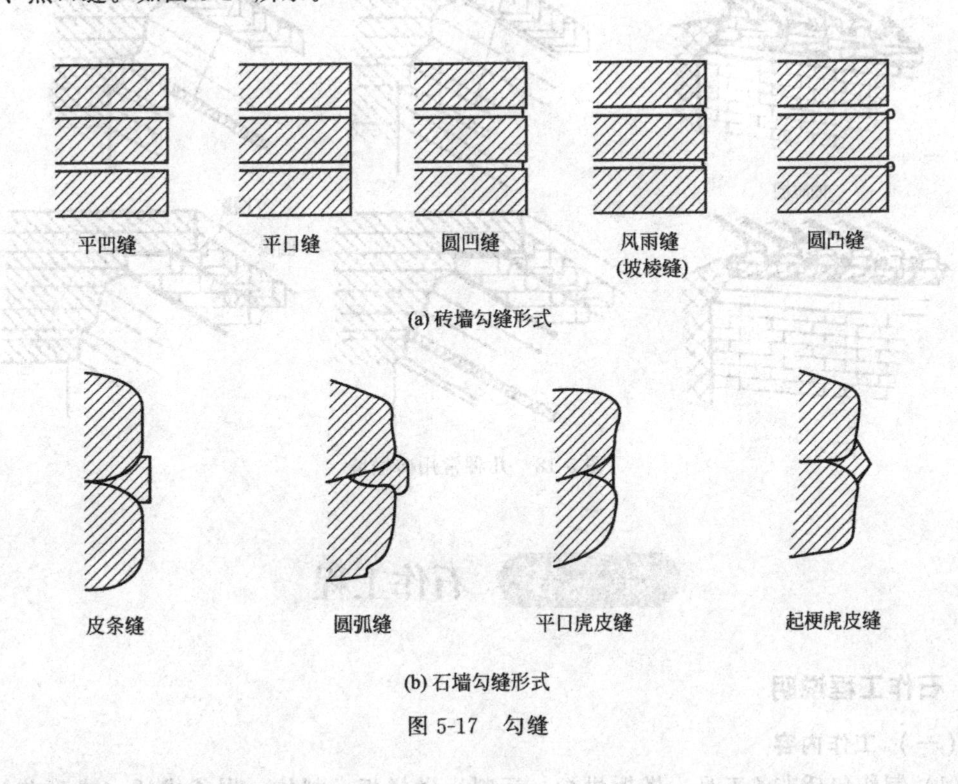

图 5-17　勾缝

(7) 墙身的计算。根据定额的规定，干摆墙、丝缝、淌白墙身均按墙面的面积以平方米计算。糙砖外墙按体积计算。墙面的勾缝均按面积计算。

2. 砖檐

檐在整个建筑物方面占有重要位置。第一，檐是墙身和屋顶的分界线，也是建筑物的主轮廓线之一；第二，檐的出挑起到防止雨水的冲刷和保护墙身的作用；第三，檐的艺术造型起到对建筑物的美化作用。

几种常用砖檐墙见图 5-18。

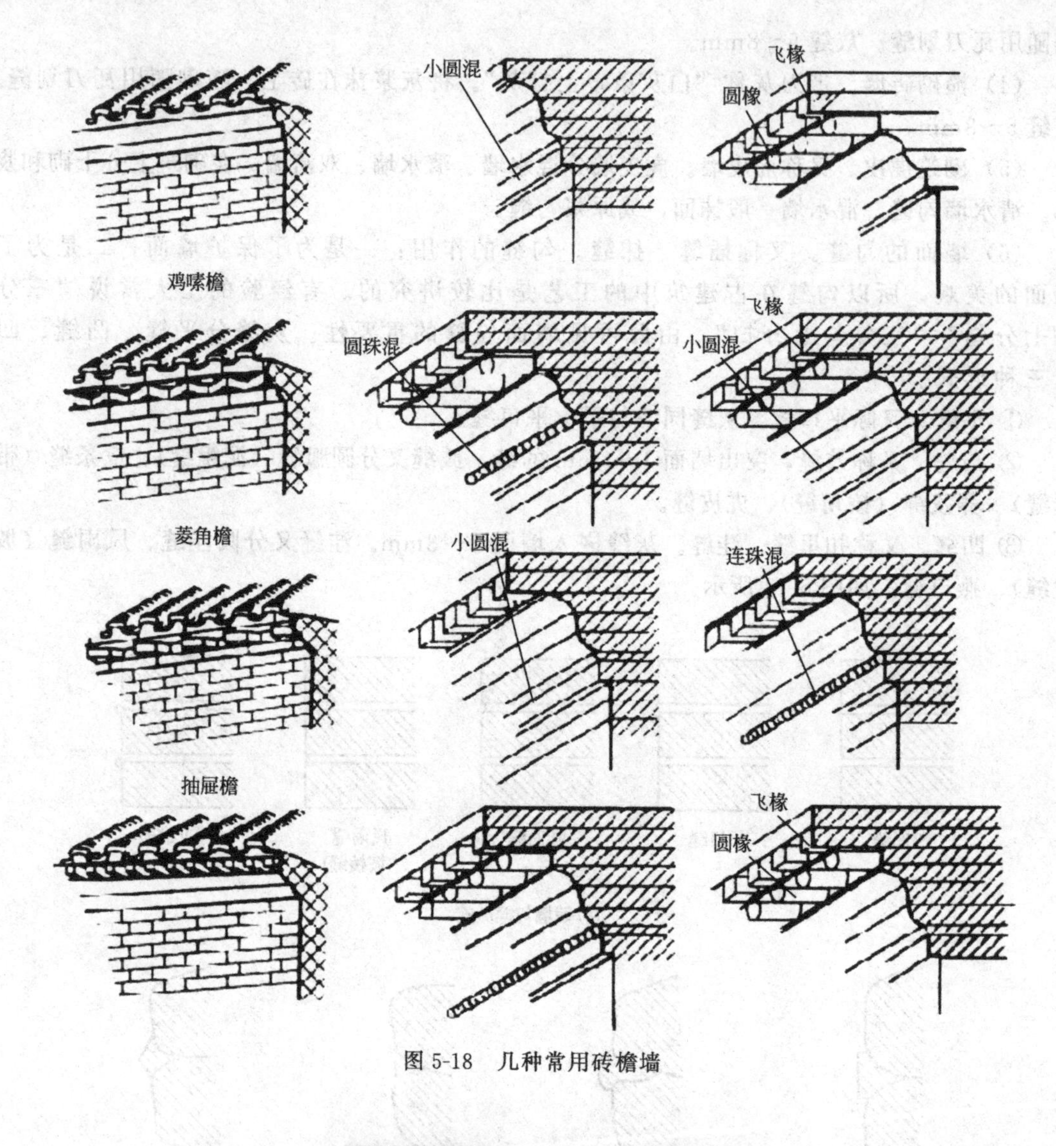

图 5-18 几种常用砖檐墙

第三节 石作工程

一、 石作工程说明

（一） 工作内容

(1) 制作包括准备工具、搭拆烘炉、运料、做样板、制作、剁斧成活（或砸花锤、打道），带雕饰的石活还包括画样子、雕凿花饰及扁光。

(2) 安装包括调制灰浆、运料、搭拆烘炉、截一个头、打拼缝头、稳安垫塞、灌浆、净面剁斧、搭拆小型起重架、挂倒链等。

（二） 有关规定及说明

(1) 石作工程定额包括台基、台阶、柱顶石安装，墙身石活、门枕石、槛垫石安装，地面及其他石活安装，栏板、望柱等石活安装等 4 节共 41 个子目。

(2) 石作工程定额以使用青白石为准，综合了制作和安装的全部工序和用料。如使用花岗岩坚硬石料时，其人工费乘以系数 1.35，其他不变；使用汉白玉及砖碴石时，均执行本定额。

(3) 定额中石料的耗用量已包括了综合加荒尺寸和损耗建设单位提供的荒料加荒尺寸超过 50m 以上者另行计取荒料加工费。

(4) 不带雕刻的石活制作定额已综合了剁斧、砸花锤、打道等做法，无论设计要求用上述何种做法及剁几遍斧定额均不调整，但设计要求磨光时另按相应定额子目执行。

(5) 柱顶石安装已综合了普通和异型；阶条石安装已综合了掏柱顶卡口的用工。

(6) 角柱和埋头的制作、安装，不分规格形状，均执行本定额。

(7) 方形门鼓石（幞头鼓）以正面做浅浮雕为准；圆形门鼓石及滚墩石以大鼓做转角莲为准。若与设计要求不同时，不得调整。

(8) 栏板、望柱等各成品石活安装项目，不分使用部位，均按本定额执行。如为料形或异型者预算单价乘系数 1.25。

(9) 遇有河底海墁项目时，应执行甬路、海墁地面相应子目。

(10) 石活安装以一般安装方法为准，如果用铁锔子、铁银锭另按相应子目执行。

(11) 安装碹石不包括支搭碹胎。

二、 工程量计算规则

(1) 石作工程定额菱角石面积计算以顶面投影面积加两侧面积的面积之和计算，以 $10m^2$ 为计算单位。

(2) 石作工程定额“做糙”系粗加工，“剁斧”系细加工。加工面的加工等级按照功能上的要求确定石料各个面的加工等级的标准进行计算。凡不外露部位的加工均为粗加工，露面均为细加工，所以剁斧的工程量只能按其砌筑后的外表面计算。凡被掩盖的其他各个面均按指定的粗加工的外表面计算。反之，石料露面部位系细加工，其不外露部位的加工一般情况下均为粗加工（当某些石构件外表面要求很粗，而其缝口要求很细的情况下，其缝口所处的平面可能出现细加工）。总之，每块构件耗用的加工人数取决于各个加工面不同或不同的加工等级要求，最后计算其耗用人工的总和。

(3) 须弥座台基，按垂直投影面积以平方米计算。

(4) 垂带台阶、如意台阶、礓䃰，均按水平投影面积以平方米计算。

(5) 柱顶石打透眼，以个计算。

(6) 月洞元宝石、门枕石、门鼓石，规格以块计算。

(7) 甬路、海墁地面（含河底海墁），按水平投影面积以平方米计算。

(8) 沟嘴子、牙子石，均按图示尺寸以米计算。

(9) 抟杖栏板、罗汉板、抱鼓石，分别按其设计底边长度乘以平均高度，以平方米计算。

(10) 其他项目台基、台阶、柱顶石等，均按图示尺寸以立方米计算；图纸尺寸标注不全者，按表 5-2 执行。

(11) 定额中的构件规格均以成品构件的净尺寸规格计算。镂（透）空栏板以其外框尺寸计算面积，即其虚透部位不扣除面积。

(12) 定额锁口石（内侧）和地坪台、侧塘石的四周做快口，均按板岩口定额计算，即按快口定额乘系数 0.5 计算。

表 5-2 石作工程量计算参考表

项目	厚	宽	埋深
土衬(砖砌陡板)	宽的 4/10	按细砖宽的 2 倍	
土衬(石陡板)	同阶条石厚	陡板厚加 2 倍金边宽	
埋头(侧面不露明)	同阶条石厚		如带埋身,埋身按露明高
陡板	高的 1/3		
柱顶石	宽的 1/2		
象眼	高的 1/3		
腰线石		高的 1.5 倍	
槛垫石	宽的 1/3		
须弥座各层		同上枋宽	
须弥座土衬	同圭角厚	同上枋宽	
夹杆石、镶杆台			按露明高

注：阶条石计算体积时，不扣除柱顶石卡口所占的体积；券石、券脸石及异型柱顶石，均按最大矩形的体积；夹杆石、镶杆台，按截面积乘高（不扣除柱子所占体积）计算体积。

(13) 定额线脚加工不分阴线与阳线的区别。凡线脚深度小于 5mm 时按线脚加工定额乘系数 0.5 计算。石浮雕中的雕刻线脚不分其深与浅，均按线脚定额中一道线的加工定额计算，以 10 延长米为计量单位。

(14) 定额中的斜坡加工按基坡势定额计算。当坡势高度小于 6cm 而大于 1.5cm 时，按坡势定额乘系数 0.75 计算。当坡势高度小于 1.5cm 时按照快口定额计算，以 10 延长米为计量单位。

(15) 定额中踏步、阶沿、侧塘、锁口等石料，按其实际錾光的不同加工面及其不同的加工等级，按所发生的加工面计算其耗工之总和，以 $10m^2$ 为计量单位。

(16) 定额中梁、柱、枋、石屋面、拱形屋面板等构件是按其竣工石料体积计算其耗工之总和，以 m^3 为计量单位。

(17) 定额中石浮雕部分按其雕刻种类的实际雕刻物的底板外框面积计算，以 m^2 为计量单位。

第四节 木构架及木基层

一、 木构架及木基层说明

(一) 工作内容

(1) 本节中凡未分制作与安装的项目除另有规定者外，均包括制作与安装。

(2) 木构件、木基层、板类及其他部件制作均包括排制分杖杆、样板、选配料、截料、刨光、画线、制作及雕凿成型、弹安装线、标写安装号、试装等；圆形截面的构件还包括疖子、剥刮树皮、砍圆；板类构、部件还包括企口拼缝、穿带、制作边缝压条。

(3) 木构件吊装包括垂直起重、翻身就位、修整榫卯、入位、栽销、安替木或丁头拱、校正绑戗、钉拉杆、挪移抱杆及总装完成后的拆戗、拆拉杆等。

(4) 木基层、板类及其他部件安装包括挂线、找规矩、找平、栽销、钉牢、钉边缝压条；山花板安装还包括挖桁檩窝；檐椽、飞椽安装包括齐头。

(二) 有关规定及说明

(1) 各种柱制作、安装定额已综合考虑了其角柱的不同情况，执行时不作调整。棂星门柱执行擎檐柱、戗柱定额。牌楼明柱与边柱均执行牌楼柱定额。牌楼边柱及高拱柱均包括与其他相连的通天斗。

(2) 下端带有垂头的悬挑童柱，执行攒尖雷公柱、交金灯笼柱定额。

(3) 凡一端或两端榫头交在柱头卯口中的枋及随梁均执行大额枋、单额枋、桁檩枋定额；凡两端榫头均需插入柱身卯眼中的枋及随梁均执行小额枋、跨空枋、穿插枋定额。

(4) 递角梁、斜抱头梁与各架梁、抱头梁执行同一定额。

(5) 三至九架梁、月梁、单步梁、双步梁、三步梁、抱头梁均以普通梁头为准，设计要求挖翘拱者执行带麻叶头梁的定额。

(6) 踩步金两端不论做成梁头或檩头，定额均不得调整。

(7) 扣金、插金仔角梁的翘头以贴作为准。

(8) 荷叶柁墩及在梁底柱上单独使用承托梁的通雀替，执行时应按“工程量计算规则”的有关规定分别执行。

(9) 挂檐板和挂落板，凡露明者执行挂檐板定额，其板外另装面层执行挂落板定额。

(10) 木楼板安装后净面磨平定额，只适用于其上无铺装的直接油饰的做法。

(11) 雀替以单翘为准，不带翘者工料也不调整。

(12) 人字屋架及防腐等项目是仿古建筑工程的专用子目。人字屋架定额中已包括了刨光、垫囊、包假柁头等因素；如设计不同时均不作调整。

(13) 木构件项目，若设计为垂花门者，执行相应子目。

(三) 工料消耗水平的确定

由于中国古建筑的木构梁全部采用榫卯结合，仿古建筑设计、施工基本上因袭旧制，因而在木构件制作定额中，使用木材的形态和用料，用体积构件的榫卯大小、多少的差别就成了用工消耗的主要参照。定额中对于用直径接近原木直接加工制作的圆柱、圆檩、攒尖雷公柱等，均按直接用天然原木制作考虑；对于枋、梁等构件则按截面相当“特枋”等规格料加工制作考虑，而屋面木基层、板类等部件是按用厚度相符的锯材，在现场改锯、开料、拼接加工制作考虑的，定额在工作内容中对此均作了相应规定。

二、 工程量计算规则

(1) 按立方米计量工程量的各种构、部件均按长乘以最大圆形或矩形截面积计算，其中攒尖雷公柱截面积按其外接圆的面积计算，扶脊木截面积按脊檩截面积计算。长度计算方法如下。

① 柱类按图示长度，即由柱顶石（或墩斗）上皮量至梁、平板枋或檩下皮，套顶下埋部分按实长计人，带通天斗的牌楼边柱柱高量至檩（橇）上皮，通天斗包括在内不另行计算。

② 枋、梁、角梁、承重等端头为半榫或银锭榫的量至柱中，透榫或箍头榫的量至榫头外端（无图示者按《营造算例》加榫规则计算），仔角梁厌兽榫不计人，承重出挑部分量至挂檐（落）板外皮。

③ 瓜柱、太平梁上雷公柱长及柁墩高按图示尺寸；攒尖雷公柱长度无图示者按其身径的 7 倍计算。

④ 桁檩长度按梁架轴线至轴线间距计算，搭角出头部分应计算在内，悬山出挑，歇山收山者山面量至博缝板外皮，硬山建筑量至排山梁架外皮，硬山搁檩者量至山墙中心线。

⑤ 额垫板、桁檩垫板由柱中量至柱中。

⑥ 棱木、沿边木长度按梁架轴线至轴线间距计算，挑出部分量至柱檐（落）板外皮。

⑦ 踏脚木长度按外皮尺寸，两端量至角梁中线。

⑧ 檩木、棱木防腐，按其端头以个计算。

⑨ 木柱防腐，按根计算。

⑩ 大雀替、三幅云拱、麻叶云拱等，分别以个、块、根、份和千克计算。

(2) 按延长来计算工程量的构、部件，长度计量方法如下。

① 直椽按檩中至檩中斜长计算，檐椽出挑量至端头外皮，后尾与承椽枋相交者量至枋中线，翼角椽单根长度按其正身檐椽单根长度计算。

② 大连檐：硬、悬山建筑两端量至博缝外皮，带角梁的建筑按仔角梁端头中点连线分段计算。

③ 闸挡板、小连檐：硬山建筑两端量至排山梁架中线，悬山建筑量至博缝外皮，带角梁的建筑按老角梁端头中点连线分段计算，闸挡板不扣除椽子所占长度。

④ 椽隔椽板、机枋条长度计算方法与檩长计算方法相同。

(3) 按面积计算工程量的构、部件计量方法如下。

① 博脊板、棋枋板、镶嵌柁挡板、挂檐板、挂落板、牌楼云龙花板、山花板、镶嵌象眼山花板按垂直投影面积计算，其中山花板、镶嵌象眼山花板不扣除檩窝所占面积。

②滴珠板以长乘以凸尖处竖直宽度计算面积。

③ 木楼板按木构架轴线间面积计算，应扣除楼梯井所占面积，不扣除柱所占面积，挑台部分量至挂檐（落）板外皮。

(4) 望板按屋面不同几何形状的斜面积计算，飞椽、翘飞椽椽尾重叠部分应计算在内，不扣除连檐、扶脊木、角梁所占面积，屋角冲出部分亦不增加，同一屋顶望板做法不同时应分别计量。

(5) 翘飞椽制作、安装以每一檐角算一攒。

(6) 铁件安装工程量按重量以千克计算，圆钉、倒刺钉、螺栓的重量不计算在内。

三、 木构架的制作和安装

在中国古典建筑的长期发展历程中，木构架体系的潜在特点得到了多方面的独特发挥，从而形成了一系列中国古典建筑所有的优点。中国的古典建筑木构架体系的优点概括起来，有如下几个方面。

(1) 承重结构与围护部分分工明确。古建筑的木结构与现代框架、排架结构有异曲同工之妙。平面上都是用柱子形成的矩形或方形的柱网，柱与柱之间，按照使用要求布置墙体和门窗、隔扇等，墙体不负担屋顶和楼面的荷重。

(2) 具有优越的抗震性能。木构架体系建筑的各节点都是采用榫卯联结，由于榫接的节点不可能密实，加上木材有一定的弹性，古建筑的檐柱多采用侧脚和升起，可使垂直构件结合更加牢固，使整座房屋重心更加稳定。尽管地震中，建筑物产生大幅度的摇晃，只要不折榫、拔榫，就会“晃而不散，摇而不倒”，整个结构很快能恢复原状。即使墙体震倒，也不会影响整个木构架安全。所以应验了我国谚语“墙倒柱立屋不塌”。

(3) 施工方便，可预制装配，便于在短期内完成大规模的营造。这主要是木材加工制作构件比较方便，木构件从制作、运输、安装过程中因重量较轻，而且是根据营造模数制度和规矩、样板等方法制作的，有一个系统的工艺，所以更为方便预制装配，从而大大地提高了建筑的建设速度。

当然，木构件有它固有的弱点，如怕火、怕腐蚀、怕虫蛀。这也是我国古建筑保存下来较少的原因。

四、 常见的几种建筑形式及其木构架

我国的古建筑在立面上由三部分组成，下部为台基、中部为构梁、上部为层顶，此所谓“三段式”。其中构架部分是建筑的骨架和立体。木构架由许多木构件组成，形成构架体系。木构架在构架体系中，各有各的位置功能和名称，所以俗称“对号入座”。

木构件的形式是根据建筑形式来决定的。有什么形式的建筑物，就有什么形式的木构架。如硬山式建筑就有硬山木构架，悬山式建筑就有悬山木构架。

几种常见的木构架介绍如下：

(1) 硬山式建筑及木构架。屋面只有前后两坡，左右山墙与屋面相交，并将檩木梁架封砌在山墙内的建筑叫硬山建筑，见图 5-19。

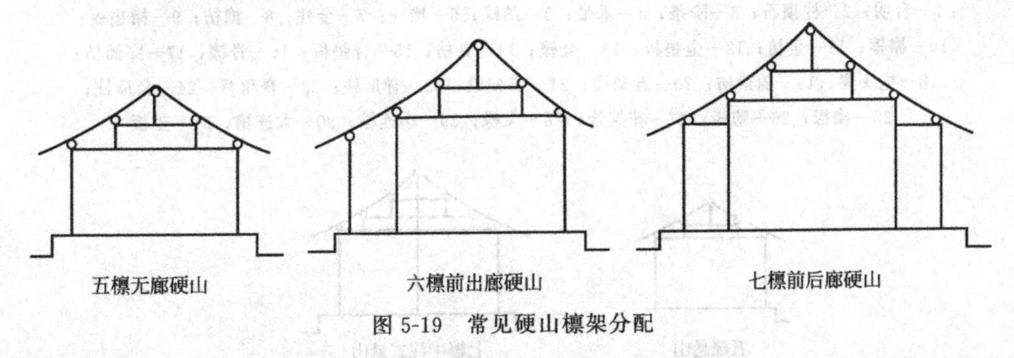

图 5-19　常见硬山檩架分配

硬山式建筑以小式最为普通，常见的硬山建筑有五檩无廊硬山、六檩前出廊硬山、七檀前后出廊硬山等，见图 5-20。

(2) 悬山式建筑及木构架。屋面有前后坡，而且两山的屋面悬出于山墙或山面屋架之外的建筑称悬山（亦称挑山）式建筑。

悬山建筑又分两种：一种是大屋脊悬山（尖顶）；另一种是卷棚悬山（圆顶）。其特点是悬山建筑两端的外挑檩头部分，用博缝板封盖起来，见图 5-21。

悬山式建筑也是小式做法比较普遍，如五檩、六檩屋脊悬山，六檩卷棚悬山，一殿一卷悬山，四檩卷棚悬山等。

(3) 庑殿式建筑及木构架。庑殿式建筑是中国古建筑中的最高形式。在等级森严的封建社会，只有皇家的宫殿、坛庙才能使用庑殿式建筑。重檐庑殿为至高无上的权力象征（如太和殿）。府衙、商埠、民宅是不准采用这种形式的，见图 5-22。

庑殿建筑，又称四阿顶、五大脊。庑殿建筑的屋面有四大坡，前后屋面相交形成一条正脊，两山屋与前后屋面相交形成四条垂脊。

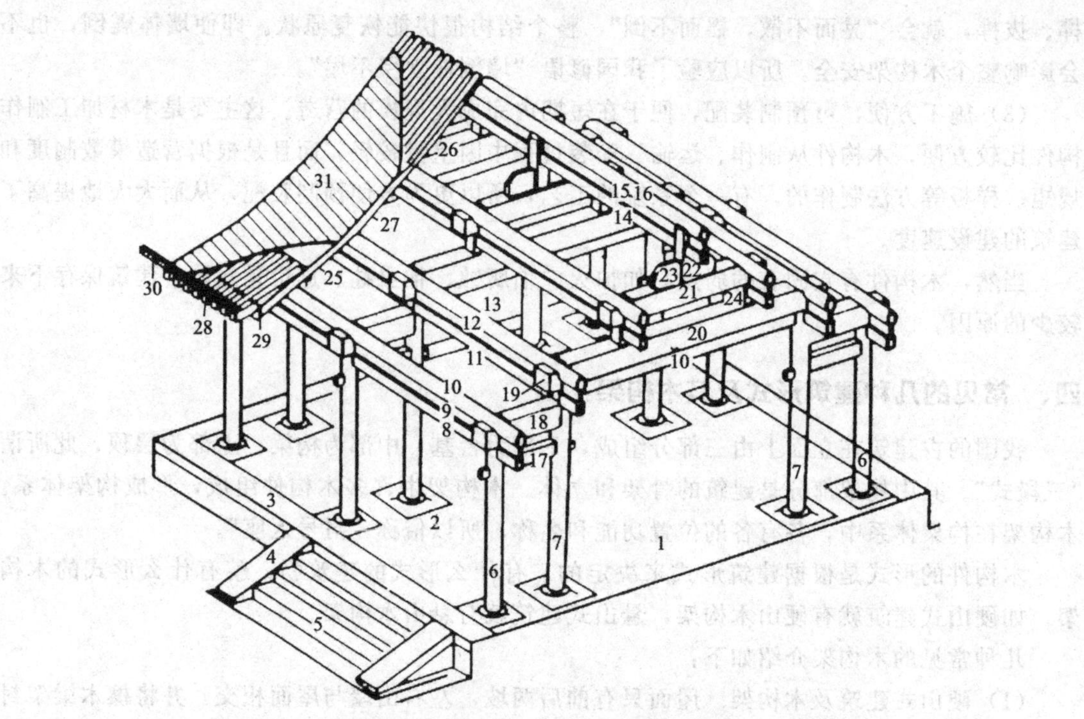

图 5-20 硬山建筑木构架部位名称

1—台明；2—柱顶石；3—阶条；4—垂带；5—踏跺；6—檐柱；7—金柱；8—檐枋；9—檐垫板；10—檐檩；11—金枋；12—金垫板；13—金檩；14—脊枋；15—脊垫板；16—脊檩；17—穿插枋；18—抱头梁；19—随梁枋；20—五架梁；21—三架梁；22—脊瓜柱；23—脊角背；24—金瓜柱；25—檐椽；26—脑椽；27—花架缘；28—飞椽；29—小连檐；30—大连檐；31—望板

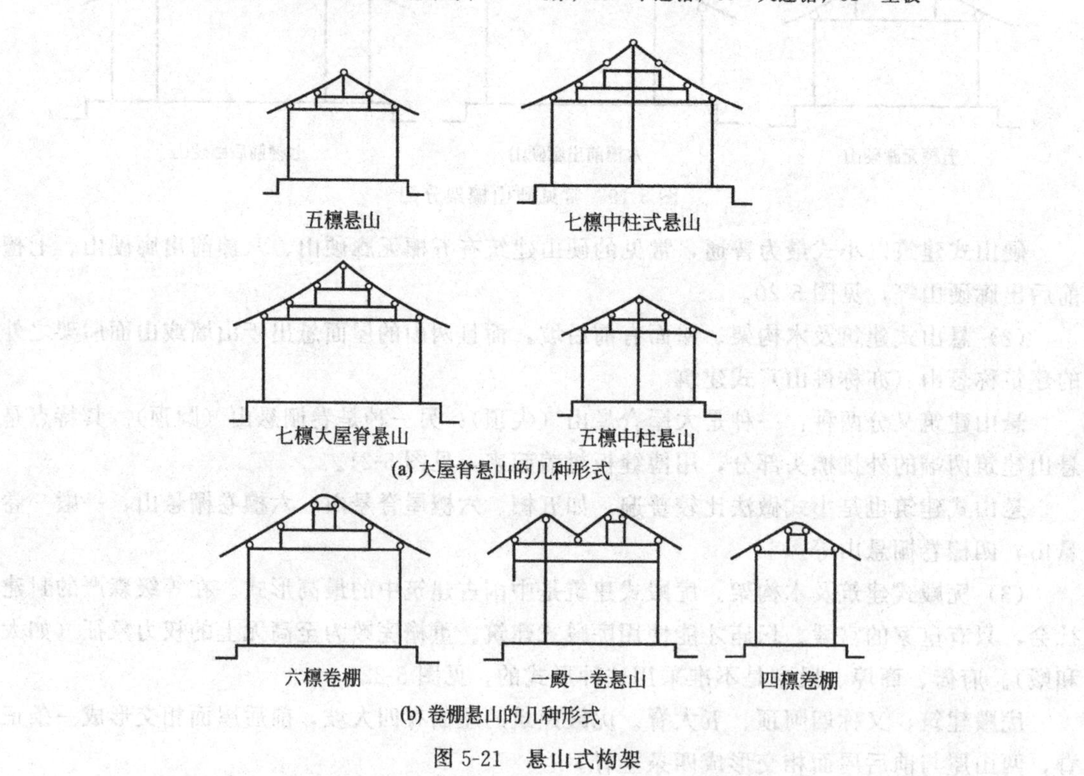

图 5-21 悬山式构架

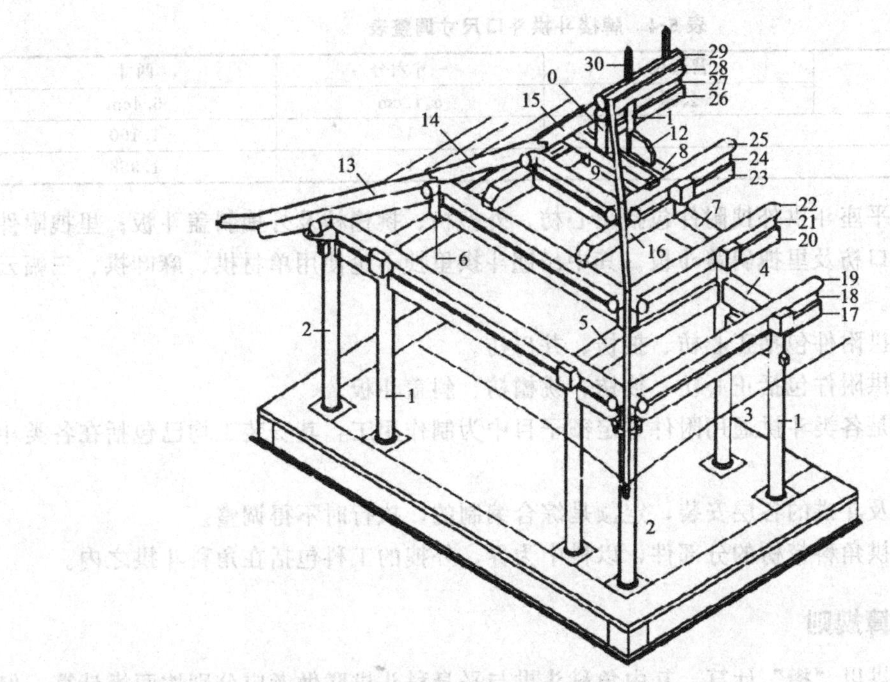

图 5-22 庑殿式基本构架

1—檐柱；2—角檐柱；3—金柱；4—抱头梁；5—顺梁；6—交金瓜柱；7—五架梁；8—三架梁；9—太平梁；10—雷公柱；11—脊瓜柱；12—角背；13—角梁；14—曲戗；15—脊由戗；16—趴梁；17—檐枋；18—檐垫板；19—檐檩；20—下金枋；21—下金垫板；22—下金檩；23—上金枋；24—上金垫板；25—上金檩；26—脊枋；27—脊垫板；28—脊檩；29—扶脊木；30—脊桩

第五节 斗拱

一、斗拱说明

（一）工作内容

（1）斗拱制作包括翘、昂、耍头、撑头、桁碗、正心拱、单才拱及斗、什、销等全部部件制作，挖翘、拱眼，雕刻麻叶云、三幅云及草架摆验。

（2）附件制作所包括范围见各有关子目。

（3）斗拱安装包括斗拱本身各部件及所有附件安装。

（4）斗拱保护网包括裁网、用铅丝缝接口、刷油漆、钉牢。

（二）有关内容及说明

（1）除牌楼斗拱以 5cm 斗口为准外，其他斗拱及附件均以 8cm 斗口为准，如设计斗口尺寸与定额规定不同时，按表 5-3、表 5-4 调整。

表 5-3 各种斗拱斗口尺寸调整表

斗口尺寸	营造尺	一寸五分	两寸	两寸五分	三寸
	公制	4.8cm	6.4cm	8.0cm	9.6cm
人工调整系数		0.693	0.820	1	1.220
材料调整系数		0.22	0.516	1	1.732

表 5-4 牌楼斗拱斗口尺寸调整表

斗口尺寸	营造尺	一寸六分	两寸
	公制	5.12cm	6.4cm
人工调整系数		1	1.190
材料调整系数		1	1.958

(2) 昂翘、平座斗拱外拽附件包括正心枋、外拽枋、挑檐枋及外拽斜盖斗板；里拽附件包括里拽枋、井口枋及里拽斜盖斗板。其中昂翘斗拱里拽不论使用单材拱、麻叶拱、三幅云拱定额均不调整。

(3) 品字斗拱附件包括正心枋、拽枋、井口枋。

(4) 牌楼斗拱附件包括正心枋、拽枋、挑檐枋、斜盖斗板。

(5) 垫拱板是各类斗拱通用附件，定额子目中为制作用工，其安装工均已包括在各类斗拱相应子目中。

(6) 垫拱板及斗拱的各层安装，定额是综合编制的，执行时不得调整。

(7) 各种斗拱角科带枋的分部件，以科中为界，外拽的工料包括在角科斗拱之内。

二、工程量计算规则

(1) 各种斗拱以“攒”计算。其中角科斗拱与平身科斗拱联做者应分别按两攒计算，但不得计算附件。

(2) 各种斗拱附件以“档”计算。

(3) 斗拱保护网按图示尺寸以 m^2 计算。

三、斗拱相关知识

斗拱是汉族古建筑中特有的形制，是较大建筑物的柱与屋顶间之过渡部分，在我国木结构建筑中也是最具特色的。其功用在于承受上部支出的屋檐，将其重量或直接集中到柱上，或间接地先纳至额枋上再转到柱上。一般地，具有纪念性或是重要的建筑物，才有斗拱的安置。

(一) 斗拱在建筑物中的部位关系

斗拱共有三种不同的位置，不同的位置就有不同的名称，其斗拱也有不同的样式和做法。

(1) 在柱上的斗拱称柱斗科。

(2) 在屋角柱上的斗拱称角科（转角科）。

(3) 在两柱间额枋上的斗拱称平身科或柱间科，如图 5-23 所示。

(二) 斗拱的分类

斗拱在古建筑构架体系中，是一个相对独立的门类，清代木作中专门有从事斗拱制作的工匠，称为“斗拱匠”，所以制作斗拱是专门的工序。斗拱种类很多，根据记载按照各类斗拱的尺寸、构造，做法近 30 余种，但在实例中比记载的还要多，根据斗拱所处在建筑物上的位置划分，可以分为两大类，凡处于建筑物外檐部位的称外檐斗拱；凡处于内檐（藻井、天花）部位的称内檐斗拱。

(1) 外檐斗拱。有平身科、角科、柱斗科斗拱，鎏金斗拱、平座斗拱、牌楼斗拱、如意斗拱等。

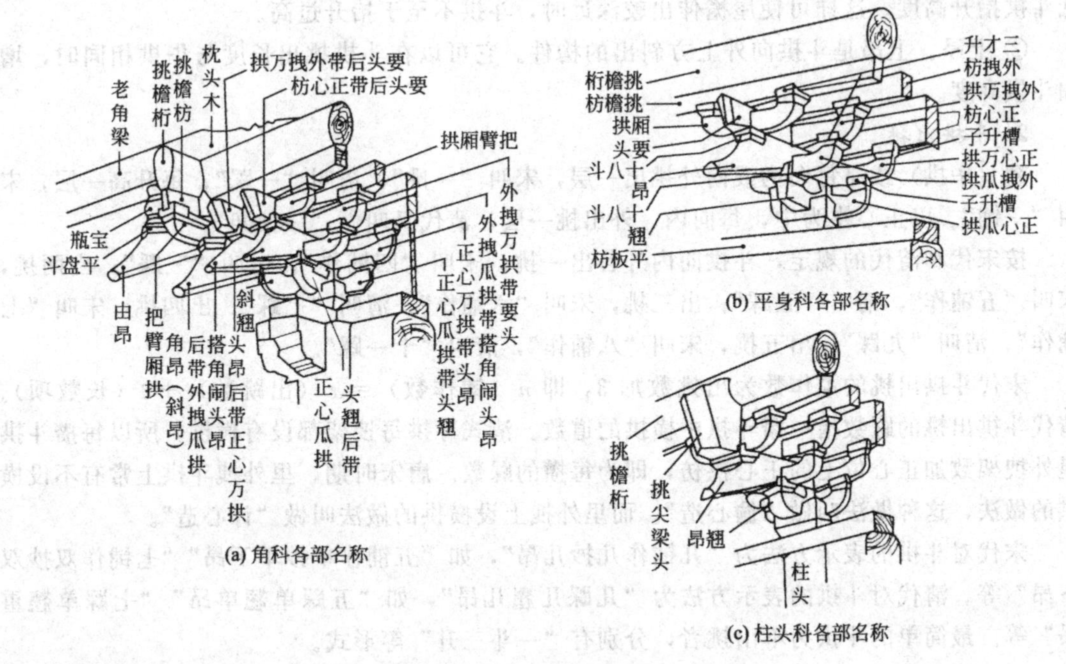

(a) 角科各部名称　(b) 平身科各部名称　(c) 柱头科各部名称

图 5-23　斗拱部位名称

(2) 内檐斗拱。有品字科、十字科斗拱、隔架斗拱等。

(三) 斗拱的组成

斗拱在结构上主要由以下几种部件组成：

(1) 拱。与建筑物表面平行的弓形构件。

(2) 翘。与建筑物表面垂直或成 45°或 60°夹角的弓形构件。其形式与拱相同，唯放置方向不同。

(3) 昂。昂在唐、宋时是斗拱中的斜置构件，起杠杆作用。明清时昂的结构作用下降，常常仅起装饰作用。其形式为将翘向外的一端特别加长，并斜向下垂（或斜向上挑出）。

(4) 斗与升。斗与升都是斗形的立方块。位于拱的两端，介于上下两层拱或拱与枋之间者，清代叫“升”。位于翘或昂的两端，介于上下两层翘昂，或包括横拱之间者，叫做“斗”。斗和升除位置不同外，在全部设有横拱的斗拱中，升上只承托与建筑物表面平行的拱或枋一种构件，所以只开一面口，叫做“顺身口”；而斗拱则承托相交的拱与翘昂，所以斗上开的是“十字口”。

在拱的中间部位有与翘、昂或要头相交的卯口。拱的两端有承托升的分位。在升与卯口之间，拱向下弯曲的位置叫做“拱眼”。拱的两端下面曲卷处叫“弯拱”。弯拱的曲度在宋代《营造法式》里有“瓜四”“万三”“厢五”的规定，使拱弯分成几小段直线，以便制作。

(四) 翘、昂的分类与斗拱出跳

1. 翘与昂的分类

(1) 翘。凡是向内、外出挑的拱清代叫做“翘”，宋代称“华拱”。宋代把出挑叫做“抄”，每出一挑叫做“一抄”。例如“双抄”即出华拱两挑。

(2) 昂。昂也是斗拱向外出挑的构件，只是形式与翘不同，昂头部伸出特别长。

① 下昂。下昂是向下倾斜的构件。下昂的作用在于使斗拱出挑长度和华拱相同时，减

低斗拱抬升高度。这样可使屋檐伸出较深远时，斗拱不至于抬升过高。

② 上昂。上昂是斗拱向外上方斜出的构件。它可以在斗拱挑出长度与华拱相同时，增加斗拱高度。

2. 斗拱出挑

翘（华拱）或昂每向内或向外挑出一层，宋叫“一挑”，清叫“一踩”；每升高一层，宋叫“一铺”。以正心拱为中，每向内、外出挑一层，清代又叫做“一拽架”。

按宋代和清代的规定，斗拱向内外各出一挑，宋叫“四铺作”，清叫“三踩”；出两挑，宋叫“五铺作”，清叫“五踩”；出三挑，宋叫“六铺作”，清叫“七踩”；出四挑，宋叫“七铺作”，清叫“九踩”；出五挑，宋叫“八铺作”，清叫“十一踩”。

宋代斗拱出挑的铺作数为出挑数加 3，即 n（铺作数）$=x$（出跳数）$+3$（长数项）。清代斗拱出挑的踩数指一攒斗拱中横拱的道数。清式斗拱每拽架都设有横拱，所以每攒斗拱里外拽架数加正心位上的正心拱枋，即为每攒的踩数。唐宋时期，里外拽斗拱上常有不设横拱的做法，这种做法叫做“偷心造”。而里外拽上设横拱的做法叫做“计心造”。

宋代对斗拱的表示方法为“几铺作几抄几昂”，如“五铺作单抄单下昂”“七铺作双抄双下昂”等。清代对斗拱的表示方法为“几踩几翘几昂”，如“五踩单翘单昂”“七踩单翘重昂”等。最简单的斗拱为不出挑者，分别有“一斗三升”等形式。

无论一攒斗拱出几挑，在最里、最外两挑上只有一层厢拱（令拱）。外拽厢拱上托着挑檐枋，挑檐枋上座着挑檐桁，里拽厢拱上托着天花枋。其余各踩都只有两层拱，瓜拱在下，万拱在上。万拱之上，就是枋子，在正心的叫“正心枋”，在里、外拽位置上的叫“拽枋”（宋称“罗汉枋”）。无论踩数多少，正心万拱以上就用层层的枋子叠上，一直到正心桁下。

3. 翘昂的构造做法

以清式五踩单翘单昂平身科斗拱为例。翘与拱的做法完全相同，只是方向不同。

昂向外伸出一端为昂嘴。向里挑出一端或曲卷如翘，或者做成“菊花头”“霸王拳”一类的雕饰。在最上层翘昂的上面，还有两层与翘昂平行的构件。下面的叫“要头”，上面的叫“撑头”。要头里外两端均外露，外端往往做成“蚂蚱头”，里端做成“六分头”。撑头外端不露出，抵住挑檐枋；后尾露出刻座“麻叶头”。

（五）斗和升的分类及各分部名称

1. 斗和升的分类

（1）大斗。汉代称“栌”，宋代叫“栌斗”，清代也叫“坐斗”。它位于全攒斗拱的最下层，直接座在柱头或额枋、或平板枋（普拍枋）之上。大斗上承托正心瓜拱及头翘或头昂。所以，全攒斗拱的重量都集中在大斗上。

（2）三才生。宋代叫“散斗”。它位于里外拽拱之两端，托着上一层拱或枋子。

（3）槽升子。宋代叫“齐心斗”。它位于正心拱之两端，托着上一层正心拱或正心枋。

（4）十八斗。宋代叫“交互斗”。它位于翘或昂的两端，托着上一层翘或昂及与之相交的拱。

2. 斗与升各分部名称

（1）斗口。大斗和十八斗上，都开有装设翘昂的槽口，称作“斗口”。清代把平身科斗拱大斗的斗口作为权衡大式大木建筑各部件的基本单位。

（2）斗耳。斗口两侧突起的部分。

（3）斗腰。斗耳下面的垂直部分。宋代叫做“斗平”。

（4）斗底。斗腰下面的倾斜部分。宋代称“斗欹”。宋代规定：斗耳、斗平、斗欹的高度比为 4∶2∶4。

（六）常见的斗拱形式

1. 一斗三升斗拱

如图 5-24 所示。

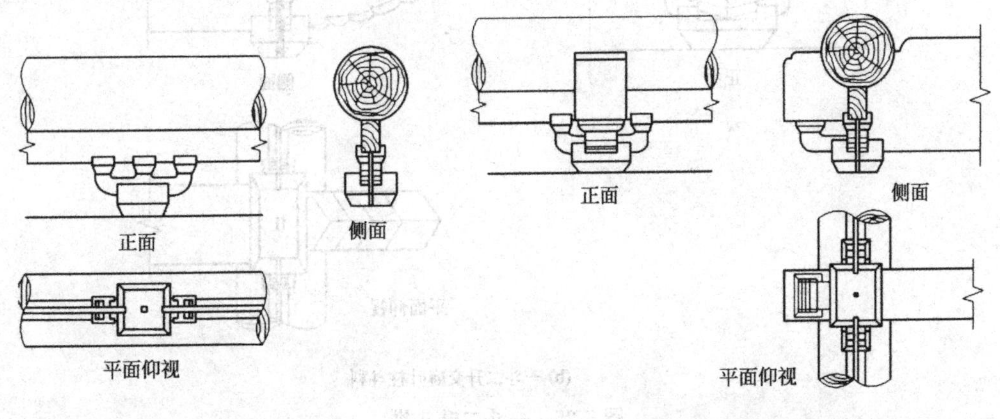

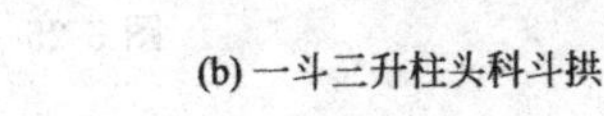

(a) 一斗三升柱头科斗拱　　(b) 一斗三升柱头科斗拱

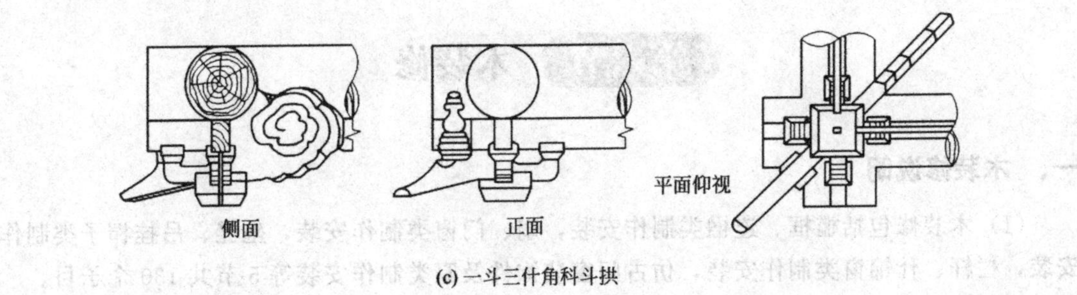

(c) 一斗三什角科斗拱

图 5-24　一斗三升斗拱

2. 一斗二升斗拱

如图 5-25 所示。

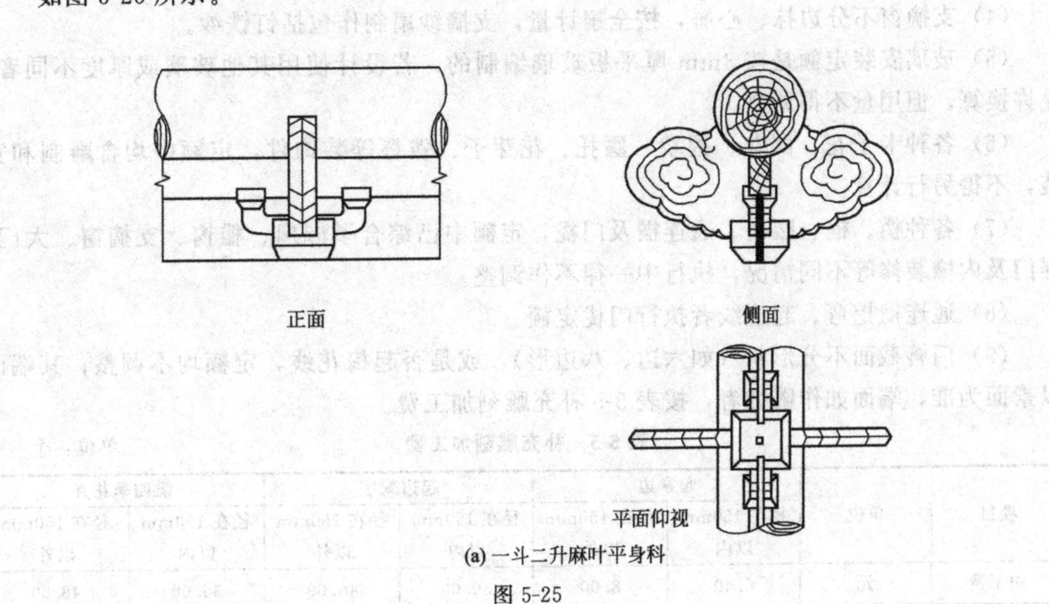

(a) 一斗二升麻叶平身科

图 5-25

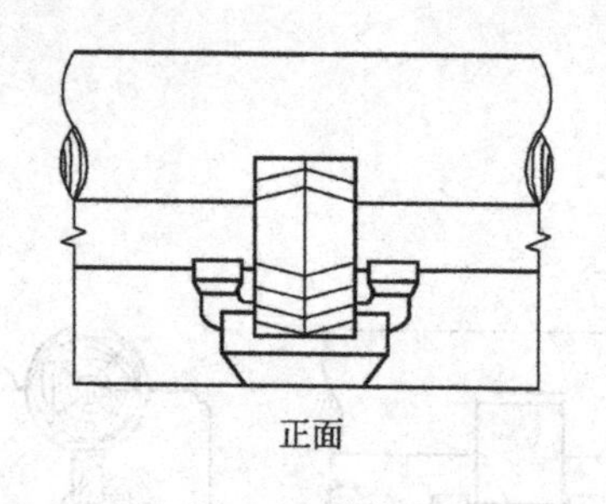

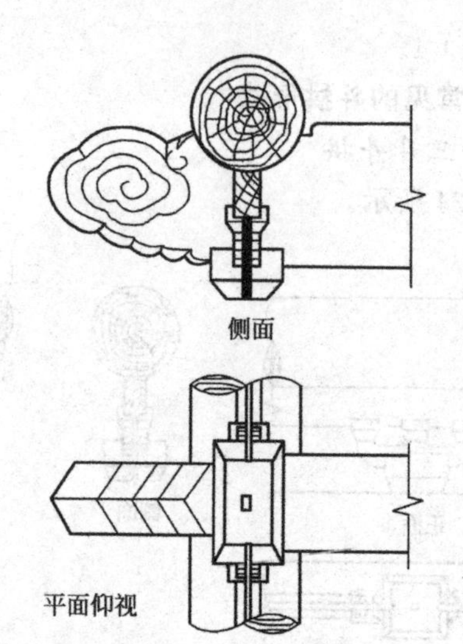

(b) 一斗二升交麻叶柱斗科

图 5-25 一斗二升斗拱

第六节 木装修

一、 木装修说明

(1) 木装修包括槛框、连楹类制作安装，扇、门窗类制作安装，坐凳、吊挂楣子类制作安装，栏杆、什锦窗类制作安装，仿古门窗装饰件及匾类制作安装等 5 节共 130 个子目。

(2) 木装修子目中除另有注明者外，定额中均含制作、安装及相应所用的铁件和五金。

(3) 扇、槛窗、风门、帘架及余塞腿子、随支摘窗夹门等子目中均包括边抹、裙板、绦环板的制作和安装，但不包括各种心屉；各种心屉按相应定额另行计算。

(4) 支摘窗不分边抹、心屉，按全扇计量，支摘纱扇制作包括钉铁纱。

(5) 玻璃安装定额是按 3mm 厚平板玻璃编制的，若设计使用其他玻璃或厚度不同者，允许换算，但用量不得调整。

(6) 各种卡子花、团花、握拳、匾托、花芽子、雀替等装饰件，定额中均含雕制和安装，不得另行计算。

(7) 各种槛、框、腰枋、通连楹及门栊，定额中已综合了槅扇、槛窗、支摘窗、大门、屏门及内檐装修等不同情况，执行中一律不作调整。

(8) 通连楹挖弯、起边线者执行门栊定额。

(9) 门簪截面不分形状（如六边、八边形），或是否起梅花线，定额均不调整；其端面以素面为准，端面如作雕饰者，按表 5-5 补充雕刻加工费。

表 5-5 补充雕刻加工费 单位：个

项目	单位	起素边		起边刻字		雕四季花卉	
		径在 150mm 以内	径在 150mm 以外	径在 150mm 以内	径在 150mm 以外	径在 150mm 以内	径在 150mm 以外
加工费	元	6.40	8.00	30.00	40.00	36.00	48.00

(10) 槅扇、槛窗定额中已综合了边抹起线、起凸、打凹、裙板、绦环板单面起凸、双面起凸或贴作等不同情况；不论设计采用何种做法，定额均不调整。其雕刻费用另行计算。

(11) 心屉均包括仔边，无仔边者也不调整。

(12) 什锦窗桶座已综合考虑了墙体的不同厚度并按单双面贴脸分别列项；仔屉按单面并综合了各种窗形。

(13) 木装修的单玻、一玻一纱窗及镶板门定额内均包括门窗框口；窗不分单扇、多扇，门不分有无亮子，均执行同一定额。

(14) 木装修定额中未包括新式标准门窗及特殊五金项目，设计采用新式标准门窗（包括金属门窗）时，执行定额第二册《装饰工程》相应项目。

(15) 内、外檐花格心屉、花格支摘窗扇、坐凳楣子、吊挂楣子，均按普级、中级、高级划分子目。

① 普级包括灯笼锦、步步锦花式。

② 中级包括盘肠、正万字、拐子锦、龟背锦花式。

③ 高级包括斜万字、冰裂纹、金钱如意心花式。

(16) 窗榻板制安包括刷防腐剂。

(17) 门头板、余塞板制安包括边缝压条。

(18) 帘架安装包括安铁卡子。

(19) 桶子板、包镶桶子口包括铺油毡不包括钉贴脸；其中桶子板还包括刷防腐剂，包镶桶子板还包括排钉龙骨。

(20) 槅扇、槛窗各种心屉均包括制作、安装及安装铁（木）销、拉环（叶）、拉手、合页、插销等一般小五金，不包括工字、握拳、卡子花、团花等制雕，其中一玻一纱做法的包括钉铁纱。

(21) 支摘窗扇制作包括边抹及心屉，不包括工字、握拳、卡子花、团花等制雕。

(22) 实踏大门扇、撒带大门扇、屏门扇制作均包括穿带；攒边门制作包括做木插销。

(23) 槅扇、槛窗、支摘窗、屏门扇安装转轴铰接的包括转轴、栓杆、楹头的制安及拉环（叶）安装，合页铰接的包括安一般小五金。

(24) 实踏大门、撒带大门、攒边门安装包括安套筒踩钉、门钹。

(25) 各种坐凳及倒挂楣子制安包括边抹、心屉及白菜头、楣子腿等框以外延伸部分，不包括工字、握拳、卡子花、团花及花牙子的制雕。

(26) 坐凳面制安包括入口处膝盖腿制安，不包括安装拉接铁件。

(27) 栏杆制安包括望柱制安及雕饰，还包括望柱脚铁件安装信刷防腐油；鹅颈靠背制作安装包括在坐凳面上凿卯眼及铁件安装。

(28) 匾额制作不包括刻字及安装；匾托包括制、雕、安装。

(29) 木楼梯制作与安装包括铁件安装及触地、触墙部分刷防腐油。

(30) 栈板墙制作与安装包括引条及边缝压条制安，但不包括圈门、圈窗牙子；其他各种墙及护墙包括剔洞、找补木砖、木龙骨制安、刷防腐剂、裁板、钉面层、钉压条等。

(31) 井口天花包括帽儿梁、支条、贴梁、井口板制安及安装铁件，其他天棚包括制安大小龙骨、钉面层、钉压条、贴靠砖墙部位刷防腐油等，其中五合板天棚仿井口天花做法者包括压条的制作。

二、工程量计算规则

(1) 各种槛、框、腰枋、通连楹、门栊按图示长度以 m 计算。其中槛长量至柱中，抱框、间框（柱)、腰枋量至槛（框）里口。

(2) 窗榻板、坐凳面（板）按柱中至柱中长度（扣除出入口水平长度，但坐凳的膝盖腿应计算长度）乘板宽，以 m^2 计算。

(3) 门头板、余塞板按框内垂直投影面积，以 m^2 计算。

(4) 帘架按大框外围面积，以 m^2 计算。

(5) 桶子板、包镶桶子口按展开面积以 m^2 计算。

(6) 过木按图示尺寸以 m^2 计算。长度无图示尺寸者，按洞口宽乘以 1.4 计算。

(7) 各种心屉（不包括什锦窗心屉）有仔边者按仔边外围面积计算；无仔边者按所接触的边抹里口面积以 m^2 计算。

(8) 槅扇、槛窗、风门及帘架余塞腿子，支摘窗及夹门、屏门、各种大门、攒边门、坐凳楣子及吊挂楣子等均按边抹外围面积，以 m^2 计算。门枢、坐凳楣子的落地腿、吊挂楣子的白菜头等框外延伸部分已包括在定额内，不得另计算面积。

(9) 单玻窗、一玻一纱窗及镶板门，均按图示门窗框外围面积以 m^2 计算；门窗框不另计算。

(10) 各类栏杆以地面上皮至扶手上皮间高度乘长度（不扣除望柱)，楼梯栏杆按其垂直投影面积，以 m^2 计算。

(11) 木楼梯按楼梯段斜长乘楼梯帮外围宽度以 m^2 计算。

(12) 鹅颈靠背（美人靠)，按上口长以 m 计算。

(13) 井口天花按井口枋里口（贴梁外口）面积，仿井口天花（天棚）按图示面积，以 m^2 计算。

(14) 各种匾联按其投影面积以 m^2 计算。

(15) 什锦窗、门簪、卡子花、工字、握拳、花芽子、木门钉、匾托、面叶、包叶、壶瓶护口等，分别按樘、扇、个、件、块、对等计算。

(16) 玻璃安装按框、(扇）外围面积以 m^2 计算。

三、木装修相关知识

木装修是房屋工程中满足围护、通风、采光、装饰等要求的装修细木工制作。仿古建筑中的木装修，涉及范围很广，大体分檐内装修、檐外装修、屋顶装修等。在中国古代建筑中有斗拱、廊檐、栏杆、槅扇、落地罩、固定床榻和家具等，近代建筑中有门窗、壁柜、吊顶、窗帘盒、挂镜线、墙裙（台度)、筒子板、暖气罩、踢脚线、顶棚、地板及固定家具等。古建筑装修中，造型、设计随意性较大，传统的、创新的应有尽有，相互交错，形制复杂，千变万化，增加了定额的覆盖面，所以定额采取了分解式设置子目。

(一) 木装修在仿古建筑中的作用及地位

在以木结构为主体的中国古建筑中，装修占着非常重要的地位，它的重要作用，首先表现在它的功能方面。装修作为建筑整体中的重要组成部分，具有分隔室内外、采光、通风、保温、防护、分隔空间等作用，还表现在它的艺术效果和美学效果。工匠把吉祥如意的图案和色彩、刺绣、书法、绘画、雕刻、镶嵌等工艺与装修结合在一起，使装修呈现出绚丽的艺术色彩。

（二）木装修的加工及优点

木装修的加工，过去多将木材自然风干或火烤烘干后，在作坊或现场手工制作。自从建立了大中型门窗、木制品厂后，逐步推行标准化、工厂化生产。形状复杂的木装修部件，也可按照图纸加工为成品或半成品，运到现场进行安装。其加工程序是，先根据要求选用树种，将原木开成板材，送入干燥室进行干燥处理。当木材含水率符合要求后进行锯割、开榫、粘接、卯榫、成型、刨光等工序。加工板门、壁柜、台板，制作木护墙、筒子板等所需的薄板，用高效能防水化学黏结剂黏结的三合板、五合板、多层板制作。低档木制品可使用纤维板。近年来，对于美观要求高的木制品，用硬木如水曲柳制成1～2mm的旋片，或用塑料贴面板，粘贴在一般木材上做成仿木制品，可节约优质木材。

木装修制品进入施工现场，先做局部防腐防潮处理，必要时还需要先刷底油，安装齐全后，再按照要求进行油漆。

木装修有其独特的优点，可以就地取材，按需要形态进行加工或雕刻美化，人们生活在木装修建筑内感到舒适。但木材资源有限并且易受潮变形或虫蛀腐朽，防火性和耐久性差，不能满足大规模建设的需要，故近年部分用金属、塑料来代替。

（三）古建筑装修的类型

古建筑木装修种类很多，应按空间部位分，可分为外檐装修、内檐装修。凡是分隔室内外的门、窗户、牖，包括大门、槅扇、帘架、风门、槛窗、支摘窗、楣子、栏杆、什锦窗等都属于外檐装修。内檐装修也就是室内装修，碧纱橱、栏杆罩、落地罩、几腿罩、坑罩、太师壁、壁板、屏风、博古架、护墙板等都属于内檐装修。

古建筑装修都有共同特点，在构造方面，都是榫卯结合技术，制作都有相似之处，按装修的功用来分类可分如下几类：板门类，包括实榻门、攒边门、撒带门、屏门等；槅扇类，包括槅扇、帘架、风门、碧纱橱等；窗类，包括槛窗、支摘窗、牖窗、什锦窗、横陂及楣子窗；栏杆、楣子类，包括坐凳楣子、倒挂楣子、寻杖栏杆、花栏杆、靠背栏杆等；花罩类，包括室内各种坑罩、花罩、几腿罩、落地罩、栏杆罩、圆光罩、八角罩等；天花藻井类，包括各井口天花、海墁天花、木顶隔及藻井；其他，包括护墙板、壁板、隔断板、门头板、太师壁、多宝格、博古架及楼梯等。

1. 碧纱橱

碧纱橱是一种最常见的室内装修方式。它是由若干扇隔扇组成的隔断，设在进深方向前后柱间，起分间的作用。隔扇分上下两段，下段由木板（称为裙板和绦环板）和边框组成，板面有素平的，也有做雕刻的，上段为棂条花格，组成很美的图案。棂条是两面做法，中间夹一层半透明的绢纱。纱或为乳白，或为淡青，或为碧绿，颜色既艳且雅，其上还可请丹青妙手题诗绘画，咏梅颂竹，翰墨飘香，风雅备至，一樘木装修，同时又是一件上乘的艺术品。碧纱橱中间两扇可以开启，在开启的隔断外面还附着一樘帘架，可在上面挂帘子。这样碧纱橱既可以做分间的隔断，又可以沟通相连的两间房，还可以作为艺术品供人欣赏，可谓一举三得。

2. 花罩

如果三间房安装两樘碧纱厨，便可形成一明两暗。有时需要两间或三间沟通，作为客厅或起居室时，就可以采用另一种装修——花罩。花罩在北京四合院装修中的应用也是很广的，它的种类很多，两侧各有一条腿（边框）的，称为几腿罩；两侧各有两条腿，并在其间

安装栏杆的，称为栏杆罩；两侧各安装一扇槅扇，中间留空的，称为落地罩；上面的花雕沿边框落至地面的，称为落地花罩；通间布满棂条花格，仅在中间留圆形洞口供人通行的称为圆光罩，留八角形洞口的称为八角罩；还有专门安装在床或炕前面的，称为炕面罩或床罩。花罩的功能与碧纱厨不同，它虽然也可以使空间既分隔又沟通，但是以沟通为主，分隔为辅；碧纱厨则是以分隔为主，沟通为辅。花罩上面常做非常精细的木雕刻，大多数题材是岁寒三友、玉棠富贵、子孙万代一类既吉祥喜庆，又易于构图的民间传统吉祥图案。

3. 多宝格

多宝格，又叫博古架，这是用不规则形状组成的木格子，其上专门摆放古董玩器，工艺珍品。格子的形状、大小一般按所摆设的器皿形状、大小而定。博古架也分上下两段，上段为多宝格，下段为柜橱，橱里可以存放暂时不用的器皿。也有在下面放书，作为书格用的。博古架多见于读书世家或殷实之家，它既可以作为装修，又是重要的家具陈设。

4. 板壁

四合院还有一种常见的内装修，就是板壁。板壁，即板墙，是用木板做的隔墙。一般的板壁，两面糊纸，只做隔断用，讲究的板壁，表面涂刷油漆或烫蜡，镌刻名家书法字画，紫檀色底子上透出扫绿锓阳字，另有一番雅趣。

第七节 混凝土及钢筋混凝土工程

一、 混凝土及钢筋混凝土工程说明

(1) 本节定额包括现浇钢筋混凝土、预拌混凝土、钢筋、模板、预制构件安装等5节共101个子目。

(2) 现浇混凝土基础以室内设计地面±0.000以下为基础，±0.000以上为墙身。

(3) 现浇混凝土梁、板、柱的模板支模高度是按层高（单层建筑为檐高）3.6m编制的，超过3.6m时不足1m按1m计算，根据超高高度计算其模板超高费。

(4) 定额中现、预制混凝土是按常用的普通混凝土强度等级设置，设计混凝土强度等级不同时允许换算。

(5) 毛石混凝土项目中，毛石的含量与设计要求不同时，不得换算。

(6) 预制混凝土构件定额子目中包括制作、安装、接头灌缝、支撑、坐浆及构件运输。

(7) 钢筋屋面，不分平面、坡面、弧面及其他屋面形状，均执行同一定额。

(8) 预拌混凝土的场外运输费包括在材料价格中。

(9) 现浇混凝土柱综合了底部灌注砂浆的用量，执行中不得调整。

(10) 混凝土中模板接触面积参见表5-6。

表5-6 混凝土中模板接触面积参考表 单位：m^2

序号	项目	单位	模板接触面积	序号	项目	单位	模板接触面积
1	毛石基础	m^3	2.860	5	圆形柱	m^3	9.320
2	混凝土基础	m^3	1.694	6	构造柱	m^3	6.000
3	独立基础	m^3	2.107	7	过梁	m^3	9.681
4	矩形柱	m^3	10.526	8	圈梁	m^3	6.579

续表

序号	项目	单位	模板接触面积	序号	项目	单位	模板接触面积
9	矩形梁	m^3	9.666	13	一檩三件	m^3	16.460
10	板	m^3	7.440	14	椽望板、翘飞板	m^3	29.150
11	直形楼梯	m^2	2.120	15	亭屋面板	m^3	18.000
12	弧形楼梯	m^2	2.050	16	古式零件	m^3	37.720

(11) 钢筋混凝土中钢筋含量参见表 5-7。

表 5-7 钢筋混凝土中钢筋含量参考表 单位：t

序号	项目	单位	钢筋		序号	项目	单位	钢筋	
			$\phi10$ 以外	$\phi10$ 以外				$\phi10$ 以外	$\phi10$ 以外
1	有梁式带型基础	m^3	0.012	0.071	8	圈梁	m^3	0.013	0.044
2	无梁式带型基础	m^3	0.009	0.062	9	柱	m^3	0.019	0.127
3	独立基础	m^3	0.006	0.045	10	板	m^3	0.038	0.410
4	满堂红基础有梁式	m^3	0.004	0.098	11	一檩三件	m^3	0.055	0.101
5	满堂红基础无梁式	m^3	0.045	0.060	12	翘飞板	m^3	0.067	0.017
6	基础梁	m^3	0.054	0.065	13	亭屋面板	m^3	0.067	0.017
7	矩形梁	m^3	0.025	0.118	14	古式零件	m^3	0.051	0.006

二、 工程量计算规则

(一) 混凝土工程

混凝土的工程量除另有规定者外，均按图示尺寸以 m^3 计算，不扣除构件内钢筋、预埋铁件、螺栓及板中 $0.3m^3$ 以内的孔洞所占的体积。

(1) 基础垫层不分形式均按其水平投影面积乘以厚度以 m^3 计算。局部厚度不同时，其增厚部分按图示体积计算，并入垫层工程量中。

(2) 带形混凝土基础外墙按基础中心线，内墙按基础净长线乘以基础断面面积以 m^2 计算。

(3) 柱按图示断面面积乘以柱高以 m^3 计算。柱高从柱基（或楼板）上表面算至柱顶（或楼板）上表面。

(4) 附于柱身的牛腿并入柱体积内计算。

(5) 构造柱按图示断面面积乘以设计高度以 m^3 计算。与墙体嵌接马牙槎的部分并入构造柱体积，其高度自柱基（或地梁）上表面算至柱顶面。

(6) 梁按图示截面尺寸乘以长度以 m^3 计算。

① 梁长度按图示长度计算，柱间梁按柱侧面间净长计算，与圆柱或多角柱交接者，其长度算至梁柱立面交接线。伸入墙内的梁头及现浇梁垫，应并入单梁体积内计算。

② 过梁、圈梁长度按图示长度计算。

(7) 一檩三件长度按图示长度计算，与圆柱式多角柱交接者，其长度算至梁柱立面交接线。伸入墙内的一檩三件部分，应并入一檩三件的体积内计算。

(8) 板按图示面积乘以板厚度以 m^3 计算，不扣除轻质隔墙、墙垛、柱及 $0.3m^2$ 以上的孔洞所占的混凝土体积。

(9) 伸入墙内的板头，并入板体积内计算；板与圈梁连接时板算至圈梁侧面。

(10) 亭、斜屋面板按图示尺寸乘以板厚以 m^3 计算。屋面剖面为曲线者，坡长按曲线长度计算。

(11) 飞椽、檐椽与望板连做，按椽断面乘图示长度以 m^3 计算其工程量并入望板中，执行椽望板、翘飞板子目。

(12) 补板缝指预制板 40～300mm 之间现浇混凝土，工程量按预制板长度乘以板缝宽度再乘以板厚以 m^3 计算。计算时不考虑板的八字角部分。

(13) 楼梯包括休息平台、平台梁、斜梁、按水平投影面积以 m^2 计算，不扣除宽度小于 500mm 的楼梯井所占面积，伸入墙内的部分也不另增加。

(14) 钢筋屋面按实铺面积以 m^2 计算。

(二) 模板工程

(1) 模板工程量均按模板与混凝土接触面积以 m^2 计算，不扣除柱与梁、梁与梁连接重叠部分的面积在 $0.3m^2$ 以内的孔洞面积。

(2) 楼梯按水平投影面积计算，不扣除间距小于 500mm 的楼梯井工程量。

(3) 柱模板按柱截面周长乘以柱高计算，柱高从柱基（或板反梁）上表面算至上一层楼板上表面。牛腿模板的工程量并入柱内。

(4) 梁按侧面与底面展开面积计算。

(5) 弧形梁按其底面积与侧面积展开面积合并计算。

(三) 钢筋工程

钢筋按设计长度乘以理论重量以 t 计算。

第八节 屋面工程

一、 屋面工程说明

(一) 工作内容

屋面工程包括准备工具、材料运输、筛灰、调制灰浆、苫背、挂瓦、调脊等全部操作过程。

(1) 屋面苫背包括分层摊抹、拍麻刀、轧实、擀光，锡背包括清理基层、平整、裁剪、焊接等全部操作过程。

(2) 瓦及檐头附件包括分中、号垄、排钉（或砌抹）瓦口、挂瓦、安勾滴、安钉帽、挂窝角沟、安灭沟附件、打点等全部操作过程。

(3) 调脊包括安脊桩、扎尖、摆砌各种脊件，布瓦脊及宝顶包括砍制各种砖件。清水脊的蝎子尾包括平草、跨草、落落草的雕刻。

(4) 正吻（兽）、合角吻（兽）的安装包括安吻桩、拼装、镶扒锔，宝顶座、宝顶珠安装包括分层砌抹填馅等。

(二) 有关规定及说明

(1) 屋面工程包括苫背、布瓦屋面、琉璃瓦屋面等 3 节共 256 个子目。

(2) 定额已综合了各种屋面不同的檐高及坡长，使用定额时不得调整。

(3) 定额中苫泥背的厚度是按一遍平均 50mm 厚计算的，不足 50mm 的，按 50mm 计算，如设计为两遍时乘 2 计算；灰背厚按 30mm 计算，不足 30mm 的按 30mm 计算。

(4) 星星瓦定额中已综合所需工料的全部费用。

(5) 合瓦的檐头已综合了瓦头费用。

(6) 布瓦调垂脊均按 2 号瓦编制，若与设计要求不同时，可调整瓦的数量，其他工料不变。

(7) 琉璃剪边定额，指非琉璃瓦屋面的琉璃瓦檐头或脊部的剪边做法，不包括琉璃瓦的变色剪边做法。剪边部分以“一勾二筒”做法为准，并已包括了檐头附件在内。“一勾二筒”以外者按表 5-8 乘以系数调整定额单价。

表 5-8 系数调整表（一）

剪边作法	一勾一筒	一勾三筒	一勾四筒
调整系数	0.60	1.40	1.73

如做只有一块勾头的琉璃剪边，则执行相应的檐头附件定额子目。

(8) 墙帽、牌楼、门罩等琉璃瓦坡长在“一勾四筒”以内者，执行琉璃瓦剪边定额。

(9) 墙帽、牌楼、门罩等瓦坡长超过“一勾四筒”者，执行屋面瓦定额；但单坡瓦面积小于 $12m^2$ 者，分别按相应定额乘表 5-9 系数执行。

表 5-9 系数调整表（二）

类别	面积	
	$6m^2$ 以内	$12m^2$ 以内
布瓦类	1.14	1.10
琉璃瓦类	1.05	1.04

(10) 所有调脊定额均综合了直形脊、拱形脊、弧形脊等因素在内。

(11) 屋面天沟、窝角沟的附件执行檐头附件定额。

(12) 铃铛排山脊定额已包括安排山勾滴、耳子瓦及安钉帽。

(13) 宝顶安装（琉璃、黑活）均包括底座和顶珠的安装、砌筑，不分形状均执行本定额。其中黑活宝顶的顶珠的高度由底座上皮算至珠顶面。

(14) 布瓦屋面清水脊的平、跨草包括了雕刻工在内。

(15) 一般建筑工程，设计为仿古形式屋面时，在防水层以下部分应按《建筑工程预算定额》执行；防水层以上按屋面工程相应定额子目及工程量计算规则执行；只做墙帽、门罩、垂花门顶时，均按屋面工程定额相应子目执行。

(16) 庑殿、攒尖垂脊、戗（岔）脊、角脊、硬山、悬山、铃铛排山脊、披水排山脊的附件中每条只包括一件仙人或走兽的材料价格，如实际发生安装件数与定额中不一致，可按实际发生的走兽件数另行调整材料价格，其他不得调整。

(17) 除屋面过垄脊（卷棚）以外的各种调脊中的罗锅部分，相应子目中已将所需主材做了增减调整，编制预算时其罗锅部分，按份计算增价。

二、 工程量计算规则

(1) 苫背、瓦按屋面图示形状以 m^2 计算，其各部位边线规定如下。

① 檐头长度以木基层或砖檐外边线为准。

② 屋面剖面为曲线者、坡长按曲线长计算。

③ 硬山、悬山建筑，两山以博风外皮为准。

④ 歇山建筑挑山边线与硬山、悬山相同，撒头上边线以博风外皮连线为准。

⑤ 重檐建筑，下层檐上边线以重檐金柱（或重檐童柱）外皮连线为准。

⑥ 带角梁的建筑，檐头长度以仔角梁端头中点连线为准，屋角飞檐冲出部分面积不增加。

⑦ 望板勾缝、抹护板灰、苫灰、泥背不扣除连檐、扶脊木、角梁所占面积；瓦不扣除各种脊所占面积。

（2）檐头附件、檐头琉璃瓦剪边以 m 计算，其中硬山、悬山建筑算至博风外皮，带角梁的建筑算至仔角梁端头中点。

（3）各种脊均按长度计算。

① 正脊带吻（兽）、围脊及清水脊应扣除吻（兽）、平草、跨草、落落草所占长度。

② 过垄脊、鞍子脊算至边垄外皮。

③ 歇山垂脊，下端算至兽座或盘子外皮，上端有正吻（兽）的算至吻（兽）外皮，无正吻（兽）的算至正脊中线。

④ 戗脊、角脊及庑殿、攒尖、硬山、悬山垂脊带垂（岔）兽者，按兽前（包括兽）、兽后分别计算，兽前部分由趟头外皮算至兽后口；兽后部分由兽后口起计算，戗脊算至垂脊外皮，角脊算至合角吻外皮，庑殿、攒尖建筑垂脊算至吻或宝顶外皮，硬山、悬山建筑垂脊有正吻的算至正吻外皮，无正吻的算至正脊中线。

⑤ 布瓦屋面的无陡板垂脊，由规矩盘子或勾头外皮算至正脊中线。

⑥ 披水梢垄由勾头外皮算至正脊中线。

⑦ 博脊算至挂尖头。

（4）各种脊附件不分尖山、圆山（卷棚）均按每一坡为单位，以条计算。

（5）正吻、合角吻、宝顶以份计算，合角吻按每角算一份。

（6）星星瓦按图示长度以 m 计算。

三、 屋顶工程相关知识

屋顶是中国古典建筑最重要的部分。它是中国古建筑的代表，是整个建筑物的冠冕。人们把中国古建筑称为“大屋顶”建筑，就是用屋顶形式来概括中国古建筑的特征。

（一）古代建筑中屋顶的样式

古建筑的屋顶样式十分丰富，按等级次序依次分为庑殿式、歇山式、攒尖式、悬山式硬山式等。此外，屋顶还有单檐和重檐之分，重檐的屋顶大于单檐的。在这些屋面中，重檐庑殿式级别最高，依次而下是重檐歇山式、重檐攒尖式、单檐庑殿式、单檐歇山式、单檐攒尖式、悬山式、硬山式等。硬山式建筑级别最低，一般用于辅助建筑或者民居商铺等。

1. 庑殿式

庑殿式屋顶是四面斜坡，有一条正脊和四条斜脊，且四个面都是曲面，又称四阿顶。重檐庑殿顶是古代建筑中最高级的屋顶样式。一般用于皇宫、庙宇中最主要的大殿，可用单檐，特别隆重的用重檐，著名的如北京的太和殿。

2. 歇山式

歇山顶的等级仅次于庑殿顶。它由一条正脊、四条垂脊和四条戗脊组成，故称九脊殿。其特点是把庑殿式屋顶两侧侧面的上半部突然直立起来，形成一个悬山式的墙面。歇山顶常用于宫殿中的次要建筑和住宅园林中，也有单檐、重檐的形式。如北京故宫的保和殿就是重檐歇山顶。

3. 攒尖式

无正脊，只有垂脊，只应用于面积不大的楼、阁、亭、塔等，平面多为正多边形及圆形，顶部有宝顶。根据脊数多少，分三角攒尖顶、四角攒尖顶、六角攒尖顶、八角攒尖顶。此外，还有圆角攒尖顶，也就是无垂脊。攒尖顶多作为景点或景观建筑，如颐和园的郭如亭、丽江黑龙潭公园等。在殿堂等较重要的建筑或等级较高的建筑中，极少使用攒尖顶，而故宫的中和殿、交泰殿和天坛内的祈年殿等却使用的是攒尖顶。攒尖顶有单檐、重檐之分。

4. 悬山式

悬山顶是两坡顶的一种，是我国一般建筑（如民居）中最常用的一种形式。其特点是屋檐悬伸在山墙以外，屋面上有一条正脊和四条斜脊，又称挑山或出山。

5. 硬山式

硬山式屋顶有一条正脊和四条垂脊。这种屋顶造型的最大特点是比较简单、朴素，只有前后两面坡，而且屋顶在山墙墙头处与山墙齐平，没有伸出部分，山面裸露没有变化。关于硬山这种屋顶形式，在宋代修纂的《营造法式》一书中没有记载，现存宋代建筑遗物中也未见，推想在宋代时，建筑屋顶还没有硬山这种形式。明、清时期及其后，硬山式屋顶广泛地应用于我国南北方的住宅建筑中。硬山式屋顶是一种等级比较低的屋顶形式，在皇家建筑和一些大型的寺庙建筑中，几乎没有硬山式屋顶。同时正因为它等级比较低，所以屋面都是使用青瓦，并且是板瓦，不能使用筒瓦，更不能使用琉璃瓦。

（二）古建筑屋顶使用的材料

古建筑屋顶所使用的材料大体分两种。

(1) 琉璃瓦屋顶。琉璃瓦又可以分为上釉的和不上釉的（不上釉的瓦件，北京地区称“削割瓦”，济南地区称“琉璃坯子瓦”）两种。

(2) 布瓦（青瓦）屋面。青瓦在古建筑和传统民居建筑中应用很广泛，青瓦的制作，一般各地区都因地制宜，就地取材进行加工，所以规格尺寸很繁多。常用布瓦的规格尺寸，大体分五种，见表 5-10。

表 5-10 常用布瓦规格尺寸 单位：cm

型号	板瓦			筒瓦		
	长	大口宽	小口宽	长	外径	内径
头号	20	22.5	20	30.5	16	
1号	20	20	18	21	13	
2号	18	18	16	19	11	8
3号	16	16	14	17	9	6
4号	11	11	9	9	7	5

第九节 地面工程

一、地面工程说明

（一）工作内容

地面工程包括调制灰浆及材料、成品的加工、运输、清扫底层、浇水、成品的一般保

护；铺墁块料面层包括弹线、选砖、套规格、砍磨砖件或切割块料、铺灰浆、铺块料；墁石子地包括选洗石子、摆石子、灌浆、清水冲刷等。

（二）有关规定及说明

（1）地面工程包括垫层及防水层、砖墁地面及散水、整体面层、块料面层等4节共53个子目。

（2）铺墁块料地面的定额中已综合了掏柱顶卡口等因素，其中细墁地面及散水综合了砖件的砍磨、散水出（窝）角及栽砌牙子等；糙墁地面及散水综合了守缝、勾缝等作法，不得另行计算。

（3）细墁、糙墁地面，不分室内、外均执行同一铺墁地面定额。

（4）楼梯装饰面定额包括了踏步、踢脚线、休息板、防滑条以及楼梯底面抹麻刀灰、喷浆等项在内，不得另行计算。

（5）房心回填土执行定额第一章土方及基础工程相应子目。

二、工程量计算规则

（1）垫层按图示面积乘厚度以 m^3 计算。

（2）防水层按展开面积以 m^2 计算。

（3）砖墁地面及散水（其细墁、糙墁）均按图示尺寸以 m^2 计算。

① 室内地面不扣除柱顶石、垛、间壁墙所占面积；室外地面应扣除 $0.5m^2$ 以上的树池、花坛、台阶、坡道所占面积。

② 散水不扣除牙子所占面积，但应扣除树池、花坛、台阶、坡道所占面积。

（4）水泥地面按图示面积以 m^2 计算，不扣除柱、垛、间壁墙及 $0.3m^2$ 以内的孔洞所占面积；门口线、暖气槽的面积也不增加，但应扣除蹲台、小便槽所占面积。

（5）磨石及块料面层地面，均按实做面积以 m^2 计算。

（6）水泥踢脚线按墙的净空长度以m计算，不扣除门洞口所占长度，门及垛的侧面也不增加，独立柱的踢脚线按柱断面周长并入墙踢脚线工程量内计算；现制磨石踢脚线按实做长度以m计算。

（7）楼梯各种面层均按图示楼梯水平投影面积以 m^2 计算，不扣除宽在500mm以内的楼梯井所占面积，超过500mm者应予扣除。

（8）各种路面均按图示尺寸以 m^2 计算。

三、地面工程相关知识

古建筑地面做法很讲究，有砖墁地（铺砖地）、石墁地、花石子墁地、灰土墁地。但古建筑地面以砖墁地为主。

（一）墁地材料及分类

（1）石地面。有条石地面、毛石地面、碎拼地面（冰纹）。

（2）花石子墁地。利用卵石子或多色卵石子及瓦条或玻璃条，组成花纹图案的地面。

（3）灰土地面。最普通的一种地面，它是在素土夯实地面发展起来的，一般建筑已很少使用了。

砖墁地分为两种，方砖墁地和条砖墁地。方砖墁地用尺二、尺四、尺七方砖以及金压等墁地，也称“对方砖”。条砖墁地用长方形的城砖、亭泥砖、四丁砖等墁地，可称“大砖地”。

（二）砖墁地做法

（1）粗砖墁地。粗砖墁地砖料不需要砍磨加工，砖可用方砖、长方形砖，也可正铺、斜铺成拐子锦、席纹、人字、八绵方、梯子锦、“卐”字方等图案。

（2）细砖墁地。多用于大式、小式建筑以及比较讲究的建筑的甬路和散水等主要部位。

（3）淌白地。墁地的砖料“磨面不过肋”。砖的砍磨程度不如细墁精细。铺装后外观效果与细墁地面相似。

（4）金砖墁地。是细墁地面最高级做法。砖料应用“金砖”。金砖产于苏州、无锡、上海一带。这种砖质地细腻，强度很高。这种砖据说用“练泥”制坯。用秫秸、松枝、松木焖烧而成。砖表面漆黑光亮，碰击能发出金属之声，谓之“金砖”。还有一种说法，从练泥到烧成砖，需要三年时间，成品率低，成本高，价格似金，谓之“金砖”。金砖铺地的做法就更加讲究，多用于重要的宫殿室内的地面。

第十节　抹灰工程

一、抹灰工程说明

（一）工作内容

抹灰工程包括材料加工、调制灰浆、材料运输、搭拆高度在3.6m以内简单脚手架、处理底层（包括刷浆或胶）、抹灰、找平、罩面等，抹水泥砂浆和剁斧石还包括嵌条。

（二）有关规定及说明

（1）抹灰工程包括麻刀灰浆、水泥砂浆、剁斧石、水刷石，其他等3节共44个子目。

（2）麻刀灰浆是传统抹灰项目，其他各抹灰项目是根据现行工程质量要求综合制订的，不分等级均执行同一定额子目。

（3）零星抹麻刀灰指山花象眼、穿插档、什锦窗侧壁、匾心、小红山及单块面积不足$3m^2$的廊心墙等处的抹灰。单块面积超过$3m^2$的廊心墙抹灰，应执行墙面定额。

（4）下肩（碱）抹灰执行墙面定额。

二、工程量计算规则

（1）抹灰工程量的计算，除本节另有规定者外，均以结构尺寸为准。

（2）麻刀灰浆。

① 外墙抹灰面积，分抹灰颜色按图示尺寸以m^2计算；应扣除门窗洞口及空圈所占面积，不扣除$0.3m^2$以内的孔洞所占面积；墙垛侧面积应并入外墙抹灰工程量内计算。外墙高度由室外设计地坪（有台明者由台明上皮，无台明而有散水者由散水上皮）算起。

a. 墙出檐者算至檐下皮；

b. 有檐口天棚者算至檐口天棚下皮；

c. 下肩（碱）不抹者应扣除下肩（碱）高度。

② 内墙抹灰面积按主墙间净长乘高以m^2计算；应扣除门窗洞口和空圈所占面积，不扣除踢脚线、挂镜线露明柱面及$0.3m^2$以内的孔洞及墙与构件交接处所占面积，但门窗洞

口及空圈周围侧壁抹灰面积也不增加；墙垛侧面积应并入内墙抹灰工程量内计算。内墙高度由室内地（楼）面算起。

a. 梁（柁）下墙算至梁（柁）底；

b. 板下墙算至板底；

c. 吊顶抹灰者算至顶棚底；

d. 天花吊顶者算至天花底面，另增加 200mm；

e. 有内墙裙者，其抹灰高度自墙裙上边线算起。

③ 槛墙抹灰面积，分内、外槛墙执行内、外墙面抹灰相应定额，按图示长度乘高以 m^2 计算，不扣除露明柱面及踢脚线所占面积，但槛墙八字部分面积也不增加。

④ 现制、预制混凝土顶板抹灰，按墙体内包水平投影面积以 m^2 计算，不扣除柱、垛、隔断所占面积；梁的侧面积应并入顶板抹灰工程量内。

⑤ 抹灰面做假砖缝，抹灰前下麻钉，按其相应项目的抹灰工程量以 m^2 计算。

(3) 水泥砂浆、剁斧石、水刷石。

① 墙面、墙裙抹水泥砂浆、剁斧石，均按图示长度乘高以平方米计算，应扣除门窗洞口及空圈所占面积，不扣除露明柱面及 $0.3m^2$ 以内的孔洞所占面积，但其门窗洞口及空圈侧壁面积也不增加；墙垛侧面积应并入墙面、墙裙工程量内。其高度的计算与抹麻刀灰浆相同。

② 混凝土梁、柱及独立砖柱、门窗套、窗眉、腰线、挑檐、窗台、压顶、槅板等抹灰项目，均按展开面积以 m^2 计算。

③ 木门窗后塞口堵缝，按门窗框外围面积以 m^2 计算。

④ 须弥座、冰盘檐抹灰，均按图示垂直投影面积以 m^2 计算。

第十一节 油漆彩画工程

一、油漆彩画工程说明

（一）工作内容

(1) 地仗包括调制灰料、油满、基层的清理除铲、砍斧迹、撕缝、陷缝、汁浆、捉缝、分层使灰、钻生油、砂石或砂布打磨，麻灰类、布灰类地仗还包括压麻或糊布。

(2) 油漆包括调兑血料腻子及油漆、刮腻子、刷底漆、找补腻子、磨砂纸、油漆成活，其中扣油指彩画、贴金后在漆地上刷的最后一道油漆。

(3) 彩画包括按设计要求起扎谱子、调兑颜料、绘制各种图案成活。

(4) 贴金（铜箔）包括支搭金帐、打金胶油、贴金箔或贴铜箔、罩清漆。

(5) 彩画贴金定额包括彩画及贴金的全部工作内容。

(6) 光油、灰油、金胶油及精梳麻的熬制、加工费用已包括在定额材料费中。

（二）有关规定及说明

(1) 油漆彩画工程包括地仗、油饰及油活饰金、彩画及画活饰金、喷刷粉饰等 4 节共 123 个子目。

(2) 各节子目是以单项工程项目为整体，综合各工程部位的相同工序编制的，因此，凡工序相同的子目，均不再划分工程部位，均执行本定额相同的工程项目的综合子目。

(3) 定额中的饰金子目，均按饰钛金粉编制（已考虑了搭设工作因素），如设计需要饰金（铜）箔，按表 5-11 换算其金（铜）箔的用量。

表 5-11 钛金粉每千克重折算金（铜）箔数量

名称	赤金箔	库金箔	铜箔
数量/张	3400	2720	2700
每张规格/mm	83.3×83.3	93.3×93.3	100×100

(4) 凡使用铜箔者，按其油活饰金、彩画饰金相应子目，增加丙烯酸清漆一道，1.10 元/m^2（其中丙烯酸木器漆 0.035kg，二甲苯 0.0035kg，人工不另增加），列入直接费。

(5) 油饰及油活饰金中“平面沥粉”子目，适用于无雕刻的山花板、挂檐板上沥粉以及其他部位油活无雕刻的沥粉（如裙板、绦环板等）。彩画定额中的沥粉工序已包括在各相应的定额子目中，不得再重复计取“平面沥粉”子目。

(6) 地仗分层做法表见表 5-12。

表 5-12 地仗分层做法表

地仗项目		分层做法（按施工操作顺序）
一布四灰		汁浆、捉缝灰、通灰、糊布、中灰、细灰、钻生桐油
一布五灰		汁浆、捉缝灰、通灰、糊布、压布灰、中灰、细灰、钻生桐油
一麻五灰		汁浆、捉缝灰、通灰、粘麻、压麻灰、中灰、细灰、钻生桐油
单皮灰	四道灰	汁浆、捉缝灰、通灰、中灰、细灰、钻生桐油
	三道灰	汁浆、捉缝灰、中灰、细灰、钻生桐油
	二道灰	汁浆、中灰捉缝、满细灰、钻生桐油
	一道半灰	汁浆、中灰捉缝、找细灰、钻生桐油

(7) 彩画内容简表见表 5-13。

表 5-13 彩画内容简表

定额名称		图案简要内容
金龙、龙凤和玺	高	贯套箍头、枋心、藻头、盒子、岔角做彩云，挑檐枋、平板枋、桃尖梁头均为片金图案做法
	中	贯套箍头，挑檐枋、平板枋为片金图案做法
	普	素箍头、挑檐枋、桃尖梁头不做片金图案做法
龙草和玺	中	素箍头、挑檐枋、平板枋、金琢墨草，均为沥粉片金花纹（包括平板枋做轱辘草攒退）
	普	素箍头、挑檐枋、平板枋、桃尖梁头不做片金，草为攒退活或爬粉做法
和玺加苏画		和玺彩画的格式做法，在枋心、藻头、盒子部位画人物山水、花鸟鱼虫及瑞兽等苏画画题
金琢墨石碾玉		所有大线及旋子各路瓣均沥粉饰金退晕。旋眼、栀花心、菱角地、宝剑头均沥粉饰金，枋心画龙锦
烟琢墨石碾玉		五大线沥粉饰金退晕，旋眼、栀花心、菱角地、宝剑头沥粉饰金，枋心画龙锦，平板枋画降幕云、栀花墨线退晕
金线大点金		五大线沥粉饰金退晕，旋子与栀花为墨线不退晕，旋眼、栀花心、菱角地、宝剑头沥粉饰金，枋心画龙锦，平板枋画降幕云，云纹沥粉饰金退晕
金线大点金加苏画		金线大点金的格式做法，枋心、盒子做白活，画人物山水、花鸟鱼虫瑞兽等苏画画题
墨线大点金	龙锦枋心	枋心画龙锦，各大线与旋子、栀花均为墨线不退晕，旋眼、栀花心、菱角地、宝剑头沥粉饰金，平板枋画降幕云，云纹与栀花均为墨线
	一字枋心	枋心画“一”字（或称一统天下），其他同上

续表

定额名称			图案简要内容
墨线小点金	夔龙黑叶子花枋心		枋心画夔龙黑叶子花，除旋眼、栀花心饰金外，其他各处均不饰金
	一字枋心		枋心画“一”字其他同上
雅伍墨	夔龙黑叶子花枋心		枋心画夔龙黑叶子花，整组彩画不饰金不退晕，旋子用黑白线画在青绿底色上，平板枋画栀花
	一字枋心		枋心画“一”字，其他同上
雄黄玉	夔龙枋心		枋心画夔龙，黄色做底色，上衬青绿旋花瓣和白线条均退晕，不饰金
	素枋心		枋心不画图案，其他同上
金琢墨苏画			箍头、卡子在退晕的外轮廓加饰金边线，烟云软、硬调换，烟云退晕层次七至九道，包袱做白活
金线苏画	色卡子		箍头、卡子用颜色攒退活不饰金，箍头线、包袱线、聚锦壳、池子线、柁头边框线沥粉饰金，包袱做白活
	片金卡子		箍头、卡子饰金，其他同上
	片金箍头卡子		箍头心及卡子均饰金，其他同上
黄线苏画			主要线条均用黄线，不饰金，箍头多画单色联珠、回纹并退晕，软、硬卡子，包袱做白活
海漫苏画	素箍头、有卡子		不做枋心或包袱，也无白活，只做素箍头、色卡子，青地部位画红、兰、白流云；绿地部位画黑叶子花
	素箍头、无卡子		素箍头无卡子，其他同上
金线海墁锦彩画			各种色地画锦纹图案，线路饰金
掐箍头			只画箍头、柱头、柁头，其余部位均刷红油漆
掐箍头搭包袱			在掐箍头的基础上搭做包袱、白活，但在箍头与包袱之间的空地上无任何彩画，只刷红油
斑竹彩画			只画斑竹纹，无其他彩画图案；多用于椽望及上下架大木部位
白活	人物及线法		在苏式彩画白活部位画人物故事或线法楼台殿阁等
	动物及翎毛花卉		在苏式彩画白活部位画瑞兽、鸟禽、鱼虫及桃、柳、梅、兰、竹、菊、牡丹、灵芝等吉祥图案
	墨山水、洋山水		中国墨山水画及洋山水技法的风景画
	聚锦		画于聚锦部位，画题同包袱
新式彩画	油地沥粉饰金	满做	新式彩画做法仿苏式彩画格调，以油漆代替颜色绘画图案，箍头、卡子、包袱做片金图案
		掐箍头	做法同上，但只做箍头、柱头、柁头。其他部位均不做彩画
	满金琢墨做法		箍头、藻头、枋心、盒子的大线及其内的花纹饰金退晕
	金琢墨做法	素箍头、活枋心	同金琢墨苏画做法，素箍头、箍头、藻头及大线饰金退晕，枋心画各种图案
		素箍头、素枋心	做法同金琢墨，素箍头、枋心无图题
	局部饰金做法		主要大线饰金，枋心、盒子内花纹的蕊、花蕾点金
	各种不饰金做法		各种图案均不饰金
仿明式彩画	饰金		仿明式彩画特点，色彩以青、绿为主，纹样庄严，构图严谨，配列均衡，风格素雅。线路沥粉饰金，有晕色，枋心有花纹
	不饰金		做法同上，但各部均不沥粉饰金

(8) 术语的释义。

① 上架大木。泛指自檐枋下皮算起的以上（包括柱头在内）所有的梁、枋、板、檩、瓜柱、柁墩、角背、雷公柱、角梁、宝瓶、由戗、燕尾枋、博脊板、棋枋板、镶嵌象眼山花板、柁挡板、承重、棱木、木楼板底面及梁枋檩等露明的榫头部分。

② 下架大木。自檐枋下皮以下的各种柱、抱框、槅板、风槛、门簪、门栊、门头板、走马板、筒子板（包括什锦门、窗套）、大门、屏门、木（栈）板墙、木地板、木楼梯等。

③“白活”。指苏式彩画在包袱、枋心、池子、聚锦等部位的白地上，泛画山水、人物、

翎毛、花卉等图案的做法。

④“五大线”。指箍头线、枋心线、盒子线、皮条线、岔口线。

二、工程量计算规则

(1) 地仗、油饰及油活饰金工程量计算规则见表5-14。

(2) 彩画及画活饰金工程量计算规则见表5-15。

(3) 每攒斗拱面积折算表见表5-16。

(4) 喷刷粉饰工程量计算规则见表5-17。

表5-14 地仗、油饰及油活饰金工程量计算规则

部位	计算规则	计量单位	注
山板花	按图示垂直投影尺寸(山花底长×高)×1/2	m^2	地仗、油饰、饰金均按此公式
挂檐板、挂落板	按图示垂直投影尺寸长×宽	m^2	
悬山博风板	按图示垂直投影尺寸长×宽×2(面)	m^2	不扣除檩窝所占面积,底边亦不增加
连檐瓦口	长×高(长按大连檐,高按大连檐下棱至瓦口尖)	m^2	
椽头	长×高(长按大连檐,高按椽子自身高或直径),单层椽头者,面积×0.5	m^2	硬山建筑,长度应算至墀头里皮悬山部分亦按此公式合并计算
椽望	按露明部分的斜面积×2计算(椽子不再计算)	m^2	
上、下架大木	以图标尺寸按展开面积计算	m^2	
木地(楼)板	按图示尺寸,长×宽	m^2	
雀替、隔架科、花牙子	长×高(大头高×长边长)	m^2	两面做者×2
花板	按图示尺寸,长×宽	m^2	两面做者×2
垂头柱	按图示尺寸,周长×宽	m^2	方型垂柱加柱底面积
大门、屏门及迎风板	按图示尺寸,长×宽×2(面)	m^2	
筒子板、护墙板等	按图示尺寸,长×宽	m^2	木踢脚亦按此公式合并计算
扇及推窗	按图示尺寸,长×宽×2(面)	m^2	不扣除心屉面积
风门	按图示尺寸(包括风门上的门屉尺寸),长×高×2	m^2	
各种窗屉、扇心屉	按图示尺寸,长×高	m^2	单层双面做×1.5;双层双面做×2
楣子、栏杆	按图示尺寸,长×高×2	m^2	框外的延伸部分,不计量面积
天花、支条	按图示顶棚外围边线长×宽	m^2	算天花不扣支条面积;算支条不扣天花面积
匾联	按匾联的垂直投影面积长×宽	m^2	含匾字、匾钩及如意钉工程量以内
云盘线饰金	长×宽(按云盘线所在的裙板、绦环板、挂檐板的单面面积)	m^2	
两柱香、双皮条线饰金	长×宽(按所在扇或槛窗的单面面积)	m^2	
菱花和饰金	长×宽(按其所在心屉的单面面积)	m^2	
框线饰金	长×宽(按饰金线的长度×宽度)	m^2	
门钹、门箍饰金	按实物外围最大矩形面积	m^2	
门钉、梅花钉饰金	$2\pi Rh$×个数	m^2	式中R为钉半径,h为钉高
望柱头、花瓶、樘板饰金	按木栏杆的单面面积	m^2	

表 5-15 彩画及画活饰金工程量计算规则

部位	计算规则	计量单位	注
椽头	长×高(同油饰计算规则)	m^2	(同油饰)
上架大木	长×宽(按图示展开面积)	m^2	苏式彩画,不扣除“白活”所占面积
掐箍头及搭包袱	长×宽(按图示展开面积)	m^2	不扣除间夹的油饰面积
天花、支条	长×宽(同油饰计算规则)	m^2	(同油饰)
灯花	按图示灯花外边线计算	m^2	
雀替、隔架科、花牙子	长×宽(同油饰计算规则)	m^2	(同油饰)
楣子、栏杆	长×高(同油饰计算规则)	m^2	(同油饰)
白活	按单体面积 $1.5m^2$ 为准,1.5～$2.0m^2$ 者×1.5 系数,$2.0m^2$ 以上者×2	块	$0.2m^2$ 以内者,执行聚锦定额
麻叶云拱	长×宽(同油饰计算规则)	m^2	
斗拱	详见表 5-16	m^2	

表 5-16 每攒斗拱面积折算表

斗拱口份 / 折合平方米 / 斗拱名称	4.80cm (1.5 营造寸)	5.12cm (1.6 营造寸)	6.40cm (2.0 营造寸)	8.00cm (2.5 营造寸)	9.60cm (3.0 营造寸)	品字斗拱	平座斗拱
						系数	
一斗三升	0.214		0.319	0.594	0.854		
一斗二升交麻叶	0.237		0.420	0.657	0.946		
三踩斗拱	0.630	0.696	0.962	1.473	2.121	78%	80%
五踩斗拱	0.947	1.094	1.680	2.624	3.783	86%	89%
七踩斗拱	1.335	1.543	2.373	3.708	5.339	94%	97%
九踩斗拱	1.715	1.981	3.046	4.762	6.241	68%	70%
垫拱板	0.055		0.073	0.153	0.220		

注：1. 为适应室内外做法不同的需要，表中数量均为斗拱（沿垫拱板位置分界）的单面面积。

2. 昂、翘斗拱，按表中口份、踩数的相应量（不分平身科、柱头科）执行；遇品字、平座斗拱，按其相应量乘表中系数执行。

3. 角科斗拱，按表中相应量乘以下列系数：外拽(室外) 3.5；内拽(室内) 面 1.5；牌楼（包括内外双面）6。

表 5-17 喷刷粉饰工程量计算规则

部位	计算规则	计量单位	注
抹灰面粉饰	按实做面积计算,扣除门窗洞口,不扣除踢脚线及 $0.5m^2$ 以内的孔洞,但门窗洞口的侧面积也不增加	m^2	
墙裙喷刷切活	同上	m^2	
墙边拉线	按单线长度计算	m^2	做双线者×2

三、 常用的工艺和术语

古建筑的油漆彩画工程是油漆作、彩画作的两种工序的合称，从根本上要分油漆和彩画两个工序概念。本节定额子目是按照建筑物的构架系统和分部构件系列建立的，是为了方便使用，切勿混淆这两个工序。值得说明的是，在仿古建筑中有很多只油漆不彩画，或只彩画不油漆的工程。

(1) 地仗。(底仗、底灰) 是木（混凝土）质基层和油膜之间的夹层（中间层）。地仗是由多层灰料依次组合，并钻进生油，构成非常坚固的灰壳。还有包括麻层、布层。

(2) 砍活。为了地仗牢固地与基层结合，对木基层表面进行处理的一种方法。有砍新活和砍旧活之分。

(3) 单皮灰。用灰不用麻的地仗。

(4) 四道灰。包括捉缝灰、通灰、中灰、细灰的地仗。

(5) 三道灰。包括捉缝灰、中灰、细灰的地仗。

(6) 二道灰。包括中灰、找细灰的地仗。也称"捉中，找细"。

(7) 钻生油。是在细灰磨细后，钻浸生桐油，使其干燥后，灰壳变得坚固耐久。

(8) 满刮浆灰。是在磨细灰的同时，在表面满刮浆灰。

(9) 一麻五灰。是具有广泛代表性的一种地仗做法。即地仗中包括一层麻，五层灰。一麻五灰工序按顺序排列为捉缝灰、扫荡灰、使麻、压麻灰、中灰、细灰。还可以用麻布，总之按工序顺序的数次定为名称。如：一麻一布六灰，就是一层麻，一层布，六层灰的做法。

(10) 打贴金箔。是打金胶、贴金箔的简称。打金胶就是将金胶油抹到需贴金的部位上。贴金就是将金箔贴在金胶油的油膜上。

(11) 金箔。建筑工程常用以下两种。

① 库金为上，含金量98%，故称九八金。

② 赤金为次，含金量74%，故称七四金。

(12) 打贴铜箔描清漆。是用铜箔代替金箔，打贴工艺同贴金。为了防止铜箔氧化变色，铜箔表面描刷清漆一道。

(13) 沥粉。用土粉、面粉加胶拌制的粉浆，使彩画图线条凸起来的一种工艺。沥粉又分沥大粉和沥小粉。

① 沥大粉，粉浆较稠，可作粗大线条。

② 沥小粉，粉浆较稀，可作细小线条。

第十二节　玻璃裱糊工程

一、玻璃裱糊工程说明

(一) 工作内容

(1) 玻璃安装包括清扫槽口灰土、调制油灰、裁钉玻璃、抹油灰等。

(2) 裱糊工程包括清理底层、刷浆或黏结剂、打底、盖面等，糊顶棚包括拴架子，其中卷棚顶还包括做绦环（山花）、垛尾（象眼），镞花包括画样子，白樘篦子和门、窗、槅扇糊布四、麻布包括钉钉子及用麻呈文纸糊钉帽等。

(二) 有关规定及说明

(1) 玻璃裱糊工程包括顶棚、柱梁、镞花、木格天棚、门窗、槅扇、墙面裱糊等11个项目。

(2) 各项材料均以定额用量为准，不得因规格大小不同、幅宽不同而调整。

(3) 木格天棚、门窗槅扇、墙面裱糊已按不同面层综合了与其相关的底层，不得另行计算。

二、 工程量计算规则

(1) 槅扇、槛窗、支摘窗按玻璃所接触的边抹外围面积计算。

(2) 顶棚、柱梁、墙面裱糊等，均按实际裱糊面积以 m^2 计算。

(3) 镟花按实际数量以个计算。

(4) 镶边纸按实贴长度以 m 计算。

(5) 裱糊工程中凡以 m^2 计量的项目，均按展开面积计算。

(6) 白樘篦子和门、窗、槅扇裱糊应分层计算。

三、 裱糊工程相关知识

裱糊工程是一种传统的室内装饰工艺。裱糊顶棚（仰尖）和墙面，以及裱捐纱门窗、篦字墙等。裱糊天棚、篦子墙梁柱的骨架，一般用苇秆、秫秸秆、麻秆做骨架，毛头纸（旧报纸）打底，表面盖糊银花纸（白纸、花纸）。墙面裱糊纸面同上，就是不做骨架。旧时称从事这种工作的师傅为“扎材匠，裱糊匠”。此种工作原来都由油漆匠兼顾。

裱（装裱，裱褙）是古建筑室内装修的高级做法。“绫罗锦缎，丝绸麻纱”装裱门窗、槅扇、屏风、照壁。丝绸麻纱表面，可“题诗作画”，如扇面、花鸟、博古等。这种装修使室内显得古香古色，富贵而高雅。

第六章

园林工程施工图预算编制与审查

编制园林工程施工图预算，即依据拟建园林工程已批准的施工图纸和既定的施工方案，按照规定的工程量计算规则，分部分项地计算出拟建工程各工程项目的工程量，然后逐项地套用相应的现行预算定额，确定拟建工程单位价值，累计其全部直接费用，再根据规定的各项费用的取费标准，计算其所需的间接费，最后，综合计算出该单位工程的造价和技术经济指标。另外，再根据分项工程量分析材料和人工用量，最后汇总出各种材料和用工总量。园林施工图预算包括用于园林建设施工招投标的园林工程预算及用于园林施工企业对拟建工程进行施工管理的园林工程预算等。

第一节 园林工程施工图预算概述

一、 施工图预算概念

施工图预算，是根据施工图、预算定额、各项取费标准、建设地区的自然及技术经济条件等资料编制的建筑安装工程预算造价文件。施工图预算即单位工程预算书，是在施工图设计完成后、工程开工前、根据已审定的施工图纸，在施工方案或施工组织设计已确定的前提下、按照国家或省、市颁发的现行预算定额、费用标准、材料预算价格等有关规定，逐项计算工程量，套用相应定额，进行工料分析，计算直接费、间接费、计划利润、税金等费用，确定单位工程造价的技术经济文件。

在我国，施工图预算是建筑企业和建设单位签订承包合同、实行工程预算包干、拨付工程款和办理工程结算的依据；也是建筑企业控制施工成本、实行经济核算和考核经营成果的依据。在实行招标承包制的情况下，是建设单位确定招标控制价和建筑企业投标报价的依据。

施工图预算是关系建设单位和建筑企业经济利益的技术经济文件，如在执行过程中发生经济纠纷，应按合同经协商或仲裁机关仲裁，或按民事诉讼等其他法律规定的程序解决。

二、施工图预算编制作用

（一）施工图预算对建设单位的作用

（1）施工图预算是施工图设计阶段确定建设工程项目造价的依据，是设计文件的组成部分。

（2）施工图预算是建设单位在施工期间安排建设资金计划和使用建设资金的依据。

（3）施工图预算是招投标的重要基础，既是工程量清单的编制依据，也是招标控制价编制的依据。

（4）施工图预算是拨付进度款及办理结算的依据。

（二）施工图预算对施工单位的作用

（1）施工图预算是确定投标报价的依据。

（2）施工图预算是施工单位进行施工准备的依据，是施工单位在施工前组织材料、机具、设备及劳动力供应的重要参考，是施工单位编制进度计划、统计完成工作量、进行经济核算的参考依据。

（3）施工图预算是控制施工成本的依据。

（三）施工图预算对其他方面的作用

（1）对于工程咨询单位而言，尽可能客观、准确地为委托方做出施工图预算，是其业务水平、素质和信誉的体现。

（2）对于工程造价管理部门而言，施工图预算是监督检查执行定额标准、合理确定工程造价、测算造价指数及审定招标工程标底的重要依据。

三、施工图预算编制依据

（一）编制依据

（1）施工图纸。指经过会审的施工图，包括所附的文字说明、有关的通用图集和标准图集及施工图纸会审记录。它们规定了工程的具体内容、技术特征、建筑结构尺寸及装修做法等。因而是编制施工图预算的重要依据之一。

（2）现行预算定额或地区单位估价表。现行的预算定额是编制预算的基础资料。编制工程预算，从分部分项工程项目的划分到工程量的计算，都必须以预算定额为依据。

地区单位估价表是根据现行预算定额、地区工人工资标准、施工机械台班使用定额和材料预算价格等进行编制的。它是预算定额在该地区的具体表现，也是该地区编制工程预算的基础资料。

（3）经过批准的施工组织设计或施工方案。施工组织设计或施工方案是建筑施工中重要文件，它对工程施工方法、材料、构件的加工和堆放地点都有明确规定。这些资料直接影确工程量的计算和预算单价的套用。

（4）地区取费标准（或间接费定额）和有关动态调价文件。按当地规定的费率及有关文件进行计算。

（5）工程的承包合同（或协议书）、招标文件。

（6）最新市场材料价格。是进行价差调整的重要依据。

（7）预算工作手册。预算工作手册是将常用的数据、计算公式和系数等资料汇编成手册以便查用，可以加快工程量计算速度。

（8）有关部门批准的拟建工程概算文件。

（二）编制条件

(1) 施工图经过设计交底和会审后，由建设单位、施工单位和设计单位共同认可。

(2) 施工单位编制的施工组织设计或施工方案，经过其上级有关部门批准。

(3) 建设单位和施工单位在设备、材料、构件等加工订货方面已有明确分工。

第二节 园林工程施工图预算的准备工作

一、 基础资料收集

进行园林工程概预算的工作应准备如下资料。

(1) 有关园林工程项目的设计图纸、文件、勘察资料，主要包括施工图纸、设计说明、相关标准图集等。

(2) 施工组织设计文件。包括工期进度要求、劳动定额及人员计划、材料消耗定额及材料计划（采购、运输、加工）、施工机械定额及使用（调配）计划、主要施工技术、施工组织措施。

(3) 预算定额、费用定额。

(4) 工具书及有关施工手册。

(5) 劳务市场、材料市场、机械租赁市场的相关资讯。

(6) 相关表格。

二、 工程量计算填写表格

按项目逐一计算或核实工程量，是工程概预算的重要工作内容。工程预算都由两个因素决定：一是预算定额中每个分项工程的预算单价；另一个是该项工程的工程量。所以，工程量计算的正确与否，直接影响施工图预算的质量。预算人员应在熟悉图纸、预算定额和工程量计算规则的前提下根据施工图上的尺寸、数量，按计算规则，正确地计算出各项工程的工作量，并填写工程量计算表格（表 6-1～表 6-4）。

表 6-1 工程预算书封面

工程预算书

建设单位：________________

施工单位：________________

工程名称：________________

工程地处：________________　　单位造价：__________元/m²

建设单位：　　施工单位：

（公章）　　（公章）

负责人：________________　　审核人：________________

　　证　　号：________________

经手人：________________　　编制人：________________

　　证　　号：________________

开户银行：________________　　开户银行：________________

年　月　日　　年　月　日

表 6-2 工程预算汇总表

序号	项目	造价

表 6-3 工程预算书

单位工程名称： 第 页 共 页

年 月 日

序号	定额编号	分部分项工程名称	单位	数量	预算价值/元	
					单价	合价

表 6-4 工程概（预）算书

工程名称： 年 月 日 单位：元

序号	定额编号	分部分项工程名称	工程量		造价		人工费		材料费		机械费		备注
			单价	数量	单价	合价	单价	合价	单价	合价	单价	合价	

第三节 园林工程施工图预算编制方法

一、工料单价法

工料单价法是建筑安装工程费计算中的一种计价方法（与之对应的还有一种是综合单价法），是以分部分项工程量乘以单价后的合计为直接工程费，直接工程费以人工、材料、机械的消耗量及其相应价格确定。直接工程费汇总后另加间接费、利润、税金生成建筑工程或安装工程造价，其计费程序分三种：以直接费为计算基础；以人工费和机械费合计为计算基础；以人工费为计算基础。

工料单价法的步骤如下。

(1) 准备资料，熟悉施工图。需准备的资料包括施工组织设计、预算定额、工程量计算标准、取费标准、地区材料预算价格等。

(2) 计算工程量。首先，要根据工程内容和定额项目，列出分项工程目录；其次，根据计算顺序和计算规划列出计算式；第三，根据图纸上的设计尺寸及有关数据，代入计算式进行计算；第四，对计算结果进行整理，使之与定额中要求的计量单位保持一致，并予以核对。

(3) 套工料单价。核对计算结果后，按单位工程施工图预算直接费计算公式求得单位工程人工费、材料费和机械使用费之和。同时要注意以下几项内容：

① 分项工程的名称、规格、计量单位必须与预算定额工料单价或单位计价表中所列内容完全一致，以防重套、漏套或错套工料单价而产生偏差；

② 进行局部换算或调整时，换算指由定额中已计价的主要材料品种不同而进行的换价，一般不调量；调整指由施工工艺条件不同而对人工、机械的数量增减，一般调量不换价；

③ 若分项工程不能直接套用定额、不能换算和调整时，应编制补充单位计价表；

④ 定额说明允许换算与调整以外部分不得任意修改。

(4) 编制工料分析表。根据各分部分项工程项目实物工程量和预算定额中项目所列的用工及材料数量，计算各分部分项工程所需人工及材料数量，汇总后算出该单位工程所需各类人工、材料的数量。

(5) 计算并汇总造价。根据规定的税费率和相应的计取基础，分别计算措施费、间接费、利润、税金等。将上述费用累计后进行汇总，求出单位工程预算造价。

(6) 复核。对项目填列、工程量计算公式、计算结果、套用的单价、采用的各项取费费率、数字计算、数据精确度等进行全面复核，以便及时发现差错，及时修改，提高预算的准确性。

(7) 填写封面、编制说明。封面应写明工程编号、工程名称、工程量、预算总造价和单方造价、编制单位名称、负责人和编制日期以及审核单位的名称、负责人和审核日期等。编制说明主要应写明预算所包括的工程内容范围、依据的图纸编号、承包企业的等级和承包方式、有关部门现行的调价文件号、套用单价需要补充说明的问题及其他需说明的问题等。编制施工图预算时要特别注意，所用的工程量和人工、材料量是统一的计算方法和基础定额；所用的单价是地区性的（定额、价格信息、价格指数和调价方法）。由于在市场条件下价格是变动的，要特别重视定额价格的调整。

二、综合单价法

综合单价法与工料单价法相对应，综合单价法的分部分项工程单价为全费用单价，全费用单价经综合计算后生成，其内容包括直接工程费、间接费、利润和风险因素（措施费也可按此方法生成全费用价格）。各分项工程量乘以综合单价的合价汇总后，再加计规费和税金，便可生成建筑或安装工程造价。

综合单价法按其所包含项目工作的内容及工程计量方法的不同，可分为以下三种表达形式。

(1) 参照现行预算定额（或基础定额）对应子目所约定的工作内容、计算规则进行报价。

(2) 按招标文件约定的工程量计算规则，以及技术规范规定的每一分部分项工程所包括的工作内容进行报价。

(3) 由投标者依据招标图纸、技术规范，按其计价习惯，自主报价，即工程量的计算方法、投标价的确定，均由投标者根据自身情况决定。

综合单价计价顺序如下。

① 准备资料，熟悉施工图纸。

② 划分项目，按统一规定计算工程量。

③ 计算人工、材料和机械数量。

④ 套综合单价，计算各分项工程造价。

⑤ 汇总得分部工程造价。

⑥ 各分部工程造价汇总得单位工程造价。

⑦ 复核。

⑧ 填写封面、编写说明。

“综合单价”的产生是使用该方法的关键。显然编制全国统一的综合单价是不现实或不可能的，而由地区编制较为可行。理想的是由企业编制“企业定额”产生综合单价。由于在每个分项工程上确定利润和税金比较困难，故可以编制含有直接费和间接费的综合单价，待求出单位工程总的直接费和间接费后，再统一计算单位工程的利润和税金，汇总得出单位工程的造价。《建设工程工程量清单计价规范》(GB 50500—2013) 中规定的造价计算方法，就是根据实物计算法原理编制的。

第四节 园林工程施工图预算审查

园林工程施工图预算包括各种类别的园林工程在整个过程中所发生的全部费用的计算，它综合反映了园林工程造价。因此，施工图预算编制完成以后，应由建设单位、设计单位、建设银行、建设监理或其他有关部门进行审查。其目的在于及时纠正预算编制中的错误，保证预算的编制质量，使其接近于客观实际，能真实地反映工程造价，从而达到合理分配基本建设资金和控制基本建设投资规模的目的。因此，对施工图预算进行审查具有非常重要的意义。

一、 施工图预算审查意义和依据

(一) 施工图预算审查的意义

(1) 有利于控制工程造价，克服和防止预算超预算。

(2) 有利于加强固定资产投资管理，节约建设资金。

(3) 有利于施工承包合同价的合理确定和控制。

(4) 有利于累计和分析各项技术经济指标，不断提高设计水平。

(二) 施工预算图审查的依据

施工图预算决定着发包人的投资耗费和承包人的经济收入。因此在审查施工图预算时必须遵循客观公正、实事求是的原则，及时审查，做到不偏不倚，对于工程预算内多计、重列的项目，应按有关文件规定做到予以扣减，而对其中少计、漏列的项目则应给予调增，对于定额缺项的新材料、新工艺，应根据施工过程中的合理消耗和市场上的合理价格，实事求是地确定其实际消耗量和材料价格，达到维护发包人和承包人双方合法权益的目的。

审查施工图预算的依据主要有以下几种：

(1) 国家、省有关单位颁发的有关决定、通知、细则和文件规定等。

(2) 国家或省颁发的有关现行取费标准或费用定额。

(3) 国家或省颁发的现行定额或补充定额。

(4) 现行的地区材料预算价格、本地区工资标准及机械台班费用标准。

(5) 现行的地区单位估价表或汇总表。

(6) 初步设计或扩大初步设计图纸及施工图纸。

(7) 有关该工程的调查资料，地质钻探、水文气象资料。

(8) 甲乙双方签订的合同或协议书。

(9) 工程资料，如施工组织设计等文件资料。

二、 施工图预算审查作用

(1) 施工图预算审查对降低工程造价具有现实意义。

(2) 施工图预算审查有利于节约工程建设资金。

(3) 施工图预算审查有利于发挥领导层、银行的监督作用。

(4) 施工图预算审查有利于积累和分析各项技术经济指标。

三、 施工图预算审查内容

(一) 审查施工图预算的编制依据

(1) 审查编制依据的合法性。

(2) 审查编制依据的时效性。

(3) 审查编制依据的适用范围。

(二) 审查施工图预算工程量

建筑安装工程施工图预算是由直接工程费、间接费、利润和税金等四部分费用组成的。直接工程费用中的直接费又是施工图预算中各分部分项工程的工程量与相应的定额单价之积累加而得到的，它是计算间接费、利润和税金的基础。因此，在审查时，工程量是确定建筑安装工程造价的决定因素，是审查的重点，审查时间的80%以上都消耗在审查工程量这一阶段。

1. 工程量计算中常见问题分析

① 多计工程量。

② 重复计算工程量。

③ 虚增工程量。

④ 项目变更、该减未减。

2. 工程量审查的基本要点

(1) 工程列项审查。工程列项审查，指审查施工图预算书中所列的子项目，是否有多列、重列、虚列和少列的现象。工程列项错误的主要原因是对该子项目的工作内容不清楚，构造做法、所用材料及机械不了解；对定额本上各个分部、分项、子目的划分不熟悉，没有仔细看懂施工图。

列项审查主要审查所列子项的完整性和合理性，既不能多列、错列，也不能少列、漏列，最后达到所列子项与实际工程内容相符。

(2) 工程量计算方法的审查。审查时，首先应审查所列计算式是否符合规定。如工程量的计算单位，以面积计算的是以净面积还是实铺面积或展开面积，是水平还是垂直投影面积，以及外围面积计算。计算工程量应以计算规则为准，不得按想象套用。

(3) 工程量计算所用的数据的审查。审查数据是否符合如下要求：

① 按图纸所示尺寸取定。

② 按计算规则的规定取定。

③ 编制预算时，应先按设计施工取定尺寸，结算时，再按竣工图或补充设计图纸取定。

④ 审查工程量计算结果及单位是否正确。

(4) 建筑面积计算的审查。

(5) 分项工程量审查。

(三) 审查定额或单价的套用

审查定额套用，必须熟练定额的说明，各分部分项的工作内容及适用范围，并根据工程特点，设计图纸上构件的性质，对照预算上所列的分部分项工程与定期额所列的分部分项工程是否一致。

1. 定额换算和审查

定额中规定，某些分部分项工程，因为材料的不同，做法或断面厚度不同，可以进行换算，审查定额的换算是要按规定进行的，换算中采用的材料价格应按定额套用的预算价格计算，需换算的要全部换算。

2. 补充定额的审查

补充定额的审查，要从编制区别出发，实事求是地进行。审查补充定额是建设银行的一项非常重要的工作，补充定额往往出入较大，应该引起重视。

当现行预算定额缺项时，应尽量采用原有定额中的定额项，或参考现行定额中相近的其他定额子项，结合实际情况加以修改使用。

如果没有定额可参考时，可根据工程实测数据编补定额，但要注意测标数字的真实性和可靠性。要注意补充定额单位估价表是否按当地的材料预算价格确定的材料单价计算，如果材料预算价格中未计入，可据实进行计算。

凡是补充定额单价或换算编制预算时，都应附上补充定额和换算单价的分析资料，一次性的补充定额，应经当地主管部门同意后，方可作为该工程的预（结）算依据。

3. 执行定额的审查

执行定额分为“闭口”部分和“活口”部分，在执行中应分别情况不同对待，对定额规定的“闭口”部分，不得因工程情况特殊、做法不同或其他原因而任意修改、换算、补充。对定额规定的“活口”部分，必须严格按照定额上的规定进行换算，不能有剩就换算，不剩就不换算。

(四) 审查其他相关费用

其他有关费用包括的内容各地不同，具体审查时应注意是否符合当地规定和定额的要求。

(1) 是否按本项目的工程性质计取费用、有无高套取费标准。

(2) 间接费的计取基础是否符合规定。

（3）预算外调增的材料差价是否计取间接费；直接费或人工费增减后，有关费用是否作了相应调整。

（4）有无将不需安装的设备计取在安装工程的间接费中。

（5）有无巧立名目、乱摊费用的情况。

（6）利润和税金的审查，重点应放在计取基础和费率是否符合当地有关部门的现行规定，有无多算或重算方面。

四、施工图预算审查方法

审查施工图预算方法较多，主要有全面审查法、标准预算审查法、分组计算审查法、对比审查法、筛选审查法、重点抽查法、利用手册审查法和分解对比审查法八种。

（一）全面审查法

全面审查又叫逐项审查法，就是按预算定额顺序或施工的先后顺序，逐一地全部进行审查的方法。其具体计算方法和审查过程与编制施工图预算基本相同。此方法的优点是全面、细致，经审查的工程预算差错比较少，质量比较高；缺点是工作量大。因而在一些工程量比较小、工艺比较简单的工程，编制工程预算的技术力量又比较薄弱的，采用全面审查的相对较多。

（二）标准预算审查法

对于采用标准图纸或通用图纸施工的工程，先集中力量，编制标准预算，以此为标准审查预算的方法。按标准图纸设计或通用图纸施工的工程，预算编制和造价基本相同，可集中力量细审一份预算或编制一份预算，作为这种标准图纸的标准预算，或用这种标准图纸的工程量为标准，对照审查，而对局部不同部分作单独审查即可。这种方法的优点是时间短、效果好；缺点是只适应按标准图纸设计的工程，适用范围小，具有局限性。

（三）分组计算审查法

分组计算审查法是一种加快审查工程量速度的方法，把预算中的项目划分为若干组，并把相邻且有一定内在联系的项目编为一组，审查或计算同一组中某个分项工程量，利用工程量之间具有相同或相似计算基础的关系，判断同组中其他几个分项工程量计算的准确程度的方法。

（四）对比审查法

对比审查法是用已建成工程的预算或虽未建成但已审查修正的工程预算对比审查拟建的类似工程预算的一种方法。对比审查法，一般有以下几种情况，应根据工程的不同条件，区别对待。

（1）两个工程采用同一个施工图，但基础部分和现场条件不同。其新建工程基础以上部分可采用对比审查法；不同部分可分别采用相应的审查方法进行审查。

（2）两个工程设计相同，但建筑面积不同。根据两个工程建筑面积之比与两个工程分部分项工程量之比例基本一致的特点，可审查新建工程各分部分项工程的工程量。或者用两个工程每平方米建筑面积造价及每平方米建筑面积的各分部分项工程量，进行对比审查，如果基本相同时，说明新建工程预算是正确的，反之，说明新建工程预算有问题，找出差错原因，加以更正。

（3）两个工程的面积相同，但设计图纸不完全相同时，可把相同的部分，如厂房中的柱子、屋架、屋面、砖墙等，进行工程量的对比审查，不能对比的分部分项工程按图纸计算。

（五）筛选审查法

建筑工程虽然有建筑面积和高度的不同，但是它们的各个分部分项工程的工程量、造价、用工量在每个单位面积上的数值变化不大，把这些数据加以汇集、优选，归纳为工程

量、造价（价值）、用工三个单方基本值表，并注明其适用的建筑标准。这些基本值犹如“筛子孔”，用来筛选各分部分项工程，筛下去的就不审查了，没有筛下去的就意味着此分部分项的单位建筑面积数值不在基本值范围之内，应对该分部分项工程详细审查。筛选法的优点是简单易懂，便于掌握，审查速度和发现问题快，但解决差错分析其原因需继续审查。

（六）重点抽查法

审查的重点一般是工程量大或造价较高、工程结构复杂的工程，补充单位估价表，计取的各项费用（计费基础、取费标准等），即抓住工程预算中的重点进行审查。重点抽查法的优点是重点突出，审查时间短、效果好。

（七）利用手册审查法

工程中常用的构件、配件，事先整理成预算手册，按手册对照审查。如工程常用的预制构配件梁板、检查井、化粪池等，几乎每个工程都有，把这些按标准图集计算出工程量，套上单价，编制成预算手册使用，可大大简化预结算的编审工作。

（八）分解对比审查法

分解对比审查法是将一个单位工程造价分解为直接费和间接费两部分；然后将直接费部分按分部工程和分项工程进行分解，计算出这些工程每平方米的直接费用或每平方米的工程数量；最后将计算所得的指标与历年累计的各种工程造价指标和有关的技术经济指标进行比较，来判定拟审查工程预算的质量水平。

五、施工图预算审查步骤

（一）准备阶段

（1）搜集并熟悉审查施工图预算的各种依据资料。

（2）熟悉施工图纸。

（3）了解施工现场情况，熟悉施工组织设计或技术措施方案。

（4）了解施工图预算的范围，根据预算编制说明，了解预算包括的工程内容。

（二）审查阶段

根据工程规模、工程性质、审查时间和质量要求、审查力量情况等合理确定审查方法，然后按照选定的审查方法进行具体审查。

（三）定案阶段

（1）审查完毕后，由审查单位的有关人员对审查的主要内容及审查情况提出审查一件，整理出书面情况，然后书面通知建设、施工和设计单位，如无异议，按审查意见调整定案；如意见不一，必须组织各方代表进行集体讨论，核对分析、协商或有关部门裁定。定案后，审查单位、建设单位、施工企业三方签章，签章顺序一般为施工单位、建设单位、审查单位。

（2）出具审查报告。

第五节 “两算”对比

一、“两算”对比作用

“两算”即施工预算和施工图预算。“两算”对比是园林施工企业进行经济活动分析、提高企业管理水平的一种手段。

通过“两算”对比，可以反映成本的预期效果，找出园林工程施工中节约或超出的原因，以便进行调查研究，提出解决措施，保证工程预算成本能有效地控制工程计划成本，达到节约人工、材料和机械用量，降低成本和提高企业经济效益的目的。

通过“两算”对比分析，还可使施工预算和施工图预算起到互审的作用。发现差异时，可及时找出原因，加以纠正。既可以保证预算符合国家的方针政策要求，防止多算或漏算，确保企业的合理收入；又可以使施工准备工作中的人工、材料和机械台班数量，做到准确无误，确保施工生产的顺利进行；还可以使企业领导和管理部门掌握收支情况，进而提高企业的核算水平和经济效益。

二、“两算” 对比方法

(1) 实物对比法。将施工预算中的人工、主要材料用量与施工图预算的工料用量进行对比，称为实物对比法。

(2) 金额对比法。将施工预算和施工图预算中各自的人工费、材料费、机械费或直接工程费进行对比，称为金额对比法。

三、“两算” 对比内容

(一) 人工量及人工费的对比分析

施工预算的人工数量及人工费比施工图预算一般要低6%左右。这是由于两者使用不同定额造成的。例如，砌砖墙项目中，砂子、标准砖和砂浆的场内水平运输距离，施工定额按50%考虑；而计价定额则包括了材料、半成品的超运距用工。同时，计价定额的人工消耗指标还考虑了在施工定额中未包括，而在一般正常施工条件下又不可避免发生的一些零星用工因素，如土建施工各工种之间的工序搭接所需停歇的时间；施工中不可避免的其他少数零星用工等。所以，施工定额的用工量一般都比预算定额低。

(二) 材料消耗量及材料的对比分析

施工定额的材料损耗率一般都低于计价定额，同时，编制施工预算时还要考虑扣除技术措施的材料节约量。所以，施工预算的材料消耗量及材料费一般低于施工图预算。

有时，由于两种定额之间的水平不一致，个别项目也会出现施工预算的材料消耗量大于施工图预算的情况。不过，总的水平应该是施工预算低于施工图预算。如果出现反常情况，则应进行分析研究，找出原因，并制订相应措施。

(三) 施工机具费的对比分析

施工预算机具费指施工作业所发生的施工机械、仪器仪表使用费或其他租赁费。而施工图预算的施工机具是计价定额综合确定的，与实际情况可能不一致。因此，施工机具部分职能采用两种预算的机具费进行对比分析。如果发生施工预算的机具费大量超支，而又无特殊原因时，则应考虑改变原施工方案，尽量做到不亏损而略有盈余。

(四) 周转材料使用费的对比分析

周转材料主要指脚手架和模板。施工预算的脚手架是根据施工方案确定的搭设方式和材料计算的，施工图预算则综合了脚手架搭设方式，按不同结构和高度，以建筑面积为基数计算的；施工预算模板是按混凝土与模板的解除面积计算，施工图预算的模板则按混凝土体积综合计算。因而，周转材料宜按其发生的费用进行对比分析。

· 第七章 ·

园林工程竣工结算与竣工决算

第一节 园林工程竣工结算

竣工结算指一个建设项目或单项工程、单位工程全部竣工，发承包双方根据现场施工记录，设计变更通知书，现场变更鉴定，定额预算单价等资料，进行合同价款的增减或调整计算。

施工图预算或工程合同是在开工前编制和签订的，但是施工过程中工程条件的变化，会使原施工图预算或工程合同确定的工程造价发生变化。为了如实地反映竣工工程造价，单位工程竣工后必须及时办理竣工结算。

竣工结算应按照合同有关条款和价款结算办法的有关规定进行，合同通用条款中有关条款的内容与价款结算办法的有关规定有出入的，以价款结算办法的规定为准。

一、 竣工结算作用

(1) 施工单位与建设单位办理工程价款结算的依据。

(2) 建设单位编制竣工决算的基础资料。

(3) 施工单位统计最终完成工作量和竣工面积的依据。

(4) 施工单位计算全员产值、核算工程成本、考核企业盈亏的依据。

(5) 进行经济活动分析的依据。

二、 竣工结算计价形式

园林工程竣工结算计价形式与建筑安装工程承包合同计价方式一样，根据计价方式的不同，一般情况下可以分为三种类型，即单价合同、总价合同和成本加酬金合同。

(一) 单价合同

在施工图纸不完整或当准备发包的工程项目内容、技术、经济指标暂时不能准确、具体地给予规定时，往往要采用单价合同形式。

(1) 估算工程量单价合同。这种合同形式承包商在报价时，按照招标文件中提供的估算工程量，报工程单价。结算时按实际完成工程量结算。

(2) 纯单价合同。采用这种合同形式时，发包方只向承包方发布承包工程的有关分部分项工程以及工程范围，不需对工程量做任何规定。承包方在投标时，只需对这种给定范围的分部分项工程做出报价，而工程量则按实际完成的数量结算。

（二）总价合同

所谓总价合同指支付给承包方的款项在合同中是一个“规定金额”，即总价。它是以图纸和工程说明书为依据，由承包方与发包方经过商定做出的。总价合同按其是否可调整可分为以下两种不同形式。

(1) 不可调整总价合同。这种合同的价格计算是以图纸及规定、法规为基础，承、发包双方就承包项目协商一个固定的总价，由承包方一笔包死，不能变化。合同总价只有在设计和工程范围有所变更的情况下才能随之做相应的变更，除此以外，合同总价是不能变动的。

(2) 可调整总价合同。这种合同一般也是以图纸及规定、规范为计算基础，但它是以“时价”进行计算的。这是一种相应固定的价格，在合同执行过程中，由于市场变化而使所用的工料成本增加，可对合同总价进行相应的调整。

（三）成本加酬金合同

这种合同形式主要适用于工程内容及其技术经济指标尚未全面确定，投标报价的依据尚不充分的情况下，发包方因工期要求紧迫，必须发包的工程；或者发包方与承包方之间具有高度的信任，承包方在某些方面具有独特的技术、特长和经验的工程。

三、竣工结算资料

(1) 施工图预算或中标价及以往各次的工程增减费用。

(2) 各地区对概预算定额材料价格、费用标准的说明、修改、调整等文件。

(3) 施工全图或协议书。

(4) 设计变更、图纸修改、会审记录。

(5) 现场材料部门的各种经济签证。

(6) 其他有关工程经济的资料。

四、竣工结算的编制

（一）竣工结算编制程序

工程结算应按准备、编制和定稿三个工作阶段进行，并实行编制人、校对人和审核人分别署名盖章确认的内部审核制度。

1. 结算编制准备阶段

(1) 收集与工程结算编制相关的原始资料（工程变更的关联资料）。

(2) 熟悉工程结算资料内容，进行分类、归纳、整理。

(3) 召集相关单位或部门的有关人员参加工程结算预备会议，对结算内容和结算资料进行核对与充实完善。

(4) 收集建设期内影响合同价格的法律和政策性文件。

2. 结算编制阶段

(1) 根据竣工图及施工图以及施工组织设计进行现场踏勘，对需要调整的工程项目进行观察、对照、必要的现场实测和计算，做好书面或影像记录。

(2) 按施工合同约定的工程量计算规则计算需调整的分部分项、施工措施或其他项目工程量（已完工程工程量计算书）。

(3) 按招标文件、施工发承包合同规定的计价原则和计价办法对分部分项、施工措施或其他项目进行计价。

(4) 对于工程量清单或定额缺项以及采用新材料、新设备、新工艺的，应根据施工过程中的合理消耗和市场价格，编制综合单价或单位估价分析表。

(5) 工程索赔应按合同约定的索赔处理原则、程序和计算方法，提出索赔费用，经发包人确认后作为结算依据。

(6) 汇总计算工程费用，包括编制分部分项费、施工措施项目费、其他项目费、零星工作项目费或直接费、间接费、利润和税金等表格，初步确定工程结算价格。

(7) 编写编制说明。

(8) 计算主要技术经济指标。

(9) 提交结算编制的初步成果文件待校对、审核。

3. 结算编制定稿阶段

(1) 由结算编制的部门负责人对初步成果文件进行检查、校对。

(2) 由结算编制人单位的主管负责人审核批准。

(3) 向建设单位提交经编制人、校对人、审核人和本单位盖章确认的正式结算编制文件。

(二) 费用计算

1. 增减费用的调整及竣工结算

增减费用的调整及竣工结算属于调整工程造价的两个不同阶段，前者是中间过渡阶段，后者是最后阶段。无论是哪一个阶段，都有若干项目的费用要进行增减计算，其中有与直接费用有直接关系的项目，也有与直接费间接发生关系的项目。其中有些项目必须立即处理，有些项目可以暂缓处理，这些应根据费用的性质、数额的大小、资料是否正确等情况分不同阶段来处理。现在介绍部分不同情况时对下列问题采取不同阶段的处理方法。

(1) 明确分阶段调整的，或还有其他明文调整办法规定的差价，其调整项目应及时调整。

(2) 重大的现场经济签证应及时编制调整费用文件，一般零星签证可以在竣工结算时一次处理完。

(3) 原预算或标书中的甩项，如果图纸已经确定，应立即补充，尚未明确的继续甩项。

(4) 属于图纸变更，应定期及时编制费用调整文件。

(5) 对预算或标书中暂估的工程量及单价，可以竣工结算时再做调整。

(6) 实行预算结算的工程，在预算实施过程中如果发现预算有重大的差别，除个别重大问题应急需调整的须立即处理以外，其余一般可以到竣工结算时一并调整。其中包括工程量计算错误，单价差、套错定额子目等；对招标中标的工程，一般不能调整。

(7) 定额多次补充的费用调整文件所规定的费用调整项目，可以等到竣工结算时一次处理，但重大特殊的问题应及时处理。

2. 直接费调整总表计算

这一部分主要计算经增减调整后的直接费合计数量。

(1) 原工程直接费（或上次调整直接费），第一次调整填原预算或中标标价直接费；第二次以后的调整填上次调整费用的直接费。

(2) 本次增减额。直接费增减表计算结果。

(3) 本次直接费合计。上述两项费用之和。

3. 直接费增减表计算

(1) 计算变更增减部分。

① 变更增加。指图纸设计变更需要增加的项目和数量。工程量及价值前惯以“+”号。

② 变更减少。指图纸设计变更需要减少的项目和数量。工程量及价值前惯以“−”号。

③ 增减小计。上述两项之和，符号“+”表示增加费用，符号“−”为减少费用。

(2) 直接费调整增减部分。

(3) 增减合计。指上述两项增减之和，结果是增是减以“+”或“−”符号为准。

4. 费用总表计算

无论是工程费用或是竣工结算的编制，其各项费用及造价计算方法与编制施工图预算的方法相同。

第二节　园林工程竣工决算

竣工决算是建设工程经济效益的全面反映，是项目法人核定各类新增资产价值，办理其交付使用的依据。通过竣工决算，一方面能够正确反映建设工程的实际造价和投资结果；另一方面可以通过竣工决算与概算、预算的对比分析，考核投资控制的工作成效，总结经验教训，积累技术经济方面的基础资料，提高未来建设工程的投资效益。

工程竣工决算指在工程竣工验收交付使用阶段，由建设单位编制的建设项目从筹建到竣工验收、交付使用全过程中实际支付的全部建设费用。竣工决算是整个建设工程的最终价格，是作为建设单位财务部门汇总固定资产的主要依据。

一、竣工决算作用

(1) 建设项目竣工决算是综合、全面地反映竣工项目建设成果及财务情况的总结性文件，综合、全面地反映建设项目自开始建设到竣工为止的全部建设成果和财务状况。

(2) 建设项目竣工决算是办理交付使用资产的依据，也是竣工验收报告的重要组成部分。

(3) 建设项目竣工决算是分析和检查设计概算的执行情况、考核投资效果的依据。

二、竣工决算内容

工程竣工决算是在建设项目或单位工程完工后，由建设单位财务及有关部门，以竣工决算等资料为基础进行编制的。竣工决算全面反映了竣工项目从筹建到竣工全过程中各项资金的使用情况和设计概预算执行的结果。它是考核建设成本的重要依据，竣工决算主要包括文字说明及决算报表两部分。

（一）文字说明

主要包括：工程概况、设计概算和基本建设投资计划的执行情况，各项技术经济指标完

成情况，各项拨款的使用情况，建设工期、建设成本和投资效果分析以及建设过程中的主要经验、问题和各项建议等内容。

（二）决算报表

按工程规模一般为其分为大中型和小型项目两种。大中型项目竣工决算包括：竣工工程概算表、竣工财务决算表、交付使用财产总表、交付使用财产明细表，反映小型建设项目的全部工程和财务情况。表格的详细内容及具体做法按地方基建主管部门规定填表。

1. 竣工工程概况表

综合反映占地面积、新增生产能力、建设时间、初步设计和概算批准机关和发布文号，完成主要工程量、主要材料消耗及主要经济指标、建设成本、收尾工程等情况。

2. 大中型建设项目竣工财务决算表

反映竣工建设项目的全部资金来源和运用情况，以作为考核和分析基本建设拨款及投资效果的依据。

三、 竣工结算与竣工决算的区别和联系

（一）主要区别

1. 二者包含的范围不同

工程竣工结算指按工程进度、施工合同、施工监理情况办理的工程价款结算，以及根据工程实施过程中发生的超出施工合同范围的工程变更情况，调整施工图预算价格，确定工程项目最终结算价格。它分为单位工程竣工结算、单项工程竣工结算和建设项目竣工总结算。竣工结算工程价款等于合同价款加上施工过程中合同价款调整数额减去预付及已结算的工程价款再减去保修金。

竣工决算包括从筹集到竣工投产全过程的全部实际费用，即包括建筑工程费、安装工程费、设备工器具购置费用及预备费和投资方向调解税等费用。按照财政部、国家发改委和建设部的有关文件规定，竣工决算由竣工财务决算说明书、竣工财务决算报表、工程竣工图和工程竣工造价对比分析四部分组成。前两部分又称建设项目竣工财务决算，是竣工决算的核心内容。

2. 编制人和审查人不同

单位工程竣工结算由承包人编制，发包人审查；实行总承包的工程，由具体承包人编制，在总承包人审查的基础上，发包人审查。单项工程竣工结算或建设项目竣工总结算由总（承）包人编制，发包人可直接审查，也可以委托具有相应资质的工程造价咨询机构进行审查。

建设工程竣工决算的文件，由建设单位负责组织人员编写，上报主管部门审查，同时抄送有关设计单位。大中型建设项目的竣工决算还应抄送财政部、建设银行总行和省、市、自治区的财政局和建设银行分行各一份。

3. 二者的目标不同

结算是在施工完成已经竣工后编制的，反映的是基本建设工程的实际造价。

决算是竣工验收报告的重要组成部分，是正确核算新增固定资产价值，考核分析投资效果，建立健全经济责任的依据，是反映建设项目实际造价和投资效果的文件。竣工决算要正确核定新增固定资产价值，考核投资效果。

（二）主要联系

两者的联系主要体现在以下3个方面。

① 工程结算和工程决算两者都是政府投资建设项目审计的重点内容；

② 项目建设单位是工程结算和工程决算共同的主体；

③ 工程结算是工程决算的组成部分，工程结算是决算的基础，工程结算应按照决算的要求，在相关内容上与决算保持一致。

四、竣工决算的编制

（一）编制依据

竣工决算的编制依据主要如下。

① 经批准的可行性研究报告及其投资估算书；

② 经批准的初步设计或扩大初步设计及其概算书或修正概算书；

③ 经批准的施工图设计及其施工图预算书；

④ 设计交底或图纸会审会议纪要；

⑤ 招投标的标底、承包合同、工程结算资料；

⑥ 施工记录或施工签证单及其他施工发生的费用记录；

⑦ 竣工图及各种竣工验收资料；

⑧ 历年基建资料、财务决算及批复文件；

⑨ 设备、材料等调价文件和调价记录；

⑩ 有关财务核算制度、办法和其他有关资料、文件等。

（二）编制步骤

（1）收集、整理和分析有关依据资料。在编制竣工决算文件之前，应系统地整理所有的技术资料、工料结算的经济文件、施工图纸和各种变更与签证资料，并分析它们的准确性。完整、齐全的资料，是准确而迅速编制竣工决算的必要条件。

（2）清理各项财务、债务和结余物资。在收集、整理和分析有关资料中，要特别注意建设工程从筹建到竣工投产或使用的全部费用的各项账务、债权和债务的清理，做到工程完毕账目清晰，既要核对账目，又要查点库存实物的数量，做到账与物相等，账与账相符，对结余的各种材料、工器具和设备，要逐项清点核实，妥善管理，并按规定及时处理，收回资金。对各种往来款项要及时进行全面清理，为编制竣工决算提供准确的数据和结果。

（3）核实工程变动情况。重新核实各单位工程、单项工程造价，将竣工资料与原设计图纸进行查对、核实，必要时可实地测量，确认实际变更情况；根据经审定的承包人竣工结算等原始资料，按照有关规定对原概、预算进行增减调整，重新核定工程造价。

（4）编制建设工程竣工决算说明。按照建设工程竣工决算说明的内容要求，根据编制依据材料填写在报表中的结果，编写文字说明。

（5）填写竣工决算报表。按照建设工程决算表格中的内容，根据编制依据中的有关资料进行统计或计算各个项目和数量，并将其结果填到相应表格的栏目内，完成所有报表的填写。

（6）做好工程造价对比分析。

（7）清理、装订好竣工图。

（8）上报主管部门审查存档。

将上述编写的文字说明和填写的表格经核对无误，装订成册，即为建设工程竣工决算文件。将其上报主管部门审查，并把其中财务成本部分送交开户银行签证。竣工决算在上报主管部门的同时，抄送有关设计单位。大中型建设项目的竣工决算还应抄送财政部、建设银行总行和省、市、自治区的财政局和建设银行分行各一份。建设工程竣工决算的文件，由建设单位负责组织人员编写，在竣工建设项目办理验收使用一个月之内完成。

参考文献

[1] 中华人民共和国住房和城乡建设部，中华人民共和国国家质量监督检验检疫总局．GB 50500—2013 建设工程工程量清单计价规范［S］．北京：中国计划出版社，2013.

[2] 高蓓．园林工程造价应用于细节解析［M］．合肥：安徽科学技术出版社．2010.

[3] 徐占发．工程量清单计价编制与实例详解［M］．北京：中国建筑工业出版社，2004.

[4] 夏清东，刘钦．工程造价管理［M］．北京：科学出版社，2004.

[5] 唐连珏．工程造价的确定与控制［M］．北京：中国建筑工业出版社，2001.

[6] 陈建国．工程计量与造价管理［M］．上海：同济大学出版社，2001.

[7] 丰景春，宜卫红，李红仙．项目采购管理与项目估价［M］．郑州：黄河水利出版社，2003.

[8] 荣先林．园林绿化工程［M］．北京：机械工业出版社，2004.

[9] 田永复．中国园林建筑工程预算［M］．北京：中国建筑工业出版社，2003.

[10] 程鸿群，姬晓辉，陆菊春．工程造价管理［M］．武汉：武汉大学出版社，2004.